国家出版基金项目
NATIONAL PUBLICATION FOUNDATION

"十三五"国家重点出版物
出版规划项目

化工过程强化关键技术丛书

中国化工学会 组织编写

超重力反应工程

HiGee Chemical Reaction Engineering

陈建峰 初广文 邹海魁 等著

化 学 工 业 出 版 社

·北 京·

《超重力反应工程》是《化工过程强化关键技术丛书》的一个分册。本书提出并阐述了超重力强化分子混合与反应过程的新思想，系统论述了超重力反应工程的基本原理、反应强化技术的典型工业应用案例及成效，以启发研究思路，帮助产业技术人员更加科学地选择反应强化技术路线。全书共八章，包括超重力反应工程的创新发展历程，超重力反应器内的流体力学行为、装备设计原理与方法，液﹣液、气﹣液、气﹣固、气﹣液﹣固等多相反应及反应结晶过程强化原理和成效，并对超重力反应强化技术未来的发展方向和热点应用领域进行了展望。

　　《超重力反应工程》是作者及其团队在超重力强化液﹣液、气﹣液、气﹣液﹣固等多相反应领域的新理论、新工艺、新工业成果的研究结晶，是国家科技进步奖、国家技术发明奖、国家自然科学基金重大项目、"973"计划、"863"计划等多项国家项目的系统总结，其中涉及的多项原创性技术达到国际领先水平，并实现了大规模工业应用，效果显著。本书可作为相关领域的科研和工程技术人员的参考书，也可供化工、材料、环境、生物等相关专业本科生、研究生学习参考。

图书在版编目（CIP）数据

超重力反应工程 / 中国化工学会组织编写；陈建峰
等著 . —北京：化学工业出版社，2020.8
　　（化工过程强化关键技术丛书）
　　国家出版基金项目　"十三五"国家重点出版物出版
规划项目
　　ISBN 978-7-122-37044-0

　　Ⅰ．①超…　Ⅱ．①中…　②陈…　Ⅲ．①化学反应工程
Ⅳ．①TQ03

　　中国版本图书馆CIP数据核字（2020）第083059号

责任编辑：任睿婷　杜进祥　　　　　　装帧设计：关　飞
责任校对：刘　颖

出版发行：化学工业出版社（北京市东城区青年湖南街13号　邮政编码100011）
印　　装：中煤（北京）印务有限公司
710mm×1000mm　1/16　印张20½　字数425千字　2020年8月北京第1版第1次印刷

购书咨询：010-64518888　　售后服务：010-64518899
网　　址：http://www.cip.com.cn
凡购买本书，如有缺损质量问题，本社销售中心负责调换。

定　　价：198.00元　　　　　　　　　　　　　版权所有　违者必究

作 者 简 介

　　陈建峰，中国工程院院士（2015），北京化工大学教授，博士生导师。现任有机无机复合材料国家重点实验室主任，教育部超重力工程研究中心主任。1986 年浙江大学本科毕业，1992 年获浙江大学博士学位，1994 年 6 月浙江大学博士后出站至北京化工大学工作。曾任美国凯斯西储大学客座 / 兼职教授，新加坡南洋理工大学环境科技研究院研究员。兼任 / 曾任世界化工联盟（WCEC）执委，国家"863"计划纳米材料与器件主题专家组召集人，国家重点研发计划专家组成员，中国工程院院刊 *Engineering* 执行主编，国际杂志 *Reaction Chemistry & Engineering*、*Chemical Engineering & Technology* 等编委。化学工程专家，长期从事纳米材料和超重力技术领域的研究。提出微观混合反应工程理论，在国际上率先提出并开拓了超重力反应工程新领域，并实现大规模工业应用，为我国超重力技术由合作跟踪到国际工业引领的转变做出了突出贡献。曾主持国家自然科学基金委重大项目、创新研究群体项目、国家"863"计划重点项目等。发表 SCI 论文 400 余篇，授权发明专利 160 余件。作为第一完成人，获国家技术发明奖二等奖 2 项、国家科技进步奖二等奖 1 项，另作为主要完成人获国家技术发明奖二等奖、国家专利金奖和国家级教学成果奖一等奖各 1 项等。获全国首届创新争先奖、何梁何利基金创新奖、全国优秀教师等荣誉。

初广文，北京化工大学教授，博士生导师，国家杰出青年基金获得者。现任北京化工大学教育部超重力工程研究中心常务副主任。主要研究方向为超重力反应器工程，致力于超重力反应器的科学基础、新结构到工程应用的系统创新研究。兼任中国化工学会过程模拟及仿真专业委员会委员、化工过程强化专业委员会委员。以第一完成人获教育部技术发明一等奖 1 项，另获国家技术发明奖二等奖和国家科技进步奖二等奖各 1 项、省部级一等奖 3 项。

邹海魁，北京化工大学教授，博士生导师。主要研究方向为化学反应工程和纳米材料。研究内容涉及与超重力技术相关的基础研究、超重力反应与分离新工艺的开发及工业应用。作为负责人承担多项国家科技部和自然科学基金委项目。获国家技术发明奖和科技进步奖二等奖各 1 项、北京市科学技术奖和科技进步奖一等奖各 1 项、中国高校科技发明一等奖和二等奖各 1 项、中国石油和化学工业联合会科学技术奖一等奖 2 项等。

化学工业是国民经济的支柱产业，与我们的生产和生活密切相关。改革开放 40 年来，我国化学工业得到了长足的发展，但质量和效益有待提高，资源和环境备受关注。为了实现从化学工业大国向化学工业强国转变的目标，创新驱动推进产业转型升级至关重要。

"工程科学是推动人类进步的发动机，是产业革命、经济发展、社会进步的有力杠杆"。化学工程是一门重要的工程科学，化工过程强化又是其中的一个优先发展的领域，它灵活应用化学工程的理论和技术，创新工艺、设备，提高效率，节能减排、提质增效，推进化工的绿色、低碳、可持续发展。近年来，我国已在此领域取得一系列理论和工程化成果，对节能减排、降低能耗、提升本质安全等产生了巨大的影响，社会效益和经济效益显著，为践行"绿水青山就是金山银山"的理念和推进化工高质量发展做出了重要的贡献。

为推动化学工业和化学工程学科的发展，中国化工学会组织编写了这套《化工过程强化关键技术丛书》。各分册的主编来自清华大学、北京化工大学、中北大学等高校和中国科学院、中国石油化工集团公司等科研院所、企业，都是化工过程强化各领域的领军人才。丛书的编写以党的十九大精神为指引，以创新驱动推进我国化学工业可持续发展为目标，紧密围绕过程安全和环境友好等迫切需求，对化工过程强化的前沿技术以及关键技术进行了阐述，符合"中国制造 2025"方针，符合"创新、协调、绿色、开放、共享"五大发展理念。丛书系统阐述了超重力反应、超重力分离、精馏强化、微化工、传热强化、萃取过程强化、膜过程强化、催化过程强化、聚合过程强化、反应器（装备）强化以及等离子体化工、微波化工、超声化工等一系列创新性强、关注度高、应用广泛的科技成果，多项关键技术已达到国际领先水平。丛书各分册从化工过程强化思路出发介绍原理、方法，突出应用，强调工程化，展现过程强化前后的对比效果，系统性强，资料新颖，图文并茂，反映了当前过程强化的最新科研成果和生产技术水平，有助于读者了解最新的过程强化理论和技术，对学术研究和工程化实施均有指导意义。

　　本套丛书的出版将为化工界提供一套综合性很强的参考书，希望能推进化工过程强化技术的推广和应用，为建设我国高效、绿色和安全的化学工业体系增砖添瓦。

中国科学院院士：费维扬

中国工程院院士：舒兴田

　　反应工程主要研究在工业上实现化学反应时所面临的工程技术问题，涵盖反应技术开发、反应过程优化、反应器设计与工业放大的相关理论及方法论，它在化工、冶金、材料、轻工、医药等诸多过程工业发展中发挥了举足轻重的作用。过程工业创造了巨大的经济效益，为人类社会发展做出了重要贡献，但随着人们对全球资源、能源、环境、健康等问题的日益关注，过程工业的可持续发展面临重大挑战。特别是，物质转化过程中涉及大量的受混合/传递速率限制的复杂快速反应过程，因工业放大过程中反应器内的混合/传递速率及其分布发生改变，导致反应选择性和目标产品收率（包括产品结构质量）下降，产生显著的负面放大效应，最终导致了过程工业的高物耗、高能耗、高污染"三高"问题。为此，亟须发展"从分子到工厂"的分子反应工程理论及其过程强化新方法、新技术和工业应用新工艺，以丰富反应工程学科基础理论和反应过程强化技术内涵，推动过程工业的提质增效、节能减排和可持续发展。

　　源于美国太空宇航试验的超重力技术是典型的过程强化技术之一。1979 年，英国帝国化学公司 Ramshaw 博士等提出了"Higee（high gravity）"的概念，标志着超重力强化技术的诞生。在地球上，科学家利用旋转填充床模拟实现超重力环境。旋转填充床主要由转子和壳体组成，转子旋转可使流经转子填料的液体受到强烈的剪切力作用而被撕裂成极细小的液滴、液膜和液丝，从而提高相界面积及界面更新速率，使相间传质过程得到强化。

　　1988 年，北京化工大学教育部超重力工程研究中心（以下简称超重力中心）郑冲教授等与美国凯斯西储大学合作开展了超重力技术基础与分离技术研究。1994 年，陈建峰院士基于分子混合（早期又称微观混合）反应过程的理论研究，提出了超重力强化分子混合与反应过程的新思想，开拓了超重力反应强化新方向，带领团队以"新理论 - 新装备 - 新技术 - 工业应用"为主线，经过二十多年系统性创新研究，开创并形成了超重力反应工程新学科方向。发明了超重力强化多相反应的系列新工艺，包括液 - 液、气 - 液、气 - 液 - 固等体系，取得了系列原创性的研究成果；通过与企业合作，成功实现了在化工、新材料、海洋工程、环境工程等过程工业领域中的大规模工业应用，产生了显著的节能、减排、高品质化和增产成效。通过超重力中心两代科研人员的努力，成功实现了由合作跟踪到创新并跑再到工业引领的跨越式发展。

本书是中国化工学会组织编写的《化工过程强化关键技术丛书》的分册之一，旨在通过对超重力反应工程的基本原理及工业应用成效的系统介绍，正确引导超重力反应强化技术的研发和产业化应用。希望通过本书的出版发行，促进我国过程工业的节能减排和绿色发展。

本书由北京化工大学陈建峰院士带领超重力中心团队集体完成，系统全面地介绍和论述了超重力反应工程的原理、研究进展和典型工业应用案例，可帮助工程技术人员科学选择反应强化技术路线。本书共八章：第一章超重力反应工程概论（陈建峰院士执笔），重点论述超重力反应强化技术的基本原理、特点优势、发展历程、适用体系及工业成效，并就超重力强化技术的未来发展方向进行了展望；第二章超重力反应器内的流体力学行为（罗勇副教授执笔），重点论述反应器内流体流动现象及描述方法、流体力学特性、持液量及停留时间等；第三章和第四章超重力反应器的设计原理与方法、液 - 液体系超重力反应强化及工业应用（初广文教授执笔），主要论述超重力反应器的总体设计思路与结构设计方法，超重力反应器分子混合和模型化以及缩合、磺化、聚合、烷基化、卤化等液 - 液体系超重力反应强化原理与典型工业应用成效；第五章气 - 液体系超重力反应强化及工业应用（邹海魁教授执笔），主要论述超重力反应器内传质行为及模型化、反应吸收、反应分离耦合、氧化等气 - 液体系超重力反应强化原理及典型工业应用成效；第六章气 - 固体系超重力反应工程（张亮亮副教授执笔），主要论述气 - 固多相体系流体力学特性、气相流动的数值模拟、气 - 固催化反应研究及应用等；第七章气 - 液 - 固体系超重力反应工程（孙宝昌教授执笔），主要论述超重力技术在催化加氢、催化氧化、生化反应等气 - 液 - 固三相体系的过程强化和成效；第八章超重力反应结晶及工业应用（王洁欣教授和曾晓飞教授执笔），主要论述超重力强化反应结晶的基本原理、超重力反应结晶法制备纳米粉体、超重力反应结晶 / 萃取法制备纳米分散体及工业应用等。

本书的主要内容是北京化工大学超重力团队在国家自然科学基金委（杰青、优青、创新群体、重大项目等）、科技部（"863"计划、支撑计划、重点研发计划）等国家有关部门支持下完成的研究成果。所列举的典型工业应用案例，是在中石化、中石油、万华化学等相关企业合作下完成的。本书的成果是超重力中心集体智慧和劳动的结晶。

　　本书具有内容系统全面、基础理论与应用实践结合紧密的特点，可作为相关领域的科研人员和工程技术人员的参考书，也可作为高等院校化工、材料、环境、能源、生物等相关专业本科生、研究生教材。

　　由于作者水平有限，本书难免存在疏漏，恳请有关专家和读者不吝指正。

著者

2020 年 2 月

目 录

第一章

超重力反应工程概论

　　在 20 世纪 50 年代初，随着石油工业的迅猛发展，反应器规模不断扩大。在工业反应器放大过程中，人们认识到任何一个化学反应在工业规模反应器中进行时，不可避免地伴随着动量、热量、质量的传递（"三传"），必须将化学反应同"三传"结合起来加以综合考虑和分析，即"三传一反"，构成了现代化学工程学科体系的核心。1957 年第一次欧洲化学反应工程会议系统地总结并论述了宏观动力学及反应过程的工程分析的若干基本问题，确定了"化学反应工程学"的名称[1]。至今反应工程已经取得了长足的发展，成为"化学工程学"的重要学科分支。

　　反应工程最初的应用局限于石油化工领域，随着学科交叉和应用领域的拓展，反应工程已在化工、材料、医药、冶金及轻工等诸多过程工业的发展中发挥了举足轻重的作用。一方面，以化学工业为代表的进行物质和能量转化的过程工业的发展创造了巨大的经济效益，为人类社会发展做出了重要贡献。另一方面，随着人们对资源、能源、环境、健康等问题的日益关注，过程工业可持续发展面临新挑战。特别是，物质转化过程中涉及大量的受混合/传质速率限制的复杂快速反应过程，由于工业化放大过程中反应器内的混合/传质效果发生改变，对反应选择性和目标产品的收率产生显著的负面放大效应，导致工业上出现高物耗、高能耗、高污染"三高"问题。因此，亟须研究"从分子到工厂"的过程强化新理论和新技术，以丰富反应工程学科基础理论和强化技术内涵，推动过程工业提质增效、节能减排和可持续发展。超重力反应工程，正是在这种背景下诞生了。

　　源于美国太空宇航试验的超重力技术是典型的过程强化技术之一，其诞生可追溯至 20 世纪 60 年代，当时空间技术的迅速发展给人类提供了开发利用空间环境的需要和条件。两种极端的物理条件——微重力环境和超重力环境，为物理学、生物学、流体力学、化学、化学工程学、材料科学、生命科学等学科的研究开辟了新的天地，为科学的发展注入了新的活力，同时也孕育了新学科和新技术，使人们可以突破地球重力场的限制，创造出更多的新技术，造福人类。随着空间技术的发展，微重力科学与技术已成为科学研究的热点，超重力科学与技术亦引起了人们的广泛关注。所谓超重力是指高于地球重力加速度（9.8 m/s²）的环境下物质所受到的力（包括引力或排斥力）。研究超重力环境下物理和化学变化过程的科学称为超重力科学，利用超重力科学原理而创制的应用技术称为超重力技术。

　　1979 年，英国帝国化学（ICI）公司 Ramshaw 博士等提出了"Higee（high gravity，译为超重力）"概念，标志着超重力强化技术的诞生[2]。在地球上，利用旋转填充床（rotating packed bed，RPB）转子旋转产生离心加速度模拟超重力环境（见图 1-1），该 RPB 装备又被称为超重力机。

　　超重力环境下，不同大小分子间的分子扩散和相间传质过程均比常规重力场下的要快得多，气-液、液-液、液-固两相在比地球重力场大百倍至千倍的超重力环境下的多孔介质或孔道中产生流动接触，巨大的剪切力将液体撕裂成微米至纳米级的液膜、液丝和液滴，产生巨大的和快速更新的相界面，相比于传统的塔器，相间传质速率提高 1～3 个数量级。同时，在超重力环境下，液泛速度提高，气体的线速

图 1-1　旋转填充床结构示意图

度也得到大幅度提高，这使单位设备体积的生产效率得到 1～2 个数量级的提高。由此，可以将高达几十米的巨大的化工塔式设备用高不及两米的旋转填充床替代。因此，超重力技术被认为是强化传递过程的一项突破性技术。

　　虽然在地球上超重力技术是通过旋转产生的离心力模拟超重力环境而实现的，但该技术与传统的利用离心力进行多相分离或密度差进行分离的技术有着本质的区别。它的核心原理在于对传递过程和分子混合过程的极大强化，因而它应用于需要对相间传递过程进行强化的多相过程，以及需要相内或拟均相内分子混合强化的混合与反应过程。

　　超重力技术诞生之初，主要用于分离过程强化。例如，1983 年 ICI 公司报道了

超重力机用于乙醇与异丙醇分离、苯与环己烷分离试验，成功运转数千小时，肯定了这一新技术的工程与工艺可行性[3]。它的传质单元高度仅为 1～3 cm，较传统填料塔的 1～2 m 下降了两个数量级，极大地降低了投资和能耗，显示出重大的经济价值和广阔的应用前景。ICI 公司认为，超重力技术的开发，如果能够由专门从事塔板与填料的生产与销售的公司来进行，可能更为有利。基于这种考虑，1984 年 5 月，ICI 与美国 Glitsch 公司达成协议，将 Higee 的全部专利与开发销售权转让给 Glitsch 公司[4]。在此之后，Glitsch 公司成立了 Higee 技术开发研究中心，并与俄亥俄州的凯斯西储大学、得克萨斯州立大学奥斯汀分校和密苏里州的华盛顿大学以及专门从事气体处理的 Fluor Daniel 公司合作，在美国能源部的支持下，对多个体系进行了研究。1985 年，超重力机被用于脱除被污染的地下水中的有机挥发物，将水中的苯、甲苯和二甲苯的含量由 500～3000 μg/kg 脱除到 1 μg/kg 左右，装置成功运转了六年[5]。美国田纳西州立大学的 Singh 于 1989 年撰写了一篇博士论文，描述了位于 Floreda Tyndall Eglin 空军基地用于同样目的的超重力机的情况，论文对该装置的传质、液泛、功耗进行了阐述[6]。与此同时，美国的一些大公司如 Du Pont、Dow、Norton 等也都进行了这方面的研究。由于超重力技术可能带来的巨大经济效益和在特殊场合应用的可能性，无论是 ICI、Glitsch 还是其他公司，当时都很少对这一技术进行实质性的技术报道，只是发表一些应用性的研究成果与商业性的宣传报道。

在国内，1984 年汪家鼎院士在第二届高校化学工程会议上作过关于超重力技术及其应用前景的报告；1989 年浙江大学陈文炳等发表过常规填料超重力机内的传质实验结果[7]；天津大学朱慧铭于 1991 年、南京化工学院沈浩等于 1992 年也都发表了关于超重力分离过程研究的论文[8,9]。1988 年，北京化工大学郑冲教授等与美国凯斯西储大学 Gardner 教授合作，由 Glitsch 公司租赁提供超重力机主机，在北京化工大学建立了一套实验装置，开始进行超重力技术的基础研究以及用于油田注水脱氧等的应用技术研究。自 1989 年起，北京化工大学超重力技术的研究连续得到国家有关部委的重点支持，被列为国家"八五""九五""十五"计划的重点科技研究项目。1990 年在北京化工大学建立我国第一个超重力工程技术研究中心，2001 年升级成立教育部超重力工程研究中心，开展了系列创新性研究工作，开拓了超重力反应工程新领域。

第二节　超重力反应工程

1994 年，基于分子混合（早期又称微观混合）反应理论的基础研究，陈建峰院士原创性地提出了超重力强化分子混合及反应过程的新思想，开拓了超重力反应强化新方向。北京化工大学超重力团队以"新理论 - 新装备 - 新技术 - 工业应用"为主线，经过 25 年的系统创新研究，开创了超重力反应工程新学科方向，发明了超重力强化液 - 液、气 - 液、气 - 液 - 固等多相反应的系列新工艺，构建了超重力反应器强化工业平台，取得了系列国际原创性成果。通过与企业产学研用的合作，在石油化工、精细化工、环境工程、纳米材料、海洋工程等多个工业领域实现了大规模工业应用，产生了显著的节能、减排、高品质化和增产成效，发展和丰富了反应工程学科。

一、创建跨尺度分子混合反应工程模型，提出超重力反应强化新途径

　　陈建峰等利用频闪高速显微摄影法，发现了湍流场中流体微元内组分分布不均匀的现象（见图 1-2）。基于拍摄结果，提出了"微纳 + 宏观"的跨尺度混合反应模型思想，基于此建立的跨尺度模型的理论模拟值与实验值吻合良好（见图 1-3），揭示和解释了混合影响的极值现象 [10-12]。

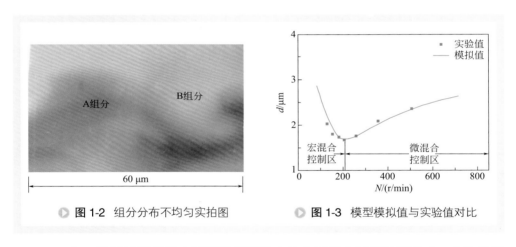

| 图 1-2　组分分布不均匀实拍图 | 图 1-3　模型模拟值与实验值对比 |

　　1994 年，陈建峰等基于上述理论模型给出的分子混合特征时间算式，首次从理论上估算了超重力反应器中分子混合特征时间为 0.01～0.1 ms 量级 [13]，原创性地提出了超重力强化分子混合与反应过程的新思想。并提出沿程分子探头方法，采用碘化物 - 碘酸盐反应体系，以离集指数 X_S 表征分子混合性能（X_S 越小，混合性能越好），实验研究了超重力反应器的分子混合性能，验证了理论预测的正确性。研究还发现在超重力反应器中存在分子混合端效应区，即超重力反应器转子内缘一小段区域内的填料对强化分子混合具有非常重要的作用，超过这个区域之后填料作用明显变小。基于实验研究，确定了超重力反应器离集指数与分子混合特征时间的关系，代表性的结果如图 1-4 所示 [14]。

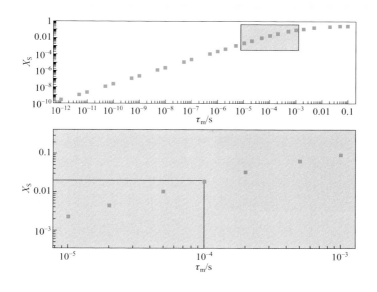

图 1-4 基于实验结果确定的离集指数与分子混合特征时间的关系

实验研究测定的超重力反应器分子混合特征时间与理论模型预测的结果一致，证实了超重力环境下分子混合可被强化 2～3 个数量级，超重力装备是强化分子混合与反应过程的理想反应器，从而突破了超重力技术用于分离领域的局限性，开拓了超重力反应强化新方向。

二、建立超重力反应器科学放大方法，突破装备大型化关键技术

超重力反应强化新工艺要走向工业化，工业规模超重力反应器至关重要，但是当时（20 世纪 90 年代）国际上无公开报道。为此，北化超重力团队开展了系统的超重力反应器的创新研究工作，揭示了超重力反应器中流体流动、分子混合与传质规律，建立了机理模型，阐明了超重力反应器结构与微观分子混合/传质强化效果之间的构效关系，创建了结构设计体系及过程强化性能调控方法，从而建立了"科学实验 + 微观机理模型 + 宏观 CFD 模拟"三位一体的超重力反应器放大方法。研制出转子直径 3.5 m 的大型超重力反应器（见图 1-5，比之更大的未见公开报道）及不同尺寸系列反应器，突破了超重力反应器装备大型化关键技术，构建了超重力反应器设计的科学体系，为超重力反应强化技术大规模工业应用提供了装备设计保障[15]。

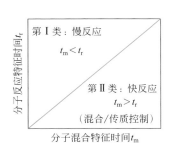

第Ⅰ类：慢反应

$t_m < t_r$

第Ⅱ类：快反应

$t_m > t_r$

（混合/传质控制）

分子反应特征时间 t_r

分子混合特征时间 t_m

▶ 图 1-5　转子直径 3.5 m 的
超重力反应器照片　　　　▶ 图 1-6　工业过程两类反应

三、创制系列超重力反应强化新工艺，实现大规模工业应用

理论上，按分子反应特征时间（t_r）与混合特征时间（t_m）的相对大小，工业反应可分为两大类型：当 $t_m < t_r$ 时，为第Ⅰ类反应（慢反应）；当 $t_m > t_r$ 时，为第Ⅱ类反应（快反应），如图 1-6 所示。

工业过程中涉及的众多复杂反应过程，如缩合、磺化、硝化、聚合、氧化、加氢、卤化、中和、烷基化等，均为第Ⅱ类反应。该类反应过程具有如下共同特征：受分子混合限制的液相反应和/或传递限制的多相复杂反应体系。在常规反应器中，当反应器放大时，分子混合变差，导致选择性和收率下降，产生放大效应。为解决此类反应过程的放大效应问题，北化超重力团队提出了通过超重力强化分子混合/传递过程使之与反应相匹配的方法，发明了超重力反应过程强化新工艺及其平台性新技术。

1. 超重力多相反应强化新技术及工业应用成效

围绕受分子混合/传递限制的液-液、气-液、气-固、气-液-固等复杂多相快速反应、反应吸收、反应分离耦合等体系，北化超重力团队提出了在毫秒至秒量级内实现分子级混合均匀的新理念，形成了通过超重力强化混合/传递过程使之与反应相匹配的方法，发明了系列超重力强化新工艺，如缩合、磺化、聚合、贝克曼重排、尾气反应脱硫、脱碳、碱液氧化再生等新技术，并成功应用于多种工业过程中[16-19]。

① 发明了聚氨酯关键原料 MDI 缩合反应超重力强化新工艺，使杂质含量减少30%，反应进程加快 100%，产品质量明显提高。

② 发明了超重力强化磺化反应新技术，可显著缩小反应器体积、简化工艺流

程，实现磺化反应过程高效节能，大幅度提高反应转化率和选择性，产品活性物含量可达到 40% 以上，比现有釜式磺化工艺提高 30% 以上，总反应时间缩短至原来釜式工艺的 40% 以下，经济效益显著。

③ 提出了超重力强化丁基橡胶阳离子聚合反应新工艺，使反应时间由常规的 30～60 min 缩短至 1 s，丁基橡胶产品的分子量可达到 2.89×10^5，分子量分布指数可达到 1.99，单位设备体积生产效率提高了 2～3 个数量级，具有潜在的工业应用前景。

④ 将超重力技术成功应用于己内酰胺制备过程的贝克曼重排反应强化，替代了原有的高速文丘里射流反应器，使产品中杂质含量减少了 80%，一级品率由原先的 85% 提高到近 100%。

⑤ 发明了超重力强化反应脱硫、脱碳等新技术，成功用于各工业尾气净化过程，较塔式工艺相比，设备体积减少至 1/10～1/5，压降可降低至 50%，实现了显著的节能减排效果。

⑥ 发明了炼油行业废碱液超重力强化氧化再生新技术，用于液化气废碱液深度氧化再生过程强化，废碱液中硫醇钠氧化转化率高于 95%，再生碱液中二硫化物含量低于 20 μg/g，在满足油品升级要求的同时实现了碱渣近零排放，减轻了液化气深加工产业的环保压力。

2. 超重力反应结晶新技术及工业应用成效

反应结晶制备纳米颗粒过程中涉及成核以及晶体生长两个阶段。从均相成核开始达到稳态成核阶段所用的时间为成核诱导期 t_N，与成核诱导期相对应的为反应器的混合特征时间 t_m，即被混合的组分从开始混合至达到分子级最大理想混合均匀状态所用的时间。从化学工程的角度来说，如果反应器的混合特征时间小于成核诱导时间，即 $t_m < t_N$，则反应器的混合性能不会影响产品质量。反之，如果 $t_m \geqslant t_N$，则反应器混合性能将影响产品质量。均相成核速率对过饱和度非常敏感，呈现较强的非线性关系。因此，结晶成核过程强化的根本在于实现分子级的快速均匀混合，使反应器的混合特征时间小于成核诱导时间，即 $t_m < t_N$，以实现快速成核过程可控和产品的高品质化。

在水溶液体系中，成核诱导期 t_N 一般为 1 ms 量级，而超重力反应器混合特征时间为 0.01～0.1 ms 量级，满足 $t_m < t_N$ 要求。基于此，北化超重力团队在国际上率先提出了超重力强化反应结晶制备纳米颗粒的新方法，成功合成了无机、有机、纳米分散体等 50 多种不同纳微颗粒材料[20]。

① 率先提出超重力反应结晶制备无机纳米颗粒新方法，研究了超重力环境下各种因素对颗粒形貌及粒度分布的影响规律，基于混合 - 反应结晶模型和超重力反应器放大方法，成功实现了纳米碳酸钙的工业制备，建成了万吨级纳米碳酸钙超重力法制备工业生产线。

② 提出了超重力反溶剂沉淀及耦合技术制备有机纳微颗粒的新方法，成功实现了系列难溶性原料药的纳微化，有效提高药物的生物利用度。

③ 发明了超重力反应结晶／萃取相转移法和原位相转移法制备纳米分散体／纳米复合材料的新工艺，成功创制合成了高碱值石油磺酸钙和系列纳米氧化物等高固含量、高透明纳米分散体，并形成了高透明纳米复合高分子节能膜新材料的工业制备技术。

截止到目前，超重力反应强化新工艺已经发展成为一项平台性技术（见图1-7），并在新材料、化工、海洋工程、环保等过程工业领域有100多个成功应用的案例，实现了大规模工业应用，取得了显著的节能、减排、高品质化和增产效果。

我国超重力技术的研发与工业化，经历了近30年的发展，实现了由最初的合作跟踪到创新并跑再到工业引领的跨越式发展（见图1-8）。由此，奠定了我国在超重力工业技术领域的引领地位。

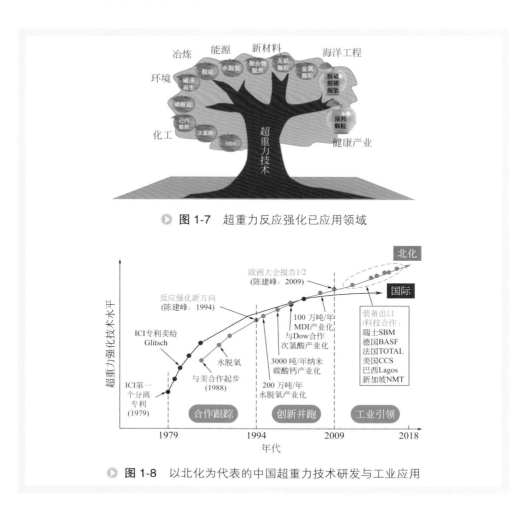

▶ 图1-7　超重力反应强化已应用领域

▶ 图1-8　以北化为代表的中国超重力技术研发与工业应用

超重力技术已经广泛应用于化工、环保、能源等工业过程。本书在各章节中将详细介绍超重力技术的科学原理、超重力反应强化新技术及应用等。对于超重力反应强化技术的未来，本书仅做一个初步展望，希望能起到抛砖引玉的作用，并期望在不久的将来，这些愿景均能变成现实，为人类社会的科技进步添砖加瓦。

一、在工业催化中的应用

化工生产过程中许多产品的生产（约80%）都是在催化条件下进行的，没有催化反应就没有今天的化学工业。因此，开发适用于不同目的的催化反应器具有十分重要的实用价值。催化反应可分为均相催化反应和非均相催化反应，包括气-液反应（催化剂溶于液体中）、气-液-固反应、气-固反应等。不论是何种催化反应，传质过程的快慢不仅会影响反应速率，还将显著影响反应物料在反应器内的停留时间分布，进而影响反应过程的选择性和产品收率。

超重力技术的突出特点是可以使传质过程得到极大强化，其传质效率可以达到填料塔或固定床反应器的几十倍至上百倍。将超重力反应器用于受传质过程影响显著的催化反应过程，可显著提高反应速率和反应过程的选择性，降低后续工序的分离提纯负荷，大幅度减小反应器体积和催化剂用量，节约操作费用，实现资源、能源的高效利用，为传统产业的转型升级提供技术支持和解决方案，故超重力催化反应强化将是未来的重要发展方向。

二、在聚合反应过程中的应用

合成高分子材料的出现，开辟了化学工业的新纪元。生产高分子材料的核心过程无疑是聚合反应过程。

常见的聚合反应类型有自由基聚合、阳离子聚合、阴离子聚合、缩聚等，这些反应过程大多属于快速强放热反应，由于超重力反应器具有极大强化传递和分子混合过程的优势，因此超重力技术的发展将为聚合反应技术的进步带来新的契机。

采用超重力设备为反应器，可以在极短的时间内快速混合单体和引发剂，控制反应局部环境浓度和温度的均匀性，实现对分子量和分子量分布的有效调控。对于强放热反应，可以通过物料的外部循环移热实现对反应系统温度的严格控制；对于温度波动范围要求极为苛刻的快速聚合反应过程，可以在反应介质中加入惰性溶剂，通过惰性溶剂的相变汽化快速移热实现恒温反应。另外，由于超重力反应器具有良好的自清洁功能，可将其用于一些可能产生微小颗粒或有沉淀析出的聚合反应过程，一方面可以实现连续稳定生产，提高产品质量稳定性和过程安全性；另一方面可以大幅度降低该类聚合物生产过程操作人员的劳动强度，实现经济效益和社会效益双丰收。

三、在化工生产本质安全工艺和流程再造中的应用

化学反应是化学工业的核心，大约 90% 的化工生产过程与反应有关。许多危险化学品的生产过程具有高温高压、易燃易爆、有毒有害等特点，因生产操作不规范、管理不到位、处置措施不得当，很容易发生安全环保事故。

研究表明，本质安全化是消除事故的最佳方法，本质安全化的基本策略包括危害物质的最小化、高危物质的替代化、剧烈反应的温和化以及过程工艺的简单化等，这恰恰与 20 世纪 90 年代兴起的过程强化的理念相契合。目前，国际上反应过程强化技术主要涉及：改变反应器内部流动结构实现反应器强化、利用外场强化反应过程、通过集成与反应有关的过程实施强化。

作为一种典型的过程强化技术，超重力技术已经在 MDI 生产的缩合反应、己内酰胺生产的贝克曼重排反应等反应过程实现工业应用，展现出降耗增效的显著效果。另外，多年的工艺研究结果表明，对于硝化、磺化、缩合、氧化、重氮化、偶合、氯化、溴化等快速反应过程，超重力反应强化技术均展现出良好的应用前景。为此，针对现有化学品生产过程，尤其是染料、医药中间体等精细化学品的生产过程中存在的流程长、间歇操作、人力需求多、安全风险高、效率低等问题，以超重力反应器为核心，开发本质安全的超重力反应强化新工艺，并结合自动化技术、智能化技术、系统工程等的综合应用，进行化工生产过程的流程再造，可实现生产过程的连续化和本质安全化，为化工行业的安全环保提供技术支撑。

四、在纳米材料及纳米分散体制备中的应用

纳米材料和纳米技术是 21 世纪国际前沿热点之一，应用领域广泛。目前，纳米颗粒已经在一些领域获得应用，并展现出良好的应用效果。然而，在纳米材料制备和应用中仍面临一些难题，其中的关键科学或技术问题主要包括两个方面：一是纳米颗粒的稳定可控制备，二是纳米材料的高（单）分散和低成本生产。单分散纳米颗粒材料是近十多年来纳米材料研究过程中发展出的新一代纳米材料，其颗粒均匀、无团聚，分散在溶剂中可形成具有良好透明性的纳米分散体，比传统的纳米粉体材料更易于在聚合物中分散和应用，从而展现出更优异的性能，是制备高性能有机无机纳米复合材料的重要中间体，是纳米材料的重要发展方向。

在超重力反应结晶法制备纳米粉体研究工作基础上，北化超重力团队提出了超重力反应结晶 - 萃取分离耦合新方法，即"超重力+"法可控制备透明纳米分散体

新技术，并取得了初步进展。未来，应进一步围绕终端应用需求，开展应用导向型的"超重力+"法可控制备系列化、高稳定、高固含量功能纳米颗粒透明分散体的研究，包括金属、氧化物、硫化物、氢氧化物、其他无机化合物及有机体系等，形成规模化可控制备的平台性技术，并进一步拓展纳米分散体的应用领域，实现更多的工业应用。从目前的研究工作来看，纳米分散体在 3D 印刷打印、柔性显示等电子信息、柔性太阳能电池等新能源、可穿戴柔性电子器件等生物医用、拟均相催化等工业催化，以及航空航天等领域具有重要的应用前景。

从长远发展角度，为继续保持我国超重力技术的国际领先地位，一方面要从基础研究着手，基于分子化学工程新理念，在超重力反应器内微纳尺度的"三传一反"规律方面展开深入研究，结合纳微反应流体原位观测与分析方法，研究微纳结构的形成、运动及演变的规律，微纳分散单元的聚并和形变等行为的控制机制，阐明对流动 - 传递 - 反应行为的影响和耦合规律，以指导超重力反应器核心构件的结构设计与优化；另一方面要结合 3D 打印等先进制造技术，针对极限、极端条件下反应过程的特殊需求，创制专用高孔隙、高强度填料及特殊内构件，实现超重力装备集约化、轻量化、模块化，为超重力反应器在更多领域的应用奠定科学和物质基础。

同时，应进一步拓宽超重力技术研究范围，如研究高超重力环境（＞1000g）和多自由度下超重力反应器内流体力学行为及过程强化机制，为开发面向空间受限的海洋工程、极端环境下生命保障系统等方面应用的超重力强化新技术提供理论基础，实现超重力强化技术在更多、更广领域的应用。

综上所述，超重力技术在诸多流程工业领域都有广阔的应用前途，特别是一些通过常规方法难以做到的所谓"困难"的过程或场合，如高黏度、大气液比、大液液比、复杂快速反应、海洋平台及现有工程装置升级改造等[21]。特别是还可通过耦合微波、超声波、电场、等离子体等技术手段，进一步拓展超重力反应强化的适用领域[22]。可以预言，通过对超重力技术研究与认识的不断深入，超重力过程强化技术必将在实现资源、能源高效利用，节能减排绿色化，传统产业转型升级，满足国家向科技强国迈进的战略需求等方面，发挥更大的、更具深远意义的作用。

───── 参考文献 ─────

[1] 朱炳辰 . 化学反应工程[M]. 第 5 版 . 北京 : 化学工业出版社 , 2012.

[2] Ramshaw C, Mallinson R H. Mass transfer apparatus and its use[P]. EP 0002568. 1979-06-27.

[3] Short H. New mass transfer find is a matter of gravity[J]. Chem Eng, 1983, 90(4): 23-29.

[4] Mohr R J. The role of higee technology in gas processing[C]. Gas Processing Association Meeting, Dallas, 1985: 65-73.

[5] Stephen C S, Woodcock K E, Meyer H S, et al. Selective acid gas removal using the higee absorber[C].

AIChE Spring Meeting, Orlando, 1990: 18-22.

[6] Singh S P. Air stripping of volatile organic compounds from groundwater: An evaluation of a centrifugal vapor-liquid contactor[D]. Knoxville: The University of Tennessee, 1989.

[7] 陈文炳, 金光海, 刘传富. 新型离心传质设备的研究[J]. 化工学报, 1989, (5): 635-639.

[8] 朱慧铭. 超重力场传质过程的研究及其在核潜艇内空气净化中的应用[D]. 天津: 天津大学, 1991.

[9] 沈浩, 施南庚. 用离心传质机对含氨废水进行吹脱[J]. 南京化工学院学报, 1994, 16(4): 60-64.

[10] 陈建峰, 陈彬, 李希, 等. 搅拌反应釜中微观混合问题的研究. Ⅰ. 频闪高速显微摄影法研究微观混合过程[J]. 化学反应工程与工艺, 1990, 6(1): 1-6.

[11] 陈建峰, 李希, 戎顺熙, 等. 搅拌反应釜中微观混合问题的研究. Ⅱ. 新微观混合模型的建立与实验验证[J]. 化学反应工程与工艺, 1990, 6(1): 7-19.

[12] 陈建峰, 吕营, 陈甘棠. 微观混合问题的研究. Ⅴ. 混合对沉淀反应过程的影响[J]. 化学反应工程与工艺, 1992, 8(1): 111-115.

[13] Chen J F, Wang Y H, Guo F, et al. Synthesis of nanoparticles with novel technology: High-gravity reactive precipitation[J]. Ind Eng Chem Res, 2000, 39: 948-954.

[14] Yang H J, Chu G W, Zhang J W, et al. Micromixing efficiency in a rotating packed bed: Experiments and simulation[J]. Ind Eng Chem Res, 2005, 44: 7730-7737.

[15] 邹海魁, 初广文, 赵宏, 等. 面向环境应用的超重力反应器强化技术: 从理论到工业化[J]. 中国科学: 化学, 2014, 44(9): 1413-1422.

[16] Zhao H, Shao L, Chen J F. High-gravity process intensification technology and application[J]. Chem Eng J, 2010, 156: 588-593.

[17] 陈建峰, 邹海魁, 初广文, 等. 超重力技术及其工业化应用[J]. 硫磷设计与粉体工程, 2012, (1): 6-10.

[18] 初广文, 罗勇, 邹海魁, 等. 超重力反应强化技术在酸性气体尾气处理中的工业应用[J]. 化学反应工程与工艺, 2013, 29(3): 193-198.

[19] 邹海魁, 初广文, 向阳, 等. 超重力反应强化技术最新进展[J]. 化工学报, 2015, 66(8): 2805-2809.

[20] 曾晓飞, 王琦安, 王洁欣, 等. 纳米颗粒透明分散体及其高性能有机无机复合材料[J]. 中国科学: 化学, 2013, 43(6): 629-640.

[21] 陈建峰. 分子化学工程[C]. 中国工程院化工、冶金与材料工程学部学术年会, 宁波, 2014.

[22] Cai Y, Luo Y, Sun B C, et al. A novel plasma-assisted rotating disk reactor: Enhancement of degradation efficiency of rhodamine B[J]. Chem Eng J, 2019, 377: 1-10.

第二章

超重力反应器内的流体力学行为

第一节　超重力反应器内流体流动现象及描述

一、流体在填料中的流动形态

深入认识液体在旋转填充床填料中的流动状态，是建立超重力环境下传递和混合理论的物理基础。利用高速摄像机或高速频闪照相技术等可直接观察液体的流动行为。

郭锴[1]将电视摄像机直接固定于旋转填料上，对流体流动进行观察。其实验结果表明，在低转速下（300～600 r/min，15g～60g），液体在填料中以填料表面上的液膜和覆盖填料孔隙的液膜两种状态存在；在高转速下（800～1000 r/min，>100g），由于液体在填料中的运动速度加快，液体的湍动加剧，观察不到覆盖填料孔隙的液膜存在。此外，由于电视摄像机固有摄像速度的限制，很难分清填料空间的液体是以丝还是以滴的形式流动。在其实验范围内没有观察到气体加入对液体流动形态有明显的影响。

Burns 等[2]和张军[3]利用高速频闪照相的方法，研究了液体在填料中的流动形态。实验结果表明，液体在填料中的流动形态主要包括孔流、液膜流和液滴流三种（见图 2-1）。随着转速的不同，流动形态会发生一定的转变。当转速在 300～600 r/min（15g～60g）时，液体在填料中主要以填料表面上的膜与覆盖孔隙的膜的形式流动 [见图 2-2（a）]；当转速达到 800～1000 r/min（>100g）时，填料中的液体主要以填料表面上的膜与孔隙中的液滴 [见图 2-2（b）]两种形式流动。实验研究所用填料

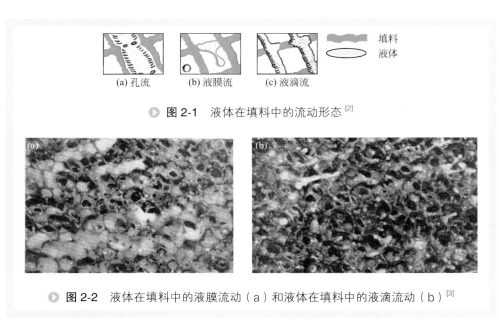

(a) 孔流　　　(b) 液膜流　　　(c) 液滴流

填料
液体

▶ **图 2-1**　液体在填料中的流动形态 [2]

(a) (b)

▶ **图 2-2**　液体在填料中的液膜流动（a）和液体在填料中的液滴流动（b）[3]

为比表面积 1500 m^2/m^3 的 PVC 泡沫塑料。

郭天宇[4]将旋转充床内丝网填料简化为竖丝，采用三维计算流体力学（CFD）模拟，得到了填料内三种液体流动形式：孔流、液膜流和液滴流（见图 2-3）。在低转速下，液体主要以液膜流和孔流为主；而转速增加到一定条件时，液滴流为液相的主要存在形式。

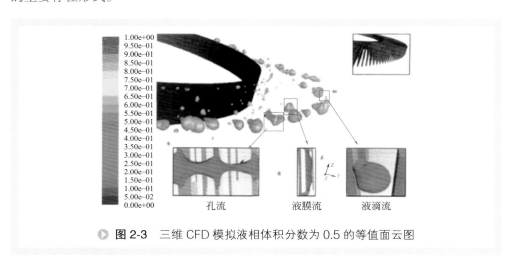

孔流　　　　液膜流　　　　液滴流

▶ **图 2-3**　三维 CFD 模拟液相体积分数为 0.5 的等值面云图

二、液体在填料中的不均匀分布

Burns 等[2]用高速频闪照相的方法对液体在填料中的不均匀分布现象进行了研

究。他们使用一个固定点的液体分布器分布液体，将填料内圈一些部分用挡板挡住，使液体不能从这些部分进入填料，结果如图 2-4 所示。研究发现，从挡板挡住部分开始的一个扇面的填料是干的，说明液体基本呈径向运动，且周向分散很小。从这一结果可看出，液体最初的分布好坏对整个填料层的液体分布至关重要。

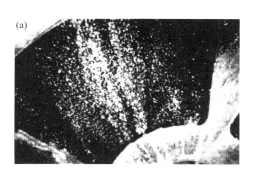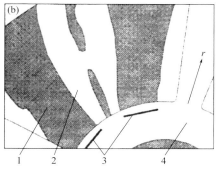

▶ 图 2-4　液体在填料区不均匀分布图（a）和不均匀流动分析示意图（b）[2]

1—干填料；2—填料与液体；3—金属挡板；4—有机玻璃板

竺洁松[5] 在水中加入纳米级超细粉，使无色透明的自来水成为白色的悬浮液，对旋转填充床内液体的分布均匀性进行了研究。结果表明，填料层中的液体分布很不均匀，液体喷射速度与填料旋转速度相差越大，液体在填料中的分布越均匀。

杨宇成[6] 采用 X 射线 CT 扫描技术，对不锈钢丝网填料内的液体流动状况进行观测，结果如图 2-5 所示。发现液体在填料内缘处存在分布不均的现象，对比不同转速下的持液量分布情况，发现提高转速能够改善液体在填料内的分布。

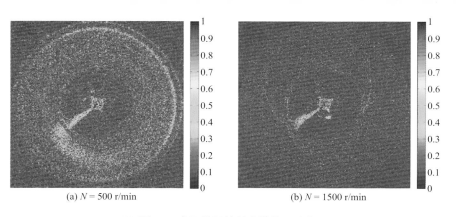

(a) N = 500 r/min　　　　　　(b) N = 1500 r/min

▶ 图 2-5　金属丝网填料内持液量分布图

三、液体在空腔区中的流动形态

杨旷[7]和孙润林等[8]使用拍摄帧率为5000 fps的高速摄像机，对旋转填充床空腔区的液体形态进行拍摄。结果表明，从填料外缘甩出进入空腔区的液滴直径随填料径向厚度或转速增大而减小，直径在0.15～0.9 mm。填料丝径越细，对液体的剪切能力越强。液体穿过一定厚度的填料后（约8 mm），液体在填料外缘（即空腔区内缘）周向上的分布基本达到均匀。

桑乐[9]同样使用高速摄像机，采用两个不同的镜头（AF 60 mm短焦镜头和AF 200 mm长焦镜头）对旋转填充床空腔区进行拍摄，探究了不同转速、液体初始速

(a) 液线流　　　　　　　　　　　　　(b) 液滴流

▶ 图2-6　空腔区典型的液体流动形态

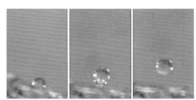

(a) 液膜-液滴断裂

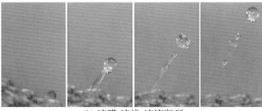

(b) 液膜-液线-液滴断裂

▶ 图2-7　空腔区液体断裂方式

度、填料层外半径、液体黏度和表面张力对液体流型、液滴直径、尺寸分布及液滴速度的影响。结果表明，在空腔区液体存在液线流和液滴流两种典型的流型（见图2-6），以及液膜-液滴断裂和液膜-液线-液滴断裂两种液体断裂方式（见图2-7）。液滴平均直径随着转速、填料层外半径和液体黏度的增大而减小，随液体表面张力的减小而减小，几乎不随液体初始速度的变化而变化。液滴的平均合速度和径向速度随转速和填料层外半径的增大而增大，受液体黏度和液体表面张力的影响不大。

第二节　超重力反应器内流体流动的特征参数

旋转填充床内的流体流动特征是影响旋转填充床传质和混合性能的重要因素，同时也是指导旋转填充床设计和放大的重要依据。对旋转填充床的流体流动研究从未停止，并逐步从单纯的实验研究转变为实验研究与计算机模拟相结合，其流体流动的特征逐步被揭示。

一、旋转填充床内液相流动特征

从旋转填充床内的液体流动形态的研究结果来看，空腔区多以液滴流为主（低黏度体系），而填料区则存在液膜流、液线流和液滴流三种流动形态，液膜流又可以分为填料表面的液膜和填料空隙内的液膜两种。本节将对这些流动形态的量化特征进行分析和讨论，从而对旋转填充床内的液体分布特征有一个较为完整的认识。这些结果包含了实验结果、通过简化数学模型得到的理论结果和通过 CFD 模拟得到的数值结果，它们在一定的范围内都有很好的指导意义，但也存在局限性。

1. 填料区液滴流动特征

（1）填料区液滴直径

张军[3]认为填料间液滴的最大直径受液滴所受的离心力（在液滴离开丝网的瞬间，该力变为惯性力）和表面张力平衡制约。液滴所受的离心力和表面张力如图2-8所示。

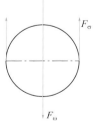

● 图 2-8　液滴受力示意图

作用在液滴上的离心力 F_ω 通过式（2-1）计算

$$F_\omega = \frac{1}{6}\pi d^3 R \omega^2 \rho \qquad (2\text{-}1)$$

表面张力通过式（2-2）计算

$$F_\sigma = \sigma \pi d \qquad (2\text{-}2)$$

能够维持不被离心力撕碎的最大液滴直径由上述两个力的平衡决定，即

$$F_\omega = F_\sigma \qquad (2\text{-}3)$$

$$d_{max} = \left(\frac{6\sigma}{\rho R \omega^2} \right)^{\frac{1}{2}} \qquad (2\text{-}4)$$

设液滴的平均直径为

$$d_i = B \left(\frac{\sigma}{\rho R \omega^2} \right)^{\frac{1}{2}} \qquad (2\text{-}5)$$

式中　d_{max}——最大液滴直径，m；

　　　R——转子半径，m；

　　　ω——转子角速度，rad/s；

　　　ρ——液体密度，kg/m³；

　　　σ——液体表面张力，N/m；

　　　B——常数，可由照相分析结果得出。

由表 2-1 可以计算出，液滴平均直径为最大直径的 1/4～1/3。

表 2-1　液滴直径测试结果

转速 /(r/min)	流量 /(m³/h)	照相平均直径 /mm	实际平均直径 /mm	B
600	2.5	0.37	0.276	0.785
600	1.75	0.35	0.253	0.7282
600	1.0	0.32	0.229	0.6422
800	2.5	0.366	0.238	0.9098
800	1.75	0.332	0.204	0.7798
800	1.0	0.330	0.203	0.7722
1000	1.5	0.272	0.111	0.5352
1000	1.75	0.301	0.140	0.6738

李振虎[10] 通过对张军的实验数据进行回归，得到液滴直径表达式

$$d = 12.84 \left(\frac{\sigma}{\omega^2 R \rho} \right)^{0.630} L^{0.201} \qquad (2\text{-}6)$$

式中　L——液体流量，m³/h。

李应文等[11] 通过对高速相机得到的液滴照片进行图片分析，获得了定 - 转子反应器内水和微乳液的平均直径表达式

$$\frac{d}{R} = \alpha N^\beta \left(\frac{Ru_0\rho}{\mu}\right)^\gamma \left(\frac{gR^2\rho}{\sigma}\right)^\delta \left(\frac{g}{R\omega^2}\right)^\varepsilon \quad\quad (2\text{-}7)$$

式中　α、β、γ、δ、ε——拟合系数，无量纲；

　　　　u_0——液体径向初始速度，m/s。

（2）填料区液滴飞行时间与速度

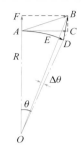

液滴自某层丝网甩出后，将受到外层丝网的拦阻，一般情况下与丝网的密集程度有关，液滴在经过3～5层丝网之后即被捕获更新。可以认为液滴在填料空间的径向位移一般远小于填料层的旋转半径，如图2-9所示[3]。

假设液滴离开丝网时的位置为点A（$t=0$），经过t秒后，液滴到达点B。弧AD为以O点为圆心、旋转半径为R的周向横丝的一段，弧AD与OB的交点为E，AC与弧AD相切，与OD延长线交于点C。按图中的尺寸，存在

▶ **图 2-9**　液滴在填料空间
　　　飞行时间计算图

$$\Delta\theta \ll \theta = \omega t \ll 1 \quad\quad (2\text{-}8)$$

则在时间t内液滴的径向飞行距离S为

$$S = BE \approx BD \approx BC + CD = AF + CD = u_{r0}t + \frac{1}{2}R\omega^2 t^2 \quad\quad (2\text{-}9)$$

式中u_{r0}为液滴离开丝网表面时的初始径向速度。可得

$$t = \frac{u_{r0} + \sqrt{u_{r0}^2 + 2R\omega^2 S}}{R\omega^2} \quad\quad (2\text{-}10)$$

因此，已知转子角速度ω、形成液滴的丝网旋转半径R、初始径向速度u_{r0}以及液滴在径向所穿透的距离S（由液滴能穿透的丝网层数和层间距离算得）后，即可算得液滴在填料空间的飞行时间。

2. 填料区液线流动特征

（1）填料区液线数目

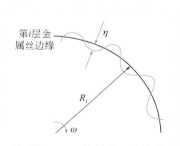

如图2-10[3]所示，给旋转丝网边缘的液环一个扰动，η为扰动振幅。研究认为，液线数目由产生最大扰动生长速度的波数决定。

通过对由扰动引起的动能、表面能、离心力能和黏性能进行分析，得到一个关于扰动生长速度β的关系式，即

▶ **图 2-10**　旋转丝网边缘液
　　　环扰动分析

$$\beta = \frac{1}{t}\ln\frac{\alpha}{\alpha_0} = \frac{1}{2}K(4K-3)\frac{\mu}{\rho R_i^2}\left(\sqrt{\varphi}-1\right) \tag{2-11}$$

式中　α_0、α——初始波动幅度和波动幅度；

$\quad\quad\quad K$——扰动波数。

φ 的定义如下

$$\varphi = 1 + \frac{8St^{-1}}{K(4K-3)}\left(We-K^2\right) \tag{2-12}$$

式中　φ——系数，无量纲；

$\quad\quad St$——斯坦顿数，无量纲；

$\quad\quad We$——韦伯数，无量纲。

其中　　　　$We = \dfrac{\rho\omega^2 R_i^3}{\sigma}\qquad St = \dfrac{\mu^2}{\rho\sigma R_i}$　　　$(2\text{-}13)$

液线数目可以由式（2-11）求极值得到，即

$$\frac{\mathrm{d}\beta}{\mathrm{d}K} = 0 \tag{2-14}$$

液线数目 N_1 的表达式为

$$N_1 = 0.83\frac{We^{1/2}}{1+8.9We^{1/6}Re^{-1/3}} \tag{2-15}$$

从 N_1 的表达式可知，N_1 只与 R_i、ω 及一些物性数据有关。

（2）填料区液线速度及直径

液线在填料空间的径向飞行距离和飞行时间的计算与前面液滴的计算类似。参照液滴的计算方法，可给出与液滴相同的液线径向飞行距离与液线飞行时间计算公式。

由 $u=S/t$ 得到液线径向飞行速度的计算式

$$u_{r,1} = u_{r,i0} + R\omega^2 t \tag{2-16}$$

式中　$u_{r,i0}$——液体离开第 i 层丝表面时的径向速度。

对于液线直径的计算，Q_1 为能形成液线的液体体积流量，d_i^Π 为液线直径（如图 2-11 所示）。

则填料空间飞行液线直径满足体积守恒

$$Q_1 = \frac{\pi}{4}\left(d_i^\Pi\right)^2 u_{r,1} N_1 \tag{2-17}$$

从而液线直径为

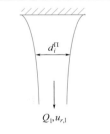

▶ 图 2-11　液线示意图

$$d_1^{\Pi} = \sqrt{\frac{4Q_1}{\pi u_{r,1} N_1}} \qquad (2\text{-}18)$$

3. 填料区液膜流动特征

张军[3]认为填料区的液膜可以分为填料表面液膜和填料空间液膜，通过简化的奈维 - 斯托克斯方程（Navier-Stokes equations），可以求解出填料表面液膜和填料空间液膜的厚度及流动特征。

（1）填料表面液膜厚度

Munjal等[12]、竺洁松[5]对旋转圆盘和叶片上的液膜厚度进行了分析，估计了填料上的液膜厚度，结果如式（2-19）所示。

$$\delta = \left(\frac{3\nu Q_w}{R\omega^2}\right)^{1/3} \qquad (2\text{-}19)$$

式中　Q_w——单位宽度表面上的液体流量，cm^2/s；

　　　ν——运动黏度，cm^2/s；

　　　R——转子半径，cm；

　　　ω——转子角速度，rad/s。

计算得到的液膜厚度为 8×10^{-5} m（600 r/min）和 5×10^{-5} m（1200 r/min）。

郭锴[1]将干湿填料情况下的电视摄像结果用图像分析仪进行了分析对比，得到了不同条件下的丝网填料丝上的液膜厚度的定量数据，结果见表 2-2。

郭奋[13]通过理论分析和表 2-2 中的实验结果，得到填料上的液膜厚度

$$\delta = 4.20 \times 10^8 \frac{\nu L}{a_f \omega^2 R} \qquad (2\text{-}20)$$

式中　L——液体通量，$m^3/(m^2 \cdot s)$；

　　　a_f——填料比表面积，m^2/m^3。

表 2-2　丝网填料丝上的液膜厚度的测定和分析结果

半径 /m	流量 /(m³/h)	转速 /(r/min)	液膜厚度 /μm
0.15	0	0	0
0.15	1.5	450	11
0.15	1.5	500	17
0.15	1.5	600	16
0.15	1.5	750	4
0.15	1.5	900	2
0.15	1.5	1050	1.4

张军[3]通过实验观测及理论研究，将填料表面的液膜分为两类：顺着丝网填料不锈钢丝向下流动的液体所形成的液膜和环绕丝网填料不锈钢丝流动的液体所形成

的液膜，并基于大量实验数据得到了计算两种液膜厚度的经验关联式

$$\delta_1 = \left(\frac{\mu^2}{\omega^2 R}\right)^{\frac{1}{3}} \tag{2-21a}$$

$$\delta_2 = \left(\frac{6l_i\mu}{\pi d_s \omega^2 R_i}\right)^{\frac{1}{3}} \tag{2-21b}$$

式中　l_i——流经第 i 层填料内竖直金属丝的液体体积流量，m^3/s；

　　　d_s——填料丝直径，m。

（2）填料空间液膜厚度

液膜在填料空间内的径向飞行距离等于填料丝网层间距

$$S = u_{r0}t + \frac{1}{2}R\omega^2 t^2 \tag{2-22}$$

填料空间液膜飞行时间的表达式

$$t = \frac{u_{r0} + \sqrt{u_{r0}^2 + 2R\omega^2 B}}{R\omega^2} \tag{2-23}$$

从而，可得空间液膜飞行速度的表达式

$$u_{r,f} = u_{r0} + R\omega^2 t \tag{2-24}$$

令 Q_f 为丝网填料空间形成液膜的单位长度上的液体流量，则

$$Q_f = u_{r,f}\delta_f \tag{2-25}$$

所以在填料空间飞行的液膜厚度 δ_f 为

$$\delta_f = \frac{Q_f}{u_{r,f}} \tag{2-26}$$

4. 空腔区液滴直径

桑乐[9]利用高速摄像技术对旋转填充床空腔区进行了流体流动的观测，并对实验数据进行分析处理，得到空腔区平均液滴直径关联式

$$\frac{d}{R_2} = 0.042We^{-0.272}Re^{0.068}q^{0.098}\left(\frac{R_2}{r_2}\right)^{-0.776} \tag{2-27}$$

式中　R_2——填料层外半径，m；

　　　r_2——转子外半径，m；

　　　q——液体初始速度数，无量纲，$q = \dfrac{u_0}{\omega R}$。

除此之外，液滴尺寸呈现为 Rosin-Rammler（R-R）分布。

$$V = 1 - \exp\left[-(d/c)^m\right] \tag{2-28}$$

式中　V——直径小于液滴平均直径的液滴的体积分数，无量纲；

　　　c——当累积体积分数为 63.2% 时的特征直径，m；

　　　m——分布宽度，大的 m 值表示窄分布，小的 m 值表示宽分布。

5. 空腔区液滴速度

李应文等[11]利用高速摄像技术对定 - 转子旋转床的液滴速度进行了测量，通过分析每个操作条件下的液滴图片，获得液滴速度的表达式，分别为

$$\frac{Nu}{R\omega} = \alpha\left(\frac{\mu}{R^2\omega\rho}\right)^\beta\left(\frac{gR^2\rho}{\sigma}\right)^\gamma \tag{2-29}$$

$$u = e^{-3.5352}\frac{\mu}{R\rho}N^{-0.4724}\left(\frac{Ru_0\rho}{\mu}\right)^{0.0005}\left(\frac{R^2\omega\rho}{\mu}\right)^{1.8817}\left(\frac{g^2\rho\omega}{\sigma}\right)^{-0.8142} \tag{2-30}$$

式中，Nu 为努塞尔数，无量纲。

杨旷[7]和孙润林等[8]通过高速摄像技术，对旋转填充床的液滴速度进行了研究，并通过数据处理得到了空腔区液滴速度的关联式。

$$u = 0.022e^{7.64R}Q^{0.15}\omega^{1.21} \tag{2-31}$$

$$u_r = 0.037e^{0.0080r}q_L^{0.041}\omega^{0.87}(d/d_0)^{-4.62} \tag{2-32}$$

桑乐[9]同样借助于高速摄像机，通过对拍摄到的图片进行分析获得了液滴速度。首先识别连续两帧图片的同一个液滴的圆心坐标（如图 2-12 所示），然后利用式（2-33）和式（2-34）分别计算液滴的合速度和径向速度。

$$u = \lambda\frac{\sqrt{(x_3-x_2)^2+(y_3-y_2)^2}}{\Delta t} \tag{2-33}$$

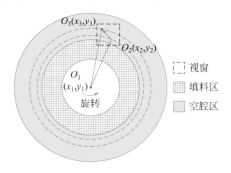

● 图 2-12　液滴速度计算示意图（俯视图）

$$u_r = \lambda \frac{\sqrt{(x_3 - x_1)^2 + (y_3 - y_1)^2} - \sqrt{(x_2 - x_1)^2 + (y_2 - y_1)^2}}{\Delta t} \quad (2\text{-}34)$$

式中　λ——图片像素与实际长度的转化标尺，0.06 mm/ 像素。

二、旋转填充床内气相流动特征

当谈论气体的流动时，气体的可压缩性与不可压缩性是一个不可回避的问题。旋转填充床中流体的运动速度主要受转速的影响，在通常的操作范围内（转速小于10000 r/min）均可将流体近似为不可压缩流体。在旋转填充床内气相为连续相，故气相流动在不可压缩流体连续介质力学的研究范畴。

通常采用实验或者模拟的手段对气相的流动特征进行研究，包括气体流动的湍流特征（旋涡特征）、流动的边界层问题、气相压降、气相流场以及航空动力学中的激波等。常用手段有摄像技术、激光多普勒测速技术（laser doppler velocimetry, LDV）、粒子图像测速仪技术（particle image velocimetry, PIV）及基于 CFD 的模拟方法等。

1. 气相流场模拟方法的建立

许明[14]基于有限差分的 CFD 模拟，分别采用二维和三维模型计算了不同尺寸的旋转填充床内的气相流场，在欧拉坐标系内对不同几何结构的旋转填充床内的气体运动进行了数学描述，并采用 SIMPLE 算法和标准 $k\text{-}\varepsilon$ 模型对气体流场进行了数值模拟。

李银刚[15]基于有限元法，运用 Fluent 商业软件对三维旋转填充床内的气相流场进行模拟。采用多孔介质理论，将实际的填料视作多孔介质，分别用标准 $k\text{-}\varepsilon$ 模型与 Realizable $k\text{-}\varepsilon$ 模型对旋转填充床的气相压降进行了模拟计算。

杨文婧[16]采用二维小方块来简化三维丝网填料，形成了用于模拟的物理模型，对旋转填充床内的气相流场进行了 CFD 模拟。

杨宇成[6]沿用李银刚采用的多孔介质的模拟方法，对旋转填充床内的三维气相流场进行了 CFD 模拟，并给出了多孔介质模型在旋转填充床中应用的可行方法。多孔介质模型通过在动量方程中修改源项来体现多孔介质的作用，见式（2-35）。

$$S_i = -\left(\frac{\mu}{K_{\text{perm}}} u + K_{\text{loss}} \frac{1}{2} \rho |u| u \right) \quad (2\text{-}35)$$

方程由两个部分组成，等式右边的第一部分为黏性阻力项，第二部分为惯性阻力项。这里 u 代表的是流动区域的速度，K_{perm} 和 K_{loss} 分别代表多孔介质的渗透性和能量损失系数。对于该模型中最主要的两个参数 K_{perm} 和 K_{loss}，前人直接使用半经验方程 - Ergun 方程进行求解，方程如下

$$K_{perm} = \frac{d_p^2}{150} \frac{\varepsilon^3}{(1-\varepsilon)^2} \text{ 和 } K_{loss} = \frac{3.5}{d_p} \frac{1-\varepsilon}{\varepsilon^3} \qquad (2\text{-}36)$$

式中 d_p——填料的平均颗粒直径，m；

　　　ε——填料的孔隙率，无量纲。

另一种方法是通过已有的压降实验数据去推算这两个参数

$$K_{perm} = \frac{\mu \Delta n}{a}$$

$$K_{loss} = \frac{2b}{\rho \Delta n} \qquad (2\text{-}37)$$

式中，Δn 为填料厚度，参数 a 和 b 根据式（2-38）由实验得出的压降数据求出。

$$\Delta p = a|u| + b|u|^2 \qquad (2\text{-}38)$$

武威[17]采用多孔介质模型对分段进液式旋转填充床内的气相流场及压降进行了模拟计算。通过对比计算结果，Realizable $k\text{-}\varepsilon$ 模型比标准 $k\text{-}\varepsilon$ 模型更适用于其内部气相流场模拟，尤其在高转速下具有更好的吻合性。刘易等[18]在旋转填充床气相流场模拟的过程中，采用了更接近真实结构的填料结构，模拟了规整填料旋转填充床内的气相流场（见图 2-13），发现在气液逆流旋转填充床中，靠近气体进口侧的填料区存在类似的气相端效应区。

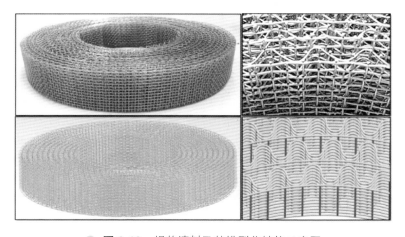

● 图 2-13　规整填料及其模型化结构示意图

总的来说，在计算气相流场时，通常采用稳态计算。真实结构填料模型和多孔介质模型各有优势。多孔介质模型可以显著地减少网格数量和计算难度，在快速筛选结构时（如仅比较压降的大小）具有优势；真实结构填料模型可更加准确地描述填料与气相的相互作用，得到的流场细节更为逼真。在选择计算模型时，可根据实际需求来选择。

2. 干床压降

气相压降（包括干床压降和湿床压降）是衡量气 - 液和气 - 液 - 固体系旋转填充床性能的一个重要指标。旋转填充床的气相压降主要由外空腔（转子与外壳之间的区域）的压降、转子 / 填料的压降、内空腔（转子的内腔）的压降三部分构成。Keyvani 等 [19] 在 1988 年首次报道了旋转填充床气相压降的研究结果。发现旋转填充床内气相压降与填料转速的两次幂成正比，且气相压降随着气体流量增大而增大。Liu 等 [20] 在 1996 年通过研究不同条件下带有低孔隙率填料的旋转填充床，发现旋转填充床干床压降与填料的转速存在线性关系。Kumar 等 [21] 对逆流式旋转填充床的气相压降进行了深入研究和计算，得到以下关联式

$$\Delta p = \Delta p_c + \Delta p_f + \Delta p_k \quad (2\text{-}39)$$

其中，Δp_c 为离心力引起的压降

$$\Delta p_c = \frac{1}{2} \rho_g \left(K_s \omega\right)^2 \left(R_\omega^2 - R_1^2\right) \quad (2\text{-}40)$$

Δp_f 为边界层摩擦力引起的压降

$$\Delta p_f = \frac{1}{2} \rho_g \left(K_a f\right) R_\omega^{\ 2} \frac{G^2}{\rho_g} \frac{a_p \left(1-\varepsilon\right)}{\varepsilon^2} \Delta I \quad (2\text{-}41)$$

Δp_k 为动能变化导致的压降变化，可以忽略不计。

郑冲等 [22] 对逆流旋转填充床中气相压降做了相关研究，结果表明：①在操作范围内，干床压降要大于湿床压降；②当填料的外径确定时，气相压降随填料的厚度增加反而减小；③气体流量越大，转子的能耗越低。

李振虎 [10] 研究了逆流旋转填充床中不同填料对气相压降的影响，并对比了逆流操作与并流操作时气相压降的大小。研究结果表明，气液两相逆流接触时，增大转速，压降也增大，而并流操作时正好相反。

李银刚 [15] 对旋转填充床内的气相压降进行了模拟。结果表明，不同孔隙率的填料对气体的压降有较大的影响，孔隙率越高，气相压降越低。同时，填料厚度对压降也有一定影响，当填料的外径一定时，填料径向越厚压降越小；当填料内径一定时，填料径向越厚压降越大。

杨宇成 [6] 采用多孔介质模型模拟了旋转填充床内的三维气相流场，如图 2-14 所示。模拟结果表明，干床压降与填料孔隙率、转速、气体流量有着重要的关联。随着孔隙率的降低，气体受到的阻力增大，干床压降随之升高；压降随着气体流量和转速的增大而不断增大。这些结果与李银刚的模拟结果相符合。同时对进气方式进行了优化，发现切向进气要优于带开孔曲面挡板的径向进气，而径向进气的结果最差，存在气相分布不均的结果。

武威 [17] 用 CFD 模拟了不同角度的导向板对气相扰动的影响，结果如图 2-15

所示。模拟结果表明，在环形填料间隙加入扰流内构件比不加内构件对气相的扰动更大，径向夹角大的内构件比径向夹角小的内构件更有利于气相扰动。实验研究表明，带有内构件组合的分段进液式旋转填充床的传质系数提高 10%～20%。

刘易等[18]对规整填料内的气相流动进行了模拟计算，结果如图 2-16 所示。模拟结果表明，填料区的压降占了干床压降的主要部分，填料外缘存在气体端效应区。

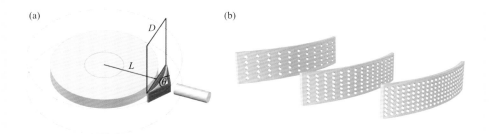

▶ **图 2-14** 径向进气不同角度的挡板示意图（a）与不同开孔率的挡板示意图（b）

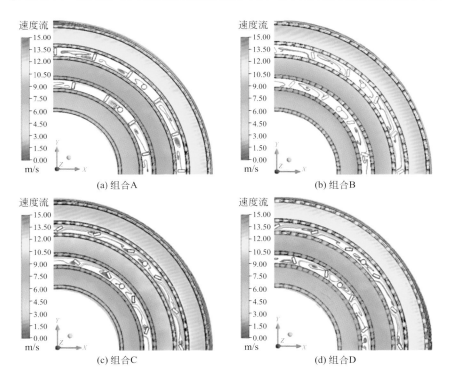

(a) 组合A

(b) 组合B

(c) 组合C

(d) 组合D

▶ **图 2-15**

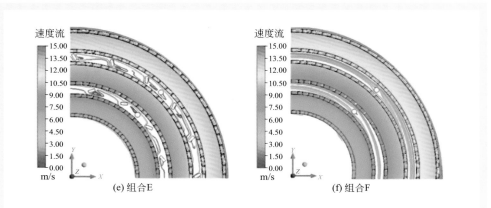

(e) 组合E

(f) 组合F

▶ **图 2-15**　不同角度的导向板对气相扰动的影响

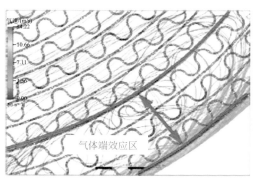

(a) 填料区外侧区域气相流线的变化情况

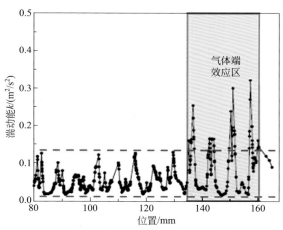

(b) 不同径向位置湍动能的变化情况

▶ **图 2-16**　气体端效应区

3. 湿床压降

湿床压降是在气液两相同时存在时旋转填充床内床层的压降。湿床压降的实验工作已经较为深入，然而模拟研究受限于多相流模拟的选择和修正，目前相关研究较少。

李银刚[15]基于离散相模型（dispersed phase model，DPM），采用CFD模拟得到了湿床压降的结果。模拟结果表明，气液两相流的湿床压降比干床压降小，但是小的幅度有限，且湿床压降随着气体流量与转速的增大而增大。

杨宇成[6]采用欧拉模型模拟计算了三维湿床压降的结果（见图2-17）。模拟结果表明，湿床压降随着转速和液体流量的增加而增大，但模拟值明显高于实验值。

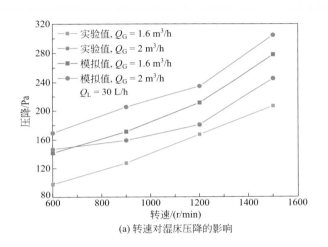

(a) 转速对湿床压降的影响

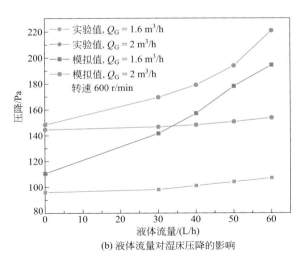

(b) 液体流量对湿床压降的影响

▶ **图 2-17** 转速和液体流量对湿床压降的影响

对湿床来说，气相流动受液相和壁面的影响更为明显，并且填料简化成的立方体方块也不同于真实金属丝，对液体的切割能力要弱于真实丝网，这也就导致液相在填料中的尺寸要大于真实情况，而气体受到大液团的阻力也要大于小液团的阻力。所以，模拟得出的湿床压降值要明显大于实验得出的结果。对于几何结构明显小于且比真实实验结构简单的模型来说，模型中使用的阻碍物不如真实丝网那样具有较强的捕获液体的能力，使得模拟中的液体大多在填料空隙中飞行，气体的流通通道减小，并且受壁面的影响增加，使得气相受到的阻力比真实实验情况要大，所以模拟过程中液量的增加对压降的影响就会更加明显。

第三节　超重力反应器内填料的持液量

一、持液量及测量方法概述

持液量是指反应器或床层内液体体积占容器体积的百分数。一般分为动持液量和静持液量两部分，其中动持液量是指稳态操作下连续不断流经床层的液体所占的体积分数，而静持液量是指停留在滞留区、反应器壁面和填料表面的液体所占的体积分数。床层总持液量是动持液量与静持液量的总和。持液量是反应器流体力学中的一个重要参数，持液量的大小直接影响反应器内填料或催化剂等的润湿效率，从而影响反应器的性能。了解装置内的持液量对其流场以及传质研究都有极其重要的意义。

测量动持液量主要采用排水法，具体操作是当反应器或床层内气液两相稳定时，突然关闭气体和液体阀门，计量流出液体的体积，进而计算其内部的动持液量。由于该方法简单可行，许多文献都用该方法测量动持液量。静持液量的测量方法有称重法和流干法。称重法即实验前先称量干燥的填料或床层质量，测量完动持液量后，将其拆卸下来，再次称重，求得两质量之差进行换算，得到静持液量，但此方法在一定程度上受反应器或床层结构及尺寸限制。流干法是指关闭进气、进液阀门，且测量完动持液量后，收集流出的液体直至床层中的液体已完全流出，通过这部分液体体积可计算床层的静持液量。

随着科技的进步及计算机技术的发展，持液量的研究手段也变得多样化。例如，电容层析成像系统（electrical capacitance tomography, ECT）能够根据床层中不同介质的电容值，采用一定的算法得出床层内各相体积分数及分布情况，并能进行图像重建，直观地展现出床层截面的气液分布图。断层扫描技术（CT）作为一种非侵入式可视化技术，可在不干扰流场的情况下准确获取流体信息。特别是在实际工业操作中，由于反应器或者相态存在不透明情况，断层扫描技术成为了首选的可视化技术，结构图如图 2-18 所示。

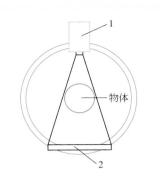

▶ **图 2-18　CT 设备结构图**
1—射线源；2—接收器

二、旋转填充床内持液量研究

国内外许多学者都对旋转填充床内的持液量进行了研究，主要集中在动持液量的研究上。1995 年，Basic 等[23]通过电阻率法测量了低孔隙率下床层内的持液量情况，并通过合理的假设建立了相应的模型以及持液量经验关联式

$$\varepsilon_L = 2.65\gamma_f \left(\frac{a_p d_p}{\varepsilon}\right)^{0.37} Re^{0.67} Ga^{-0.485} \qquad （2\text{-}42）$$

式中　ε_L——床层持液量，m^3/m^3；

γ_f——弯曲度，无量纲；

a_p——填料的比表面积，m^2/m^3；

Ga——伽利略数，无量纲。

Burns 等[24]通过电阻率法测量了高孔隙率下的床层持液量，并通过前期可视化实验，对不同液体流动形态（液膜、液丝、液滴）建立了更为细致的持液量模型。

对液膜形态

$$\varepsilon_L = 2.25 a_w \left(\frac{\nu U}{a_w g}\right)^{1/3} \qquad\qquad 黏性流动 \qquad （2\text{-}43）$$

$$\varepsilon_L = 2.59 \frac{U}{g^{1/2} d_p^{1/2}} \left[\frac{1-(1-K)^{1/2}}{K^{1/2}}\right] \qquad 惯性流动 \qquad （2\text{-}44）$$

对液丝形态

$$\varepsilon_L = 1.41 \frac{U}{g^{1/2} d_p^{1/2}} \left[\frac{1-(1-K)^{1/2}}{K^{1/2}}\right] \qquad （2\text{-}45）$$

对液滴形态

$$\varepsilon_L = 1.41 \frac{U}{g^{1/2} d_c^{1/2}} \qquad （2\text{-}46）$$

通过对数据进行回归分析，Burns 等[24]建立了一个关联式，如下所示

$$\varepsilon_L = 0.039 \left(\frac{g}{g_0} \right)^{-0.5} \left(\frac{U}{U_0} \right)^{0.6} \left(\frac{\nu}{\nu_0} \right)^{0.22}$$ （2-47）

式中　a_w——每单位体积填料润湿的表面积，m^2/m^3；

d_c——碰撞距离，m；

d_p——填料孔隙直径，m；

g——离心加速度，m/s^2；

g_0——特征离心加速度，其值为 100 m/s^2；

K——碰撞中损失的动能比例；

U——单位面积下液体流速，m/s；

U_0——单位面积下特征液体流速，其值为 0.01 m/s；

ν——液体运动黏度，m^2/s；

ν_0——液体特征运动黏度，其值为 $1.0 \times 10^{-6}\ m^2/s$。

郭奋[13]用电导的方法对床层持液量进行了研究。结果表明，持液量随液体流量的增加而增大，随转速的增大而减小。持液量与平均径向速度并不是独立的，二者有如下关系

$$\varepsilon_L = \frac{L}{u} = 47.45 L^{0.7721} (\omega^2 R)^{-0.5448}$$ （2-48）

式中　L——液体通量，$m^3/(m^2 \cdot s)$；

u——平均径向速度，m/s；

R——转子半径，m；

ω——转子角速度，rad/s。

Lin 等[25]基于旋转圆盘表面液膜的流动，将旋转填充床假设为 n 层旋转圆盘堆积在一起（见图 2-19），对逆流旋转填充床中的持液量进行了理论分析。

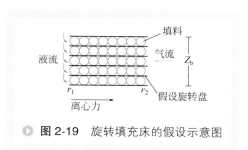

● 图 2-19　旋转填充床的假设示意图

同时，根据旋转填充床内的气液流动建立了采用压降预测持液量的模型。结果表明，气体流量对液体的持液量影响较小。此外，对传统填充床内液体持液量的关联式进行修正，并运用到逆流旋转填充床内。

$$\varepsilon_L = 3.86 Re^{0.545} Ga^{*-0.42} \left(\frac{a_t d_p}{\varepsilon} \right)^{0.65} \varepsilon$$ （2-49）

$$Ga^* = \frac{d_p^3 \rho_L \left(\rho_L a_c - \frac{\Delta p}{r_2 - r_1} \right)}{\mu_L^2}$$ （2-50）

式中　Re——液相雷诺数，无量纲；

Ga^*——伽利略数，无量纲；

a_t——填料比表面积，m^2/m^3；

a_c——离心加速度，m/s^2；

d_p——填料球形当量直径，m；

ε——孔隙率，无量纲；

ρ_L——液体密度，kg/m^3；

Δp——压降，Pa；

r_1、r_2——转子内、外半径，m。

Chen 等[26]通过测量旋转填充床内剩余的液体体积来测定持液量。使用多变量进行回归的方法，建立了各操作参数与持液量之间的关联式

$$\varepsilon_L = 21.3u_L^{0.646}u_G^{-0.015}\omega^{-0.148} \tag{2-51}$$

式中　ε_L——持液量，m^3/m^3；

u_L——液体入口速率，m/s；

u_G——气体入口速率，m/s；

ω——转子角速度，rad/s。

杨宇成[6]通过 X-ray CT 技术定量测定了液体在泡沫镍填料和丝网填料内的持液量。图 2-5 和图 2-20 给出了时均状态下水在两种填料层内的分布图。

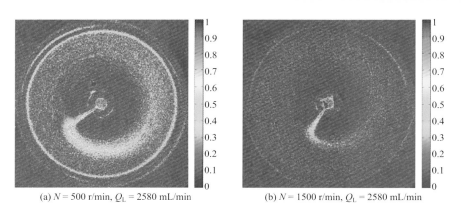

(a) $N = 500$ r/min, $Q_L = 2580$ mL/min　　(b) $N = 1500$ r/min, $Q_L = 2580$ mL/min

▶ 图 2-20　泡沫镍填料内持液量分布图

从图 2-5 和图 2-20 可以看出，持液量在低转速下要大于高转速，泡沫镍填料内持液量高于丝网填料；液体在填料内缘处存在分布不均的现象，特别是对于泡沫镍填料；提高转速能改善液体在填料内的分布。

图 2-21 给出了转速和液体流量对填料区持液量的影响规律。由图可知，当转速从 500 r/min 提高到 1000 r/min 的过程中，持液量有快速下降的趋势，之后随着填料

转速的增加，持液量下降速度变缓。持液量随着液体流量的增加而逐步增大。在相同转速下，随着液体流量的增加，持液量的增加速度比较缓慢。

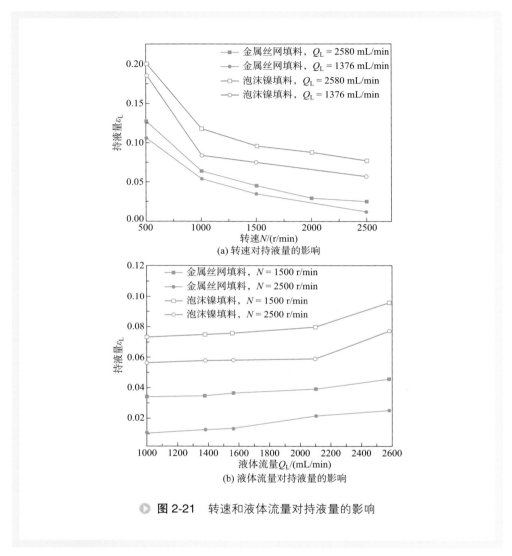

图 2-21　转速和液体流量对持液量的影响

　　图 2-22 和图 2-23 分别展示了在黏性体系下两种填料持液量的分布云图。由图可知，黏性液体的持液量在低转速下要大于高转速，泡沫镍填料内持液量高于丝网填料，提高转速能改善液体在填料内的分布。

　　图 2-24 表示液体黏度对填料层内持液量的影响规律。由图可知，持液量随液体黏度的增加而增加。在高转速下，液体黏度对持液量的影响程度明显弱于低转速的影响程度。这可能是由于高转速下填料层内液体获得较大的离心力，提高了剪切

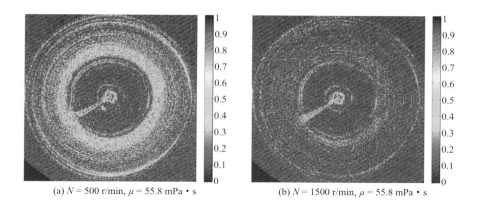

(a) $N = 500$ r/min, $\mu = 55.8$ mPa·s   (b) $N = 1500$ r/min, $\mu = 55.8$ mPa·s

▶ **图 2-22** 甘油体系中金属丝网填料的液体分布图

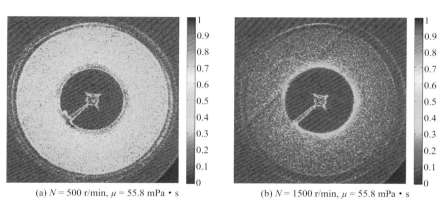

(a) $N = 500$ r/min, $\mu = 55.8$ mPa·s   (b) $N = 1500$ r/min, $\mu = 55.8$ mPa·s

▶ **图 2-23** 甘油体系中泡沫镍填料的液体分布图

力，使得液膜变薄，流速加快，从而降低了高转速下黏度对持液量的影响趋势。在同一转速下，金属丝网填料的持液量随黏度的增加速度要小于泡沫镍填料。

综合以上实验数据，分别对两种填料建立相应的经验关联式

金属丝网填料 $$\varepsilon_L = 12.159 Re^{0.923} Ga^{-0.610} Ka^{-0.019} \quad\quad （2-52）$$

泡沫镍填料 $$\varepsilon_L = 12.159 Re^{0.479} Ga^{-0.392} Ka^{-0.033} \quad\quad （2-53）$$

式中 ε_L——床层持液量，m^3/m^3；

     Re ——雷诺数，无量纲；

     Ga ——伽利略数，无量纲；

     Ka ——卡皮查数，无量纲。

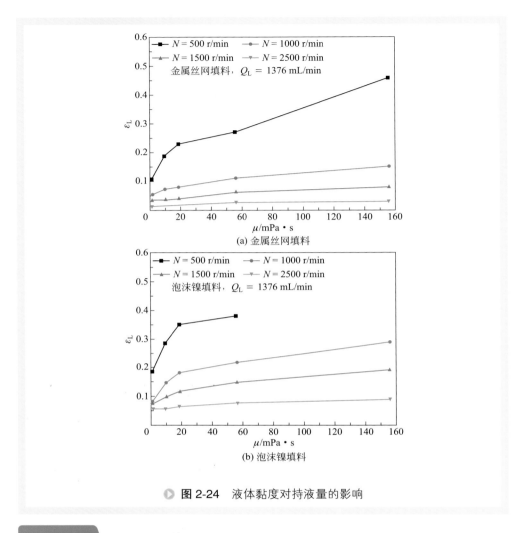

图 2-24 液体黏度对持液量的影响

超重力反应器内液体的停留时间

测定液体在旋转填充床内的停留时间分布规律是了解反应器内返混程度的重要手段。Keyvani 等[19]采用脉冲示踪的方法，通过在液体的进口处和转子外空腔中分别安装电导探头来测定停留时间分布。然而，这包括了液体在进出口管路中的停留与返混，并非填料内的停留时间分布规律。郭锴[1]将电导探头固定于旋转的转子上，测得液体在旋转填充床中填料内的停留时间分布。

赵泽盟[27]基于电导率的响应 - 激励法研究了定 - 转子反应器中的液体停留时间分布。在定 - 转子反应器稳定操作时加入示踪剂，当液体接触到进出口探头时，电导率会有明显变化，通过数据采集卡将电导率的变化传至电脑并进行分析，得到停留时间分布规律。为了准确地测试液体在定 - 转子反应器内的停留时间，进出口探头分别放在液体分布器前和反应器内壁前。

图 2-25 是转速为 600 r/min、液体流量为 400 L/h 的操作条件下，进出口电导率随时间的变化曲线（图中振幅的波动代表电导率的变化）。出口电导率曲线振幅大幅上升的时间（2.3526 s）与进口电导率曲线振幅大幅上升的时间（2.2628 s）之间的差值（0.0898 s），即被认为是定 - 转子反应器中液体的停留时间。

图 2-26 展示了转速对停留时间的影响，在液体流量为 450 L/h 的实验条件下，随着转速的增大，停留时间从 293.03 ms 急剧减少至 42.33 ms。转速大于600 r/min 后，随着定 - 转子反应器转速的加快，停留时间降低的幅度趋缓。总体来说，停留时间随转速的增加而下降。

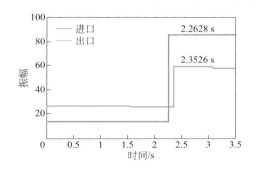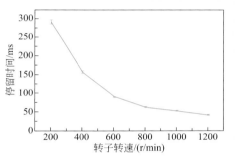

▶ 图 2-25 进出口电导率随时间的变化曲线　　▶ 图 2-26 转子转速对停留时间的影响

定 - 转子反应器中的液体停留时间不仅受到操作条件（转子转速、液体流量）的影响，同时也受流体物性（密度、黏度和表面张力等）和设备结构（转子环层数）的影响。通过量纲分析得到无量纲数，结合实验数据得到定 - 转子反应器中液体停留时间的经验关联式。

$$\frac{Tu}{R^2\rho} = e^{3.1913} N^{-0.2057} \left(\frac{Ru_0\rho}{\mu}\right)^{-0.0628} \left(\frac{R^2\omega\rho}{\mu}\right)^{-0.4864} \left(\frac{g^2\rho\omega}{\sigma}\right)^{-0.6078} \qquad （2-54）$$

通过式（2-54）得到的定 - 转子反应器中停留时间的预测值与实验过程中测得的停留时间的实验值之间的误差基本在 ±10% 以内。

参考文献

[1] 郭锴 . 超重机转子填料内液体流动的观测与研究[D]. 北京 : 北京化工大学 , 1996.

[2] Burns J R, Ramshaw C. Process intensification: Visual study of liquid maldistribution in rotating packed beds[J]. Chemical Engineering Science, 1996, 51: 1347-1352.

[3] 张军. 旋转床内流体流动与传质的实验研究和计算模拟[D]. 北京：北京化工大学, 1996.

[4] 郭天宇. 旋转填充床内传质效应及微观混合的 CFD 模拟研究[D]. 北京：北京化工大学, 2016.

[5] 竺洁松. 旋转床内液体微粒化对气液传质强化的作用[D]. 北京：北京化工大学, 1997.

[6] 杨宇成. 旋转填充床中流体流动与传质过程的 CFD 模拟[D]. 北京：北京化工大学, 2016.

[7] 杨旷. 超重力旋转床微观混合与气液传质特性研究[D]. 北京：北京化工大学, 2010.

[8] 孙润林, 向阳, 杨宇成, 等. 旋转填充床流体流动的可视化研究[J]. 高校化学工程学报, 2013, 27(3): 411-416.

[9] 桑乐. 旋转填充床流体流动可视化与传质模型研究[D]. 北京：北京化工大学, 2017.

[10] 李振虎. 旋转床内传质过程模型化研究[D]. 北京：北京化工大学, 2000.

[11] Li Y W, Wang S W, Sun B C, et al. Visual study of liquid flow in a rotor-stator reactor[J]. Chemical Engineering Science, 2015, 134: 521-530.

[12] Munjal S, Duduković M P, Ramachandran P. Mass-transfer in rotating packed beds—I. Development of gas-liquid and liquid-solid mass-transfer correlations[J]. Chemical Engineering Science, 1989, 44: 2245-2256.

[13] 郭奋. 错流旋转床内流体力学与传质特性的研究[D]. 北京：北京化工大学, 1996.

[14] 许明. 超重力旋转床中气液两相流动与传质过程的数值模拟[D]. 北京：北京化工大学, 2004.

[15] 李银刚. 旋转填充床中流体流动的三维 CFD 数值模拟研究[D]. 北京：北京化工大学, 2009.

[16] 杨文婧. 旋转填料床内流场与微观混合的 CFD 模拟[D]. 北京：清华大学, 2009.

[17] 武威. 分段进液式旋转填充床气相 CFD 模拟及传质研究[D]. 北京：北京化工大学, 2017.

[18] Liu Y, Luo Y, Chu G W, et al. 3D numerical simulation of a rotating packed bed with structured[J]. Chemical Engineering Science, 2017, 170: 365-377.

[19] Keyvani M, Gardner N C. Operating characteristics of rotating beds[C]. Technical Progress Report for the Third Quarter, Ohio, 1988.

[20] Liu H S, Lin C C, Wu S C, et al. Characteristics of a rotating packed bed[J]. Industrial & Engineering Chemistry Research, 1996, 35: 3590-3596.

[21] Kumar M P, Rao D P. Studies on a high-gravity gas-liquid contactor[J]. Industrial & Engineering Chemistry Research, 1990, 29(5): 917-920.

[22] Zheng C, Guo K, Feng Y D, et al. Pressure drop of centripetal gas flow through rotating beds[J]. Industrial & Engineering Chemistry Research, 2000, 39: 829-834.

[23] Basic A, Duduković M P. Liquid holdup in rotating packed beds: Examination of the film flow assumption[J]. AIChE J, 1995, 41: 301-316.

[24] Burns J R, Jamil J N, Ramshaw C. Process intensification: Operating characteristics of rotating packed beds—determination of liquid hold-up for a high-voidage structured packing[J]. Chemical Engineering Science, 2000, 55(13): 2401-2415.

[25] Lin C C, Chen Y S, Liu H S. Prediction of liquid holdup in countercurrent-flow rotating packed bed[J]. Chemical Engineering Research and Design, 2000, 78(3): 397-403.

[26] Chen Y H, Chang C Y, Su W L, et al. Modeling ozone contacting process in a rotating packed bed[J]. Industrial & Engineering Chemistry Research, 2004, 43(1): 228-236.

[27] 赵泽盟. 定 - 转子反应器中传质系数及水脱氧的应用研究[D]. 北京：北京化工大学，2017.

第三章

超重力反应器的设计原理与方法

第一节 超重力反应器的总体设计思路

在常见的化工单元操作中，多相反应与质量传递是较为普遍的过程。在相间浓度差一定的条件下，相间质量传递的速率受两相间的接触面积、紧邻相界面处的湍动强度和相对速度差等几个因素的限制。如果要提高相间质量传递的速率，必然要增加或增强这些因素。而这些因素之所以对过程速率产生制约，都与地球引力场有关。如果能够强化地球引力场，就能够对过程速率产生强化。然而，万有引力这一自然规律是无法改变的，人们只好利用其他方法模拟强化引力场。

旋转可以产生稳定的、可以调节的离心力场，可以模拟引力场产生超重力环境。由此，人们在设法提高质量传递速率时，用旋转的方法人为地给体系施加离心力，模拟超重力，使浮力因子 $\Delta \rho g$ 提高 1~3 个数量级。这就大大提高了相间的相对速度，使相间的接触面快速更新，生产强度因此成倍增加，达到了减少设备体积、节约投资和降低能耗的目的。基于上述思路，人们设计出了具有不同结构形式的超重力装备。图 3-1 为北化超重力团队设计的用于实验的小型超重力装备的结构示意图，图 3-2 为华南理工大学设计的碟片式超重力装备的结构示意图[1]。

对于一台能够满足工艺要求并且正常运转的超重力设备，在设计中应同时考虑以下几方面：

① 主要部件的几何尺寸的确定；

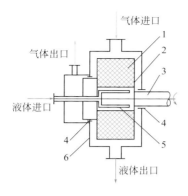

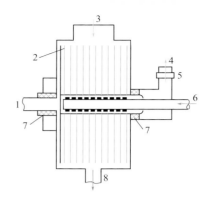

▶ 图 3-1 小型超重力装备的结构示意图
1—填料；2—转子；3—转轴；4—密封；
5—液体分布器；6—外壳

▶ 图 3-2 碟片式超重力装备的结构示意图
1—转轴；2—同心环波纹碟片填料；3—进气口；
4—排气口；5—气水分离器；6—喷水管；
7—密封填料；8—带液封的排液口

② 转鼓的结构设计及强度计算；

③ 功率计算及电机的选择；

④ 转动轴的设计及强度、临界转速的计算；

⑤ 密封系统的确定。

上述 5 个方面中，④、⑤两个方面是转动机械设计中较为常见的情况，可以参考相关的文献，在此不再赘述。而①～③三个方面是超重力反应器设计所特有的，将在以下几节中着重介绍。

第二节 超重力反应器的结构设计

一、主要部件的几何尺寸的确定

超重力装备主要部件的几何尺寸的确定依赖于操作时的气液体积流量比（G/L）。而对于确定的操作体系，G/L 取决于工艺的要求，主要通过实验的方法来确定。

在进行超重力装备设计时，需要首先确定的主要部件的几何尺寸包括：

① 气液进出口管径；

② 喷淋管的形式及尺寸；

③ 填充床层的尺寸。

1. 气液进出口管径

如果 G/L 已经由工艺确定，再根据生产要求确定气体或液体的流量，则相应的液体或气体流量就已知。可以根据气、液流体的性质，选择适宜的流速，进而可以计算气、液进出口管路的内径。然后，根据相应的钢管规格，对计算出的管口直径进行圆整，确定相应的管口尺寸。

2. 喷淋管的形式及尺寸

喷淋管在超重力装备中为静止件，它位于旋转床层的内表面附近，是超重力装备中非常重要的零部件之一。喷淋管的结构直接影响液体在旋转床层的分布状况，进而影响整台设备的传质效果。如果能够在旋转床层的整个圆周上均匀地喷淋液体，则液体在床层内与气体的接触将是均匀且充分的，这无疑在很大程度上提高了床层的传质效率。

喷淋管一般有开缝与开孔两种结构类型[2]，如图 3-3 所示。开缝喷淋管相对于开孔喷淋管而言，具有不易堵塞、加工比较方便等优点。但是，由实验观察到开缝喷淋管液体喷出的方向并不垂直于喷淋管轴线，这不利于液体在床层内的均匀分布。特别对于设备尺寸较大的情况，这将极大地降低设备的传质效率。因此，工业化设备上通常采用开孔喷淋管。当然，新结构形式喷淋管一直是创新研究的方向。

3. 填充床层的尺寸

如图 3-4 所示为超重力装备床层的结构示意图。其中，内半径为 R_1，外半径为 R_2，层高度为 b。

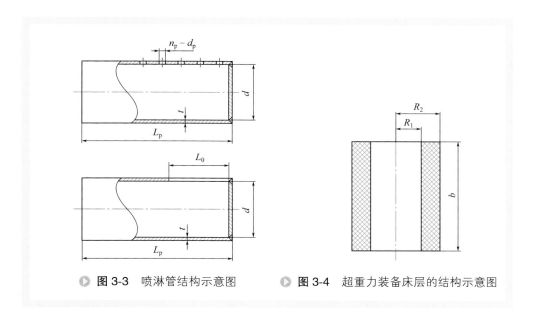

> **图 3-3** 喷淋管结构示意图 > **图 3-4** 超重力装备床层的结构示意图

（1）内半径的确定

内半径可以通过气体的流量来确定，需要考虑以下两点：

① 对于气 - 液反应体系，气体因反应而消耗，床层内半径可以适当减小，但应满足喷淋管布置所需要的空间；

② 如果需要设置除沫装置，床层内半径应相应扩大以满足除沫装置所需的空间。

（2）床层高度的确定

将超重力装备床层的内圆周面上的液体通量定义为

$$\phi_L = \frac{L}{2\pi R_1 b} \tag{3-1}$$

对于确定的气 - 液体系，可以通过在结构相同的超重力装备上进行实验，得到床层内圆周面上的液体通量 ϕ_L。则床层高度可由式（3-1）确定。

（3）外半径的确定

超重力装备的床层外半径为

$$R_2 = R_1 + H \tag{3-2}$$

式中　H——超重力装备床层厚度，m。

它的计算式为

$$H = H_{OL} N_{OL} \tag{3-3}$$

式中　H_{OL}——液相传质单元的填料层厚度，m；

N_{OL}——液相总传质单元数，根据工艺要求进行计算。

此外，需要根据具体选用的填料及其对应的端效应区厚度分别确定相应的参数，分段进行计算。

二、转鼓的结构设计及强度计算

转鼓是超重力装备中的核心部件，其结构设计的好坏直接关系到设备能否达到工艺要求，长期安全稳定地运转。

1. 转鼓的结构设计

在转鼓结构设计中主要应注意两点：一是强度高，超重力装备需要满足床层旋转过程中对强度的要求；二是流通面积大，即转鼓表面开孔率高，一般要求开孔率在55%以上。这两项要求实际上是相互矛盾的，因为开孔率高意味着单位面积上开孔数目多，所留下的金属部分少，结果是开孔削弱系数增大，转鼓许用应力降低。因此，在转鼓的结构设计中必须正确处理好这一关系。

转鼓主要有两种结构形式：圆筒型开孔转鼓与鼠笼型转鼓，结构如图3-5所示。下

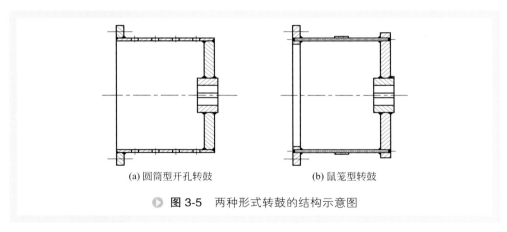

| (a) 圆筒型开孔转鼓 | (b) 鼠笼型转鼓 |

▶ **图 3-5　两种形式转鼓的结构示意图**

面对这两种转鼓的强度计算方法进行讨论，具体计算过程可参照材料力学相关内容。

2. 转鼓的强度计算

（1）圆筒型开孔转鼓的强度计算

对于圆筒型开孔转鼓而言，其转鼓是一个高速旋转并且受离心力作用的壳体。它除了承受转鼓壁自身质量产生的离心力外，还要承受填充床层产生的离心力。至于液体对转鼓壁的冲刷力，由于填充床层的孔隙率很高，转鼓开孔率也很高，液体可以在其中极其迅速、通畅地通过，因此不必考虑。

① 转鼓自身重力引起的应力　当开孔圆筒以一定的角速度 ω 旋转时，转鼓壁上将产生由于其自身质量而引起的离心力 F_1，此离心力对转鼓壁的作用与薄壁圆筒承受内压的情况基本相同。因此，可以把离心力看作是与内压相当的离心压力，这样就可以按薄壁圆筒承受内压的计算方法来计算应力。分析可知，薄壁圆筒自身产生的离心力所引起的周向应力与转鼓的厚度无关，而与转鼓材料的密度及圆周速度的平方成正比。

② 填充床层在转鼓壁中引起的应力　超重力装备床层在转鼓壁中引起的应力的计算比较困难，这是因为填充床层是由丝网缠绕而成的，它可以承受自身质量产生的离心力的一部分，另一部分由转鼓承受。但两者的分配比例受到诸多因素的影响，如填料类型、缠绕方法、缠绕松紧度等。为安全起见，可认为填充床层产生的离心力全部由转鼓承受，这在一定程度上也减轻了由于忽略液体对转鼓的冲刷作用所带来的影响。

③ 圆筒型开孔转鼓壁厚计算　根据转鼓自身重力引起的应力及填充床层在转鼓壁中引起的应力，可以确定转鼓所受到的总应力。考虑开孔对于强度的削弱、焊缝对强度的影响等，根据第三强度理论可以计算圆筒型开孔转鼓壁厚。

（2）鼠笼型转鼓的强度计算

与圆筒型开孔转鼓受力情况类似，鼠笼型转鼓在高速旋转过程中，圆棒除了承受自身质量产生的离心力外，还要承受填充床层作用在其上的离心压力。

① 圆棒自身质量引起的均布力　根据圆棒所在圆周直径及圆棒的几何尺寸，可以计算在一定的转速下单根圆棒自身质量引起的离心力及由此离心力导致的整个圆棒长度上的均布力。

② 填充床层作用到圆棒上的均布力　与圆筒型开孔转鼓中的填充床层离心力的计算相同。根据圆棒的数量，可以计算作用在每根圆棒上的均布力。

③ 圆棒直径的确定　离心力场中，一般忽略重力的影响，因此，认为圆棒上所受的均布力就是圆棒所受的外载荷。通常，鼠笼型转鼓的中间会有一圈或一圈以上的加强箍，以提高转鼓的整体强度和刚度。因此，对于每一个圆棒来说，其力学模型可视为一个三次超静定梁。根据材料力学的超静定理论，可以计算确定圆棒的直径。

3. 两种形式转鼓的比较

对于圆筒型开孔转鼓来说，由于开孔削弱的影响，许用应力将大大降低。同时，由于圆筒型开孔转鼓一般由钢板卷焊而成，必须考虑焊缝的影响，这样许用应力又进一步降低，这就导致转鼓壁厚大大增加，转鼓变得笨重，设备成本提高。而对于鼠笼型转鼓来说，不存在上述的情况，因此，较为经济合理。

从机械加工的角度来讲，圆筒型开孔转鼓，尤其是大型的转鼓，为保证高的开孔率，在转鼓上打孔的工作量相对较大。若采用鼠笼型转鼓，则只需在大法兰、厚壁板及加强圈上钻孔，而焊接工作量并不比圆筒型开孔转鼓大。

因此，对于大型设备，采用鼠笼型转鼓具有一定的优势；对于小型高转速的设备，采用圆筒型开孔转鼓可以避免焊接加工，从而得到较高的加工精度。

第三节　超重力反应器功率计算

对于超重力装备来说，功率消耗是该新型设备的重要性能指标之一。超重力装备中的功率消耗主要包括以下几个部分[2,3]：①液体通过超重力装备填料层所消耗的功率及液体自喷淋管喷出进入填料层克服自身惯性所消耗的功率，即甩液功率；②转子旋转过程中与气体间相互摩擦而消耗的功率，即气体阻力损失；③转动体转动过程中因机械摩擦而消耗的功率，即机械损失。下面分别对以上各部分功率消耗进行分析。

（1）甩液功率

液体在超重力装备层内的实际运动是非常复杂的，这是因为填充床层是由孔隙率极高的填料组成，液体在床层内不断受到填料的撞击，同时被打碎成细小的液滴。在每一次撞击过程中，液滴不仅运动方向发生变化，而且不断地破碎与重新集聚。这样，液滴在填充床层内的微观运动是随机的、无序的，采用数学方法描述液滴在床层中的微观运动是非常困难的。但是，对于超重力装备的功率计算来说，无需知道液滴在床层内的微观运动状态，只需从宏观上把握液体的运动状态。一般认为，液体在填充床层内的运动可分为沿周向的旋转运动与沿径向的直线运动。与分析离心泵叶轮中液体的运动类似，具有一定惯性的液滴实际上是在离心惯性力的作用下由孔隙极大的填料层内表面甩向外表面。液体通过填料层所消耗的功率就是液体由超重力装备内表面甩至外表面过程中相对于转轴的动量矩发生的变化。由动量矩定理，可以确定在一定流量、转速时超重力装备床层推动液体旋转时转轴所受到的力矩，得到液体通过超重力装备填料层所消耗的功率。采用相同的分析思路，可以确定液体自喷淋管喷到超重力装备内层壁面并随壁面旋转需要克服液体自身的惯性而消耗的功率。同时考虑液体喷淋的方向问题，可以确定超重力装备的甩液功率。

（2）气体阻力损失

参照离心机转鼓及物料表面与气体摩擦功耗的关系，可以计算超重力装备床层内的气体阻力损失。计算表明，与甩液功率相比，气体阻力损失可以忽略不计。

（3）机械损失

在超重力装备中，机械损失主要包括两部分：密封的摩擦损失及轴承的摩擦损失。相对于总功耗来说，机械损失很小，一般取计算功率的 1%～3% 的裕量。

综上，可得到超重力装备的总功率消耗。考虑到电机选择时功率应有一定的裕量，通常按 1.2～1.5 倍计算功率来选取，而电机的型号及防爆要求依据介质的性质、使用场合来确定。

第四节　超重力反应器结构及其发展

1981 年，ICI 公司申请了一个关于超重力装备的专利，其中描述的超重力装备中液相为连续相，而气相为分散相，类似于鼓泡塔[4]。鉴于该种结构超重力装备对气液相的切割、破碎作用有限，1983 年，ICI 公司又申请了新专利，其超重力装备中液相为分散相，气相为连续相[5]。众多研究者以此类型为基础，根据工艺特点与要求，进行超重力装备的结构创新设计，发展了不同类型的超重力装备。

一、超重力反应器结构发展

随着超重力技术的推广应用，超重力装备结构也得到了创新发展。一般情况下，针对低黏度体系（气 - 液反应或液 - 液反应，产物为液相）的应用需求，在超重力装备转子内部装载能够剪切液相的填料；针对高黏度体系（气 - 液反应或液 - 液反应，产物为固相或高黏度物质，或物料本身黏度高）的应用需求，为缓解转子内部堵塞问题，科研人员发明了无填料转子。按照转子内是否装载填料，旋转床可以分为填充式旋转床[6]及非填充式旋转床（如定 - 转子反应器[7]、折流旋转床[8]等），典型结构如图 3-6 所示。

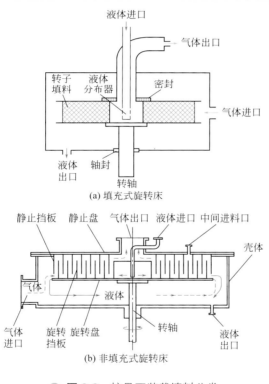

(a) 填充式旋转床

(b) 非填充式旋转床

▶ **图 3-6** 按是否装载填料分类

对于适用于气 - 液体系的超重力装备，按操作过程中气液流动方式，可分为逆流旋转床[9]、并流旋转床[10]和错流旋转床[11,12]，结构示意图如图 3-7 所示。

转子是超重力装备的核心内构件，常见的转子结构有整体式转子［见图 3-8（a）］、双动盘式转子［见图 3-8（b）］、动静结合式转子［见图 3-8（c）～（e）］、雾化式转子［见图 3-8（f）］等[13,14]。整体式转子结构简单，整个转子空间全部装有填料，是最成熟、最常用的转子结构。双动盘式转子上下盘各由一个电机驱动，上下盘可以同向旋转，也可以逆向旋转，为转子输入更多能量。从理论上讲，双动盘式转子传递性能更好，但其结构较复杂，加工精度要求较高，目前未获得较好的工业应用。动静结合式转子有利于延长流体在转子内的停留时间，可用于精馏、多组分吸收等场合。雾化式转子在高速运转状态下将液体雾化，提高气液接触的比表面积，一般用于吸收过程。

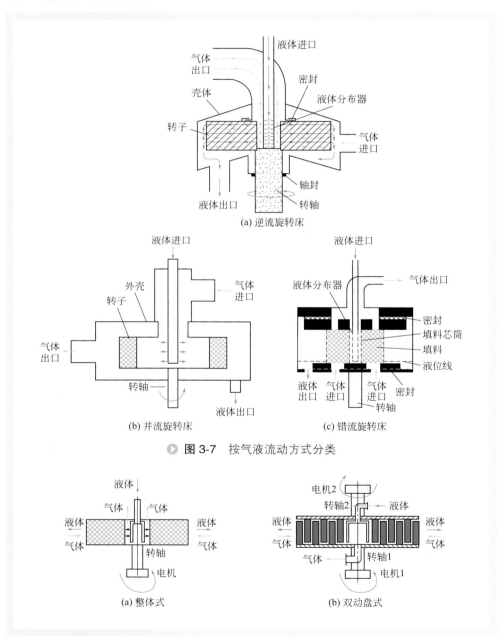

图 3-7　按气液流动方式分类

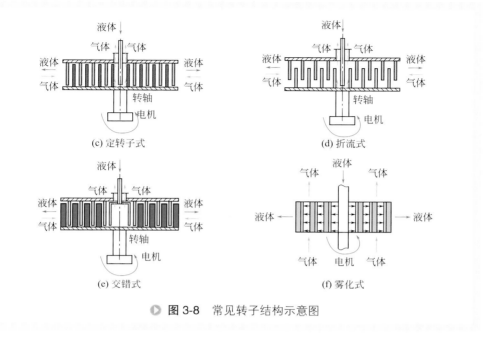

图 3-8 常见转子结构示意图

二、新型超重力反应器

随着对超重力技术研究的逐渐深入，对超重力装备的功能性要求也在逐步提高，即针对具体工艺过程特点进行超重力装备结构设计，这就出现了面向不同体系特征的超重力装备。

1. 液-液预混式超重力装备

在进入超重力装备转子区域之前，相互反应的液体物料的加入方式有两种，即非预混进料和预混进料，结构原理如图3-9所示。最初，实验室研究大多采用非预

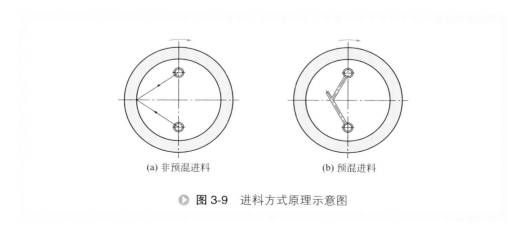

图 3-9 进料方式原理示意图

混进料方式，设计的考虑是反应物料在转子内缘相互接触，共同进入转子强混合区域进行反应。但由于加工精度等限制，这一进料方式可能导致物料在进入超重力装备转子时互相碰撞困难，无法在转子内缘的同一点形成碰撞，在工业放大时这一问题会变得更加突出。由 Burns 等关于流体分布均匀性的研究可知[15]，超重力装备的周向分散能力很弱，进入转子后的物料在超重力装备内碰撞机会减少，因而难以在超重力装备转子内改善宏观非预混进料所导致的物料分布不均匀。针对这一问题，基于宏观、介观及分子混合之间的跨尺度模型，北化超重力团队提出并发展了液-液预混式超重力装备[16,17]，并已经在液-液快速反应体系成功实现了工业应用。

2. 气-液高能效超重力装备

研究发现在紧靠转子内缘的一个较小区域内（该区域填料体积约为总体积的 10%），由于液体喷入的方向和填料旋转方向不同，液体与填料产生强烈的碰撞而变形、破碎，产生大量的新表面，其传质和混合效率最高，该区域被称为端效应区[18]。与之相比，约占填料总体积 90% 的主体区的填料对传质系数和混合效率的贡献只有端效应区的 1/5～1/3。通过超重力装备空腔区可视化研究可知，被转子甩到空腔区的液体微元在空腔区内的飞行速度与转子外缘的切向速度相当[19,20]。如何更充分地利用端效应进一步强化现有超重力装备主体区的传质效率，如何充分利用空腔区高速飞行的液体微元的动能最大程度地发挥超重力装备的能效，对于超重力技术的发展及应用都有重要的意义。基于上述想法，北化超重力团队提出并发展了一系列气-液高能效超重力装备。

（1）导向板式超重力装备

图 3-10 为导向板式超重力装备转子结构示意图。转子主体区域是由填料层与能够对流体进行导向的叶片层沿径向呈同心环形式间隔排列组成，高速旋转的转子中的填料层对流体进行分割、破碎、撕裂，使流体产生大量新的表面，转子中的叶片层可以调控流体流动方向，使流体进入下一层填料时形成端效应区。可以根据调控

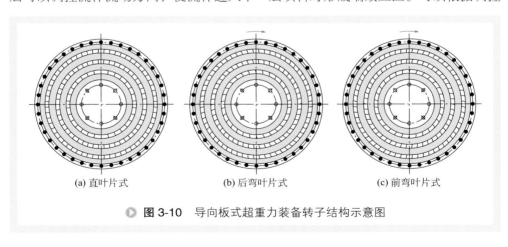

(a) 直叶片式　　　　　(b) 后弯叶片式　　　　　(c) 前弯叶片式

▶ 图 3-10　导向板式超重力装备转子结构示意图

流体流动方向的需要采用不同的叶片形式，如直叶片、后弯叶片及前弯叶片等。通过这种填料和叶片的组合形式，可以进一步改善主体区的传质性能，同时有望降低气体压降，节省系统能耗[21]。

（2）内置挡圈式超重力装备

为充分利用空腔区高速飞行的液体微元的动能，在转子外侧的壳体空腔内安装环形挡圈，以实现超重力装备因旋转所消耗的能量的充分利用。该环形挡圈可以改善气体分布，同时也能充分利用被转子甩出来的液滴的动能，形成一个强化传质与混合的区域。挡圈结构有开孔型挡圈、栅板型挡圈及丝网型挡圈等[22]，如图 3-11 所示。对比表明，在操作条件相同的情况下，挡圈的加入可以将传质效率提高 10% 左右，提高了超重力装备的能效[23]。

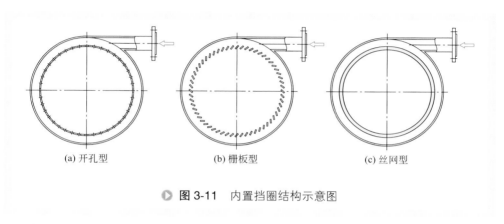

(a) 开孔型　　　　　　　(b) 栅板型　　　　　　　(c) 丝网型

▶ **图 3-11**　内置挡圈结构示意图

（3）分段进液式超重力装备

图 3-12 是分段进液式超重力装备结构示意图。在上盖下端面，径向分段固定有多个同心分布的进液喷淋管，填料层由多段沿转轴径向并列分布的同心环形填料层

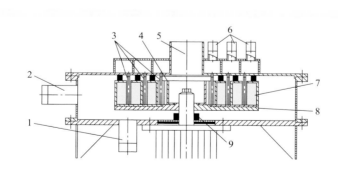

▶ **图 3-12**　分段进液式超重力装备结构示意图

1—液体出口；2—气体进口；3—液体进液喷淋管；4—反溅液体捕获装置；
5—气体出口；6—液体进口；7—填料；8—转盘；9—密封

组成，在每两段相邻的圆环填料层之间分布有进液喷淋管。该超重力装备采用分段的进液方式，实现了在转子填料层中人为地制造多个端效应区，强化了主体区的传质效率[24]。

研究结果表明，与传统单段进液式超重力装备相比，转子尺寸相同时，在保持传质效率相当的情况下，气相压降降低了约50%，可有效地节省系统能耗，尤其适用于余压有限的尾气处理场合[25]。另外，该分段进液超重力装备也适用于液-液体系，可用于液体关键组分的分级加入，有效降低液-液体系对于混合强度的要求。

3. 多级逆流式超重力装备

基于精馏过程的特点，利用端效应区理论，并借鉴传统超重力装备和折流旋转床的优点，提出并发展了多级逆流式超重力装备[26,27]。图3-13为二级逆流式超重力装备结构示意图。其转子中保留了填料，但布置成同心环式结构（动环），填料环间布置全开孔（可以实现高通量）的静环，以利于流体的再分布和加料口的设置，同时每层动环内缘处均可形成端效应区，强化传质分离效果。对于此二级逆流式超重力装备，采用甲醇-水、乙醇-水为工作体系进行连续精馏实验，结果表明，其理论塔板当量高度为19.5～31.4 mm，较传统折流旋转床具有优势[13,28,29]。

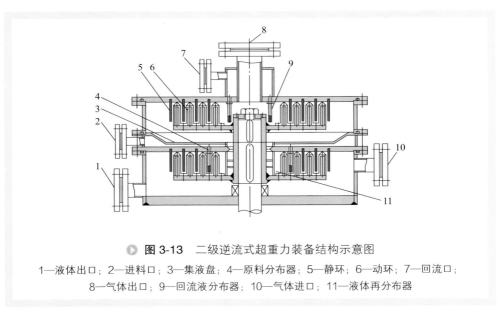

▶ **图 3-13　二级逆流式超重力装备结构示意图**

1—液体出口；2—进料口；3—集液盘；4—原料分布器；5—静环；6—动环；7—回流口；
8—气体出口；9—回流液分布器；10—气体进口；11—液体再分布器

多级逆流式超重力装备部分或全部动环中的填料更换为催化剂时可以用于反应精馏。如以反应精馏合成乙酸正丁酯为模型体系，进行超重力反应精馏的可行性研究，结果表明，乙酸转化率达88%以上，与传统塔器反应精馏相比，产品纯度提高约20%[30]。

另外，在流程工业中，气体净化处理是常见的单元操作过程之一。为达到质量指标的要求，通常采用多台装置串联或在一个高塔中分段操作。如气体降温、除尘、净化等过程，多采用一塔多段的操作形式。如果采用传统超重力装备，往往需要几台设备串联，导致流程相对复杂，对工业推广应用不利。针对此问题，提出并发展了多用途的多级超重力装备。此外，针对高黏体系脱挥过程的特点和要求，开发了高黏体系超重力脱挥装置[31]。总之，超重力装备经过 30 多年的发展，其主体结构已基本成型。在未来的研究中，重点将转向其内构件，如转子结构的创新设计、纳微结构或通道的高效填料的开发以及液体分布器的优化等，从而为其工业应用提供装备保障。

参考文献

[1] 简弃非, 邓先和, 邓颂九. 碟片填料旋转床气阻与气液传质实验研究[J]. 化学反应工程与工艺, 1998, 14(1): 42-48.

[2] 宋云华. 油田注水脱氧用超重力场分离机的设计与研究[D]. 北京: 北京化工大学, 1995.

[3] 柳松年, 宋云华, 杜婉瀛, 等. 超重力场分离机的功率测定与分析[J]. 北京化工大学学报, 1998, 25(1): 39-45.

[4] Ramshaw C, Mallinson R H. Mass transfer process[P]. US 4283255. 1981-11-27.

[5] James W W. Centrifugal gas-liquid contact apparatus[P]. US 4382900. 1983-05-10.

[6] Chen J F, Wang Y H, Guo F, et al. Synthesis of nanoparticles with novel technology: High-gravity reactive precipitation[J]. Ind Eng Chem Res, 2000, 39: 948-954.

[7] Chu G W, Song Y H, Yang H J, et al. Micromixing efficiency of a novel rotor-stator reactor[J]. Chem Eng J, 2007, 128: 191-196.

[8] Wang G Q, Xu Z C, Yu Y L, et al. Performance of a rotating zigzag bed—a new higee[J]. Chem Eng Process, 2008, 47: 2131-2139.

[9] Guo K, Guo F, Feng Y D, et al. Synchronous visual and RTD study on liquid flow in rotating packed-bed contactor[J]. Chem Eng Sci, 2000, 55: 1699-1706.

[10] 李振虎, 郭锴, 燕为民, 等. 逆流和并流操作时旋转床气相压降的对比[J]. 北京化工大学学报: 自然科学版, 2001, 28(1): 1-5.

[11] Guo F, Zheng C, Guo K, et al. Hydrodynamics and mass transfer in cross-flow rotating packed bed[J]. Chem Eng Sci, 1997, 52: 3853-3859.

[12] Lin C C, Chen B C, Chen Y S, et al. Feasibility of a cross-flow rotating packed bed in removing carbon dioxide from gaseous streams[J]. Sep Purif Technol, 2008, 62: 507-512.

[13] Luo Y, Chu G W, Zou H K, et al. Characteristics of a two-stage counter-current rotating packed bed for continuous distillation[J]. Chem Eng Process, 2012, 52: 55-62.

[14] 潘朝群, 张燕青, 邓先和, 等. 多级雾化超重力旋转床能耗的建模及实验[J]. 华南理工大

学学报：自然科学版，2005, 33(10): 48-51.

[15] Burns J R, Ramshaw C. Process intensification: Visual study of liquid maldistribution in rotating packed beds[J]. Chem Eng Sci, 1996, 51: 1347-1352.

[16] Chen J F, Chen B, Chen G T. Visualization of meso- and micro-mixing status in flow system by high speed stroboscopic microscopic photography[J]. Can J Chem Eng, 1993, 71: 967-970.

[17] Yang K, Chu G W, Shao L, et al. Micromixing efficiency of rotating packed bed with premixed liquid distributor[J]. Chem Eng J, 2009, 153: 222-226.

[18] 郭锴. 超重机转子内填料流动的观测与研究[D]. 北京：北京化工大学，1996.

[19] 杨旷，初广文，邹海魁，等. 旋转床内流体微观流动 PIV 研究[J]. 北京化工大学学报：自然科学版，2011, 38(2): 7-11.

[20] 孙润林，向阳，杨宇成，等. 超重力旋转床流体流动可视化研究[J]. 高校化学工程学报，2013, 27(3): 411-416.

[21] Luo Y, Chu G W, Zou H K, et al. Mass transfer studies in a rotating packed bed with novel rotors: Chemisorption of CO_2[J]. Ind Eng Chem Res, 2012, 51: 9164-9172.

[22] 陈建峰，初广文，邹海魁. 一种超重力旋转床装置及在二氧化碳捕集纯化工艺中的应用[P]. CN 101549274A. 2011-12-21.

[23] 谢冠伦，邹海魁，初广文，等. 新型结构旋转床吸收混合气中 CO_2 的实验研究[J]. 高校化学工程学报，2011, 25(2): 199-204.

[24] 陈建峰，罗勇，初广文，等. 一种分段进液强化转子端效应的超重力旋转床装置[P]. CN 102258880A. 2013-05-29.

[25] 邢子聿. 分段进液式旋转填充床压降与传质性能研究[D]. 北京：北京化工大学，2013.

[26] 陈建峰，高鑫，初广文，等. 一种多级逆流式超重力旋转床装置[P]. CN 201529413U. 2010-07-21.

[27] 陈建峰，史琴，张鹏远，等. 一种多级逆流式旋转床反应精馏装置及其应用[P]. CN 101745245A. 2012-05-23.

[28] 高鑫，初广文，邹海魁，等. 新型多级逆流式超重力旋转床精馏性能研究[J]. 北京化工大学学报：自然科学版，2010, 37(4): 1-5.

[29] Chu G W, Gao X, Luo Y, et al. Distillation studies in a two-stage counter-current rotating packed bed[J]. Sep Purif Technol, 2013, 102: 62-66.

[30] 史琴，张鹏远，初广文，等. 超重力催化反应精馏技术合成乙酸正丁酯的研究[J]. 北京化工大学学报：自然科学版，2011, 38(1): 5-9.

[31] 陈建峰，李沃源，初广文，等. 一种脱除聚合物挥发分的方法及装置[P]. CN 101372522A. 2010-09-08.

第四章

液 - 液体系超重力反应强化及工业应用

液 - 液反应是指液体与液体间进行的化学反应，在化工、制药、能源等流程工业中应用非常广泛，包括聚合、缩合、磺化、卤化、烷基化、酰胺化、贝克曼重排等。对于液 - 液反应，若反应的本征速率大于或接近分子混合速率，在混合尚未达到分子尺度的均匀以前，反应已经完成或接近完成。这种局部非均匀状态严重影响产物的分布和反应的稳定性，是工业放大过程产生"放大效应"的主要根源。本章阐述了超重力反应器分子混合和模型化研究成果、超重力强化液 - 液反应过程的原理及工业应用案例。

第一节 分子混合及其模型化

一、分子混合的概念与显微可视化

工程上常将混合划分为宏观与微观两个尺度。宏观混合是指大尺度（装置尺寸）上的均匀化过程，一般用流体对流和湍流扩散去描述。而微观混合则是指分子尺度上的局部均匀化过程（下文统一称"分子混合"）。分子混合一般指物料从湍流分散后的最小微团（Kolmogorov 尺度，λ_k）到分子尺度上的均匀化过程，对低黏流体，λ_k 大约为 $10\sim10^2\ \mu m$。

分子混合的研究有其特殊的理论意义。在如此细小的微纳尺度上，要了解湍流运动、流体微元的变形、分子扩散和化学反应交互作用这几类因素的作用方式和影响规律，就必须从物理化学、流体力学及化学反应工程等多方面入手。从Danckwerts[1]提出"离集"的概念到现在，一批优秀的学者如J.M. Ottino、J.R. Bourne和J. Baldyga等为分子混合的现象描述和机理研究作出了重要的贡献。陈建峰[2]将流体力学理论、化学反应工程的基本原理及先进的光学技术有机地结合起来，从微观角度出发，对分子混合过程进行了较深入的理论和实验研究，为分子混合机理的理论研究提供了重要的感性知识和坚实的物理基础。

陈建峰采用高速频闪显微摄影系统，对未发生化学反应的搅拌釜中湍流局部区域亚微观状态和分子混合的情况进行了拍摄，拍摄目标是墨水从加料管滴入搅拌釜清水的湍流场中后与水混合形成微团的历程。图 4-1 为混合历程的显微照片。

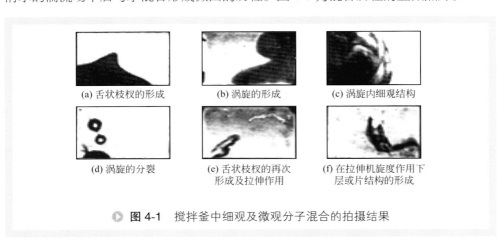

(a) 舌状枝杈的形成   (b) 涡旋的形成   (c) 涡旋内细观结构

(d) 涡旋的分裂   (e) 舌状枝杈的再次形成及拉伸作用   (f) 在拉伸机旋度作用下层或片结构的形成

▶ **图 4-1** 搅拌釜中细观及微观分子混合的拍摄结果

图 4-1 表征了较低 Re 数下（$N=180\sim200$ r/min，$Re=12520\sim13910$）的流体微元的变形情况。可发现在湍流脉动作用下，两种物料界面变形成舌状枝杈，再伸长变形成舌状的情景。在黏性耗散、拉伸收缩变形、分子扩散等作用下，随着时间的推移，片层结构的微团逐渐变成丝带状开放结构的微团，直至两种物质完全丧失分辨性而达到分子状态的完全均匀为止。

为了考证较高湍流强度下流体微元分散变形的规律，拍摄了 $Re=25040$（$N=360$ r/min）条件下的混合情况。图 4-2 展示了部分有代表性的照片。可以看出，在较高湍流强度下的流体微元的分散变形规律与在较低湍流强度下的有所不同。总的来说，由于湍流强度的提高，随机性增加，脉动强度明显增大，导致各个方向的脉动拉伸作用增强，与脉动速度梯度（即涡度）的作用相比占明显的主导地位，这样封闭的多层涡旋结构不再呈现出优势，甚至灭绝。据此可得出在较强的湍流混合中，微元的细观分布形态以片状结构为主，变形规律以拉伸变形为主，各个片之间可以互相交杂掺混，这取决于它们所处的空间位置，亦即取决于湍流宏观混合（对流加扩散）与伸长变形之间的相对快慢，宏观混合相对越快，则片间距离越远，越

(a) 初始时惯性对流

(b) 介质-环境
物质间的互围

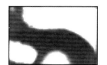
(c) 物质的弯曲
与脉动拉伸

(d) 涡旋的形成

(e) 子体的形成

(f) 涡旋的分裂

(g) 弯曲片及片的
伸长变形

(h) 片的伸长收缩
形成"叉状"

(i) 快速脉动拉伸
收缩形成尖峰

(j) 随机脉动伸长
形成"树状"结构

(k) 随机脉动伸长、分子
扩散及片间相互掺混

(l) 伸长与旋转作用

(m) 片的伸长、弯曲及
分子扩散与相互掺混

(n) 相互交杂的
多片结构

(o) 丝状结构的
形成与消失

◯▷ 图4-2 高湍流强度下的混合情况（$Re = 25040$）

不易交杂掺混，反之越易交杂掺混。

通过分析搅拌釜中细观和分子混合过程照片，可以得出细观及分子混合由以下三个步骤组成：

① 湍流分散　此阶段，大尺度的涡团（尺度＞λ_k）借助于涡度和脉动对流的作用分裂成小尺度（约为λ_k）的封闭环状曲片、半封闭层状曲片或片状结构的细观微团，在高湍流强度下将以片状结构为主，此时在介质与环境物质接触的界面处有少量的分子扩散与化学反应。

② 黏性伸长变形　细观结构的微团（尺度约为λ_k）在黏性对流的作用下伸长或拉伸变形成片状或卷片状结构，伸长变形的方向是随机的。因此，片的长度、宽度及厚度均不均匀，且片间可交杂掺混，此阶段在两种介质接触面附近有较多的分子扩散与化学反应，但未占主导地位。

③ 分子扩散　片状结构的微元（尺度<λ_k）进一步伸长、变薄，大大促进了分子扩散。这时，分子扩散占明显的主导地位，反应量急剧增加，这一过程持续到分子尺度上完全均匀或化学反应完毕。

二、分子混合实验研究

1. 实验研究体系

采用实验手段表征和定量分析反应器的分子混合效率，对于科学选择或开发面向受分子混合影响显著反应体系的反应器具有极其重要的意义。由于缺乏足够的分辨率，以物理现象为基础的方法难以满足分子混合研究的需要，因此，采用化学反应作为分子探头的化学方法更加常用。这些方法的理论基础是通过采用动力学机理相对清晰的快速化学反应，通过定义反应物的转化率或最终产物的产率表征反应器分子混合效率。一个好的分子混合反应体系通常应满足以下条件：①反应简单，产物少，以避免对多种生成物进行分析；②反应产物容易分析；③反应机理清晰，反应速率比混合速率快；④较好的灵敏度和可重复性。

研究分子混合所采用的反应体系基本可分为以下三类：简单反应（A+B → R）、串联竞争反应（A+B → R，B+R → S）和平行竞争反应（A+B → R，A+C → S）。在上述三类反应体系中，简单反应由于缺乏对混合速率的记忆性，很少被采用。代表性的串联竞争反应体系和平行竞争反应体系包括偶氮化反应体系、氯乙酸乙酯水解反应体系、间苯二酚的溴化取代反应体系、碘化物-碘酸盐反应体系等。其中，偶氮化串联竞争反应体系是由 Bourne 等[3]于 1981 年提出的，该体系在早期分子混合实验研究中被广泛采用，尤其是以 Bourne 为代表的瑞士学派和波兰的学者 Baldyga 合作，采用该反应体系对分子混合进行了大量卓有成效的研究。碘化物-碘酸盐反应体系最初是由法国学者 Villermaux 等于 1992 年首先提出的，随后 Fournier 和 Guichardon 等又对该体系进行了系统的阐述和完善，从而使得该体系在近些年得到了较为普遍的应用。碘化物-碘酸盐反应体系包含以下反应

$$H_2BO_3^- + H^+ \rightleftharpoons H_3BO_3 \qquad (4-1)$$

$$5I^- + IO_3^- + 6H^+ \rightleftharpoons 3I_2 + 3H_2O \qquad (4-2)$$

$$I^- + I_2 \rightleftharpoons I_3^- \qquad (4-3)$$

其中，反应（4-1）是准瞬间反应（酸碱中和反应），它的反应速率远大于反应（4-2）。反应（4-2）的速率可写成：$r = k[H^+]^2[I^-]^2[IO_3^-]$，速率常数 k 是离子强度 μ 的函数，由实验得出

$$\mu < 0.166 \text{ mol/L}，\lg k = 9.28105 - 3.664\mu^{1/2} \qquad (4-4)$$

$$\mu > 0.166 \text{ mol/L}, \quad \lg k = 8.383 - 1.5112\mu^{1/2} + 0.23689\mu \qquad (4\text{-}5)$$

由反应（4-2）生成的 I_2 进一步和 I^- 发生反应（4-3），生成 I_3^-。I_3^- 的生成量可以在 353 nm 下由分光光度计测得并通过 Lambert-Beer 定律换算得到。定义离集指数 X_S 来表征分子混合效率

$$X_S = \frac{Y}{Y_{ST}} \qquad (4\text{-}6)$$

离集指数的计算公式中，$Y = \dfrac{2(n_{I_2} + n_{I_3^-})}{n_{H_0^+}}$ 为参与反应（4-2）的 H^+ 的物质的量与所加入的 H^+ 的总物质的量之比，$Y_{ST} = \dfrac{6n(IO_3^-)_0}{6n(IO_3^-)_0 + n(H_2BO_3^-)_0}$ 为完全离集状况下离集指数的值。X_S 值在 0～1 之间，$X_S = 1$ 为完全离集，$X_S = 0$ 为最大分子混合。

2. 超重力反应器分子混合效率

1994 年，陈建峰等基于分子混合理论与实验研究，预测了超重力环境下分子混合速率可提高 2～3 个数量级，并由此提出了超重力反应强化的新思想，开拓了超重力反应工程研究新领域。针对超重力反应器分子混合效率，北化超重力团队分别采用偶氮化串联竞争反应（A+B → R，B+R → S）和碘化物 - 碘酸盐平行竞争反应（A+B → R，C+B → S）体系为工作体系，实验研究了超重力环境下的分子混合特性。

（1）偶氮化实验体系测定分子混合效率

采用偶氮化竞争串联反应为工作体系，对超重力反应器分子混合效率进行测定。图 4-3 是转速与 X_S 的关系图。可以看出，随着转速的升高，X_S 下降，但下降趋势逐渐减缓，最后趋近于定值。转速增加，填料的线速度增加，喷头喷出的液体与旋转填料间的相对速度也增加，填料对液体的破碎作用更为显著，形成的液体微元

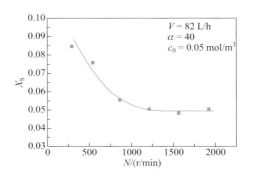

▶ **图 4-3** 转速对 X_S 的影响

更为细小，分子混合进程加快。同时，液体在填料层内停留时间缩短，加快了液体微元间的聚并分散频率，提高了分子混合速率，X_S 下降。图 4-4 反映了液体流量对 X_S 的影响。可以看出，随着液体流量的增加，X_S 略有下降。

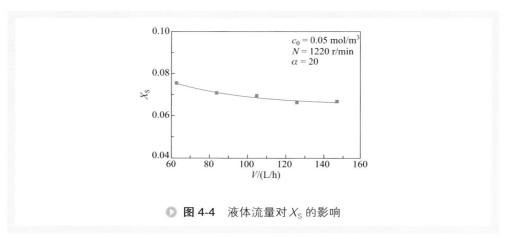

> ● **图 4-4** 液体流量对 X_S 的影响

（2）碘化物-碘酸盐实验体系测定分子混合效率

图 4-5 表示离集指数 X_S 沿超重力反应器填料径向的分布。可见，X_S 在超重力反应器填料径向一段很小的距离内明显降低，随后基本恒定。与传质过程类似，在超重力反应器中同样存在混合端效应区，即超重力反应器填料内缘的一小段区域对强化分子混合具有非常重要的作用。如图 4-6 所示，与前述偶氮体系的测试结果一样，在超重力反应器中，随着转速的增加，离集指数明显降低，这表明分子混合效率迅速提高。

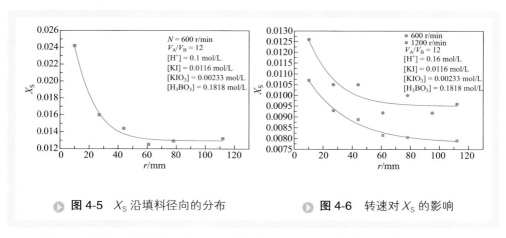

> ● **图 4-5** X_S 沿填料径向的分布　　　> ● **图 4-6** 转速对 X_S 的影响

从图 4-7 可见，流量增大使 X_S 有略微的降低，表明分子混合得到了改善。在超重力反应器中，流量增加，液体微元间的聚并分散频率提高，分子混合速率提高，

超重力反应工程

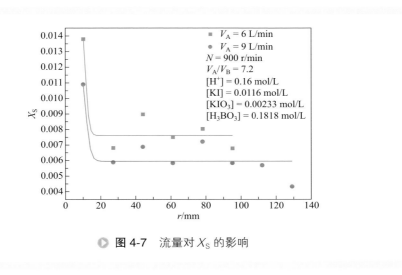

図 4-7　流量对 X_S 的影响

X_S 下降。

3. 宏观混合对分子混合的影响

超重力反应器的填料内在宏观上存在分布不均匀现象，并且不能通过液体自内向外的流动过程得到改善。因此，流体在超重力反应器转子内缘的宏观初始分布就显得极为重要，因为它决定了进入超重力反应器强化分子混合区（混合端效应区）的初始环境，从而影响整体分子混合效率。为此，杨旷[4]提出通过物料预混分布方式来改善宏观初始分布进而提高分子混合效率的思路。研究结果表明，采用物料预混分布方式后［见图 3-9（b）］，超重力反应器中的离集指数大幅下降，表明了它的分子混合性能得到充分改善，分子混合效率大幅提高（见图 4-8）。

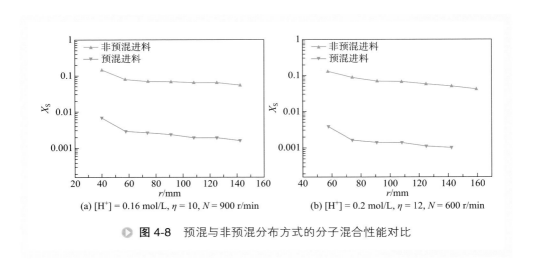

图 4-8　预混与非预混分布方式的分子混合性能对比

4. 分子混合特征时间

化学反应只有在反应物实现分子尺度上的相互接触时才有可能发生，而这种接触只有依靠不同尺度上的混合作用（整个反应器尺度上的宏观混合与最小运动尺度上的分子混合）才能实现。表示反应与混合相对速率时常用反应特征时间 t_r 与混合特征时间 t_m 的比值 t_r/t_m（Damkohler 数），按照比值的大小，可分为以下三种情况：

① $Da = t_r/t_m \gg 1$，慢反应；

② $Da = t_r/t_m \approx 1$，中等反应速率；

③ $Da = t_r/t_m \ll 1$，快反应。

在实际工业生产中，对于给定的反应过程（具有确定的反应特征时间 t_r），为了达到最佳的反应收率和经济收益，往往需要选择合适的混合方式，因此，对反应器的混合特征时间 t_m 进行评估，对其在化学反应过程中的应用具有重要意义。

基于前面的实验研究和团聚（incorporation）模型，可以对超重力反应器的分子混合特征时间 t_m 进行模拟计算。根据 Kolmogorov 的湍流理论，分子混合特征时间正比于 $(\nu/\varepsilon)^{1/2}$（ν 为流体的运动黏度，ε 为局部能量耗散率）。Baldyga 和 Bourne 把这个关系进一步量化为

$$t_m = k_m \left(\frac{\nu}{\varepsilon} \right)^{1/2}$$

其中

$$k_m = 17.24 \tag{4-7}$$

Guichardon 和 Falk 采用碘化物 - 碘酸盐反应体系对半连续式操作的搅拌槽反应器进行研究，同时，基于团聚模型得到混合特征时间和 $(\nu/\varepsilon)^{1/2}$ 的关系为

$$t_m = k_m \left(\frac{\nu}{\varepsilon} \right)^{1/2}$$

其中

$$k_m = 20 \tag{4-8}$$

因此，只要知道 k_m、ν、ε 三个值就可以确定出分子混合特征时间 t_m。下面基于团聚模型对超重力反应器内的混合特征时间进行计算。

团聚模型源自 Villermaux 及其同事的早期工作。假设有 2 种流体，1 和 2（见图

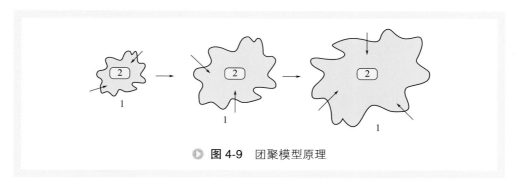

▶ 图 4-9　团聚模型原理

4-9）。模型假定新鲜物料流体 2（酸）被分散成一个个离集体，随后被周围包含碘化物和碘酸盐的环境溶液所侵蚀。

在离集体内，认为混合完全并发生化学反应，特征团聚时间等于混合特征时间。离集体的生长遵循公式 $V_2 = V_{20} g(t)$ ［这里 $g(t)$ 由团聚机理决定］并且不大于（$V_{10} + V_{20}$）。常采用的离集体的生长规律有线性规律和指数规律，即

$$g(t) = 1 + t/t_m \qquad (4\text{-}9)$$

$$g(t) = \exp(t/t_m) \qquad (4\text{-}10)$$

在反应流体 2 中，j 离子的浓度可由下式得到

$$\frac{dc_j}{dt} = (c_{j10} - c_j)\frac{1}{g}\frac{dg}{dt} + R_j \qquad (4\text{-}11)$$

式中，下标 10 表示环境流体。对应的碘化物-碘酸盐体系的团聚模型结构如图 4-10 所示。

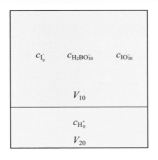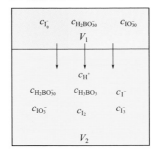

▶ **图 4-10**　碘化物-碘酸盐体系的团聚模型结构示意图

碘化物-碘酸盐体系共涉及以下几种粒子：$H_2BO_3^-$、H^+、I^-、IO_3^-、I_2、I_3^-。为了书写简便，分别用 A、B、C、D、E、F 指代上述 6 种粒子。由式（4-11），根据超重力反应器的特点，离集体按指数生长规律考虑，对上述粒子作物料衡算，得到

$$\frac{dc_A}{dt} = \frac{c_{A10} - c_A}{t_m} - r_1 \qquad (4\text{-}12)$$

$$\frac{dc_B}{dt} = -\frac{c_B}{t_m} - r_1 - 6r_2 \qquad (4\text{-}13)$$

$$\frac{dc_C}{dt} = \frac{c_{C10} - c_C}{t_m} - 5r_2 - r_3 + r_4 \qquad (4\text{-}14)$$

$$\frac{dc_D}{dt} = \frac{c_{D10} - c_D}{t_m} - r_2 \qquad (4\text{-}15)$$

$$\frac{\mathrm{d}c_{\mathrm{E}}}{\mathrm{d}t} = -\frac{c_{\mathrm{E}}}{t_{\mathrm{m}}} + 3r_2 - r_3 + r_4 \qquad (4\text{-}16)$$

$$\frac{\mathrm{d}c_{\mathrm{F}}}{\mathrm{d}t} = -\frac{c_{\mathrm{F}}}{t_{\mathrm{m}}} + r_3 - r_4 \qquad (4\text{-}17)$$

上述各方程中，r_1 和 r_2 分别为反应（4-1）和反应（4-2）的速率，r_3、r_4 为可逆反应（4-3）的正逆反应速率。

对模型方程的求解是基于"预测 - 校正法"进行的。首先，给定初始条件，假定一个混合特征时间 t_{m}，通过龙格 - 库塔法迭代求解式得到各粒子浓度的值，进一步由 X_{S} 的定义得到离集指数的计算值 X_{S}'。然后，比较 X_{S}' 和同等条件下 X_{S}' 的实验值。如果 $|X_{\mathrm{S}}' - X_{\mathrm{S}}| < \varphi$（$\varphi$ 为指定的计算精度），则前面所假定的 t_{m} 就是该实验条件下的分子混合特征时间，否则，改变 t_{m} 的值，重复前面的迭代。

基于分子混合实验结果，由团聚模型计算得到的超重力反应器离集指数 X_{S} 与相应的分子混合特征时间 t_{m} 之间近似成直线关系，随着 t_{m} 的增大，X_{S} 也相应增大。采用团聚模型并结合实验结果，对超重力反应器分子混合特征时间进行了计算。结果表明，当采用无预混分布方式时，其分子混合特征时间达到 $10^{-4}\mathrm{s}$；当采用宏观预混分布方式时，其分子混合特征时间为 $10^{-5}\sim10^{-4}\mathrm{s}$，显示了超重力反应器优异的分子混合性能，即在超重力环境下分子混合能够得到极大的强化。这为超重力技术强化反应过程尤其是快速反应过程提供了理论基础和实验依据。

三、超重力反应器分子混合模型

在对众多反应器进行实验研究的同时，有不少的分子混合模型被提出来用于描述反应器内分子混合的情形，其中比较著名的有多环境模型、聚并 - 分散模型、IEM 模型、扩散模型及涡旋卷吸模型等。在上述模型中，多环境模型、聚并 - 分散模型及 IEM 模型是经验模型，而扩散模型和涡旋卷吸模型是机理模型，它们都是在湍流理论的基础上提出的。涡旋卷吸模型已经成功地用于预测搅拌釜、管式反应器中的分子混合行为，并用于对其他反应器进行分析。

1. 超重力环境下的分子混合模型

在超重力反应器中，由于旋转填料的分散作用，液体是分散相，不符合涡旋卷吸模型，而 Curl 提出的聚并 - 分散模型的物理过程与之相符。该模型将流体分为众多不相混溶的聚集体，通过聚集体两两之间的碰撞、聚并、再分散来实现混合过程。为此，向阳等 [5] 提出了一个以聚并 - 分散模型为基础，耦合层状扩散模型来描述超重力反应器内液体流动、混合和反应过程的分子混合模型，即聚并分散 - 层状扩散耦合模型。该模型反映了在分子混合控制区域内转速及流量对离集指数的影响规律。当液体微元被填料捕获时，发生两两聚并分散从而导致混合，如图 4-11 所示。

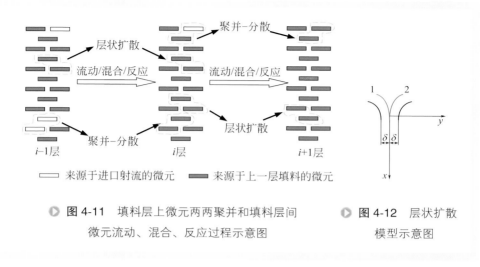

图 4-11　填料层上微元两两聚并和填料层间　　　图 4-12　层状扩散
微元流动、混合、反应过程示意图　　　　　模型示意图

　　这种混合按参与聚并的微元来源可以分为两类：当参与聚并的两个微元中至少有一个直接来源于进口射流，也就是说该微元是第一次被填料捕获时，由于进口射流与填料之间速度差非常大，微元之间的混合被认为是瞬间完成的且是完全的；而当参与聚并的两个微元均来自前面的填料时，由于在超重力反应器中液体微元被填料捕获后即获得了与填料相当的速度，并且由于它们频繁地被捕获，它们与填料间的速度差很小，混合不可能瞬间达到完全均匀，为此，采用层状扩散模型进行描述。如图 4-12 所示，有两片厚度为 δ（y 轴方向）、长度为 L（x 轴方向）、宽度为 W（垂直于 xy 平面的 z 轴方向）的液膜，称为微元 1 和 2。它们在 $y = 0$ 处相遇，然后一起沿着 x 轴方向流动。

　　假定两片液膜相遇之前，沿 x 轴方向的速度均为 v_x，沿 y 轴和 z 轴方向的运动速度忽略不计，忽略因液膜相遇造成的扰动，因此，两片液膜相遇后，将一起沿着 x 轴以 v_x 的速度向前运动，同时进行扩散和反应，则可以得到 i 组分的连续性方程为

$$\frac{\partial c_i}{\partial t} + v_x \frac{\partial c_i}{\partial x} = D_i \left(\frac{\partial^2 c_i}{\partial x^2} + \frac{\partial^2 c_i}{\partial y^2} \right) - r_i \qquad (4\text{-}18)$$

　　当组分较多且反应不为 0 或 1 级时，要直接对式（4-18）进行求解是比较困难的，采用控制容积法将该方程组离散化，对离散化后的方程组进行迭代求解。

　　模型求解过程：根据超重力反应器的操作条件计算出反应器内液体平均停留时间、液滴平均直径等参数，根据进口流量计算出在该时间段内进入反应器内的液体微元数目。在每层填料上，按照捕获概率计算出被该层填料捕获的液体微元数目，采用 Monto Carlo 方法使这些微元两两聚并，发生反应，并在微元到达下层填料之前的一瞬间将每个聚并后的微元分散成两个大小、组成都完全相同的液体微元，如此往复，从第一层计算到第 n 层填料。

图 4-13 给出了转速对 X_S 影响规律的模拟与实验结果。图中实线表示在假定液体宏观分布均匀的条件下得到的模拟结果；而虚线则假定由于液体初始宏观分布不均，造成 10% 的反应物 A 溶液离开填料，在空腔内才参加混合、反应。结果表明，转速升高，X_S 下降，但下降趋势逐渐减缓，最后趋近于定值。由图可知，在宏观分布均匀的假设条件下，模拟结果普遍低于实验值，这是因为在实际过程中进料液体没有预混，两股反应物料原始射流有可能不喷在完全相同的一点上，在填料径向上液体的宏观分布不是完全均匀的。图 4-14 表示了流量对 X_S 影响规律的模拟与实验结果，图中两条模拟线的意义同前。结果表明，流量增加，X_S 略有下降；考虑宏观分布不均的情况时，二者吻合良好。这一结果表明，液体初始宏观分布对分子混合过程有重要影响，从理论上阐明了超重力反应器内液体分布器的设计是非常重要的。

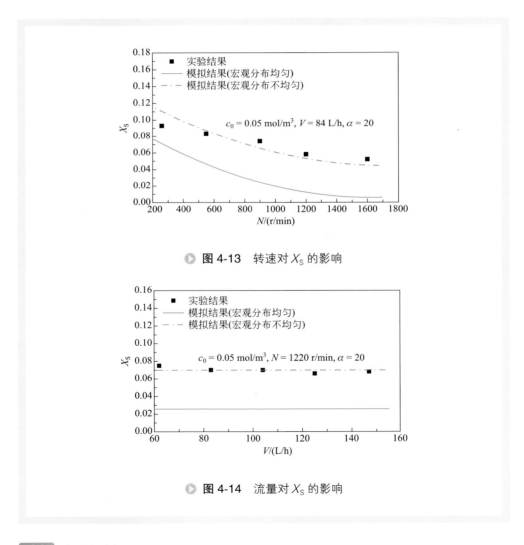

▶ **图 4-13** 转速对 X_S 的影响

▶ **图 4-14** 流量对 X_S 的影响

2. 超重力环境下的分子混合-反应耦合模型

通过采用聚并分散-层状扩散耦合模型进行模拟研究发现，层状扩散过程对总混合过程贡献作用较小，因此当与复杂反应过程耦合时，为了减少计算工作量，在下文中忽略了层状扩散作用，提出如下简化模型假设：

① 假定液体在填料层内全部以离散液滴的微元形式存在。

② 液体进入填料层后，在初始速度和离心力的作用下，从内侧向外侧流动的过程中，忽略径向返混、液体与旋转填料相遇时可能出现的飞溅，即液体沿填料径向为平推流。

③ 模型将流体分为众多不相混溶的聚集体，通过聚集体两两之间的碰撞、聚并和再分散来实现分子混合。假设液滴一旦被丝网填料捕获即出现两两聚并-分散（瞬间完成），液滴在相邻填料层间的飞行过程中发生化学反应。

基于聚并-分散分子混合模型，结合反应动力学模型、组分控制方程等，分别对聚合、复杂有机反应、反应结晶等过程构建超重力反应器内的分子混合-反应模型[6,7]。下面以阳离子聚合反应为例，加以论述。

以典型的丁基橡胶阳离子聚合反应作为工作体系，其聚合过程包括链引发、链增长和链终止三个阶段，并常伴有链转移反应（以 I 表示催化剂活性中心，M_1、M_2 分别表示异丁烯和异戊二烯单体，A 表示聚合过程中的活性链节，C_1、C_2 分别表示丁基橡胶中的两个结构单元，E_1 表示丁基橡胶大分子中的端节，E_2 表示丁基橡胶大分子中的另外一种端节，P_1、P_2 表示死聚体，S 表示反离子）。

链引发

$$I + M_1 \xrightarrow{k_i} A + E_1 \tag{4-19}$$

链增长

$$A + M_1 \xrightarrow{k_p} C_1 + A \tag{4-20}$$

$$A + M_2 \xrightarrow{k_p} C_2 + A \tag{4-21}$$

链转移
向单体转移

$$A + M_1 \xrightarrow{k_{tr,M_1}} P_1 + E_1 + E_2 + A \tag{4-22}$$

向反离子转移

$$A + S \xrightarrow{k_{tr,S}} P_2 + E_2 \tag{4-23}$$

以上几个基元反应方程式构成了聚合过程的反应网络，各步反应速率的表达式如下

$$r_i = k_i[I][M_1]$$

$$r_{p,M_1} = k_p[A][M_1]$$

$$r_{p,M_2} = k_p[A][M_2] \tag{4-24}$$

$$r_{tr,M_1} = k_{tr,M_1}[A][M_1]$$

$$r_{tr,S} = k_{tr,S}[A][S]$$

式中　r_i——反应速率，$mol/(m^3 \cdot s)$；

　　　k_i——反应速率常数，$m^3/(mol \cdot s)$。

　　基于上述表达式，可得到诸如异丁烯、异戊二烯单体、催化剂等的消耗速率、活性中心浓度和聚合物链节生成速率等，具体表示形式如下。

单体异丁烯（M_1）消耗速率

$$R_{M_1} = \frac{d[M_1]}{dt} = -r_i - r_{p,M_1} - r_{tr,M_1} = -k_i[I][M_1] - k_p[A][M_1] - k_{tr,M_1}[A][M_1] \tag{4-25}$$

单体异戊二烯（M_2）消耗速率

$$R_{M_2} = \frac{d[M_2]}{dt} = -r_{p,M_2} = -k_p[A][M_2] \tag{4-26}$$

活性链节（A）生成/消耗速率

$$R_A = \frac{d[A]}{dt} = r_i - r_{tr,S} = k_i[I][M_1] - k_{tr,S}[A][S] \tag{4-27}$$

催化剂（I）消耗速率

$$R_I = \frac{d[I]}{dt} = -r_i = -k_i[I][M_1] \tag{4-28}$$

反离子（S）生成/消耗速率

$$R_S = \frac{d[S]}{dt} = -r_{tr,S} = -k_{tr,S}[A][S] \tag{4-29}$$

异丁烯结构单元（C_1）生成速率

$$R_{C_1} = \frac{d[C_1]}{dt} = r_{p,M_1} = k_p[A][M_1] \tag{4-30}$$

异戊二烯结构单元（C_2）生成速率

$$R_{C_2} = \frac{d[C_2]}{dt} = r_{p,M_2} = k_p[A][M_2] \tag{4-31}$$

端节（E）生成速率

$$R_E = \frac{d[E_1]}{dt} + \frac{d[E_2]}{dt} = 2r_{tr,M_1} + r_{tr,S} = 2k_{tr,M_1}[A][M_1] + k_{tr,S}[A][S] \tag{4-32}$$

　　由反应动力学可计算出系统中各个组分任意时刻在反应器内的浓度，包括结构单元 C_1、C_2 和端节 E_1、E_2 等。再由直链假定，便可从数均分子量定义出发计算 M_n

$$M_n = \frac{W}{n} = \frac{\sum_j n_j M_j}{\sum_j n_j} = 2 \times \frac{\sum_i ([C_i] \times M_{C_i}) + \sum_i ([E_i] \times M_{E_i}) + [A] \times M_A}{[A] + \sum_i [E_i]} \qquad (4\text{-}33)$$

式中　M_n——数均分子量；

　　　W——聚合物的质量，g；

　　　n——聚合物的物质的量，mol；

　　　M_j——j 聚体的分子量；

　　　n_j——j 聚体的物质的量，mol；

　　　$[C_i]$——异丁烯和异戊二烯结构单元的浓度，mol/L；

　　　$[E_i]$——链端节的浓度，mol/L；

　　　M_{E_i}——链端节的分子量；

　　　$[A]$——活性链节的浓度，mol/L；

　　　M_A——活性链节的分子量。

　　采用上述模型，分别计算了聚合温度、转速、单体流速以及填料层数等因素对聚合产物 IIR 分子量的影响规律，并与实验结果进行比较（如图4-15～图4-18所示），发现模型能良好地预测各个条件对聚合产物数均分子量的影响，表明模型合理。

　　图 4-19 为模型数均分子量的实验值和模拟值的对比，可以看出，模型的误差在 ±10% 的范围内。

　　以上关于分子混合-反应模型化理论的基础研究，为超重力技术在液-液反应强化等方面的工业应用提供了重要的理论基础，为相关超重力反应器放大和工艺优化提供了理论指导。

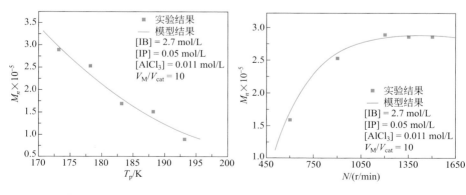

▶ 图 4-15　聚合温度的影响　　　▶ 图 4-16　转速的影响

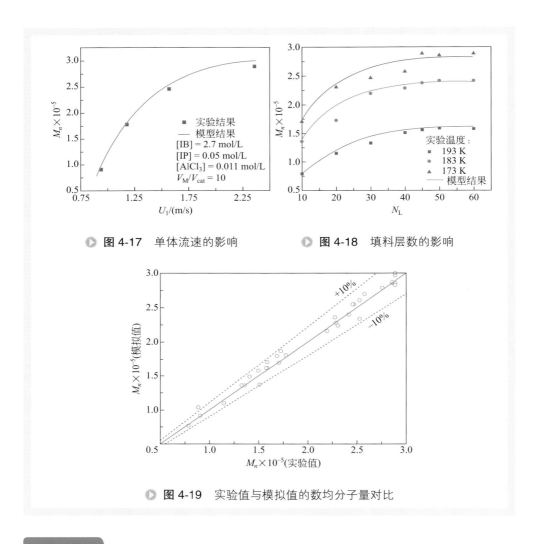

图 4-17　单体流速的影响　　　　　图 4-18　填料层数的影响

图 4-19　实验值与模拟值的数均分子量对比

一、缩合反应概述

缩合反应是两个或两个以上有机分子相互作用后以共价键结合成一个大分子，并常伴有失去小分子（如水、氯化氢、醇等）的反应。缩合反应可以通过取代、加成、消去等反应途径来完成。例如羟醛缩合反应、克莱森缩合反应、珀金缩合反应、苯偶姻缩合反应、斯托贝缩合反应等，其中最为常见的是羟醛缩合反应。羟醛缩合反应在工业上具有十分广泛的应用，在有机合成反应上可以利用羟醛缩合反应来增长碳链[8]。新戊二醇、丙二醇等一些 β- 羟基化合物通常由分子之间的羟醛缩合反应来合成，并可作为香料生产、药物等多聚物或高聚物合成的原料。羧酸也是通过羟醛缩合反应再氧化后得到的，它们广泛用于聚酯、光敏树脂和液晶的制备产业、食品加工业和其他日化香精产业。另外，α,β- 不饱和醛通过加氢反应后可以生成饱和伯醛，在合成洗涤剂、增塑剂等方面具有广泛的应用。

羟醛缩合反应是在缩合剂的催化作用下，含有活性 α-H 的酮、醛等化合物与醛或酮等化合物进行亲核加成，从而得到 β- 羟基醛或者酸。在受热条件下，β- 羟基醛或者酸可以继续脱水，形成 α,β- 不饱和醛酮以及酸酯等。以上反应就是羟醛缩合反应，或者又可以称为醛醇缩合反应。通过羟醛缩合反应，可以形成新的 C—C 键，使碳链增长。

分子之间的羟醛缩合反应有两种情况，醛或者酮自身缩合反应和醛酮之间交叉缩合反应。其中，酮与不含有 α-H 醛之间发生的交叉缩合反应应用比较广泛[9]。2- 庚酮是丁醛与丙酮缩合、脱水加氢后的产物，它在涂料工业中应用较多[10]。在不同催化剂下，羟醛缩合机理略有不同。

在酸性条件下，羟醛缩合反应机理如图 4-20 所示。

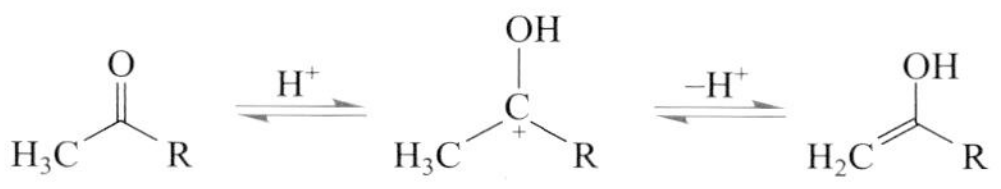

▶ 图 4-20　酸性催化剂作用机理

在碱性条件下，羟醛缩合反应机理如图 4-21 所示。

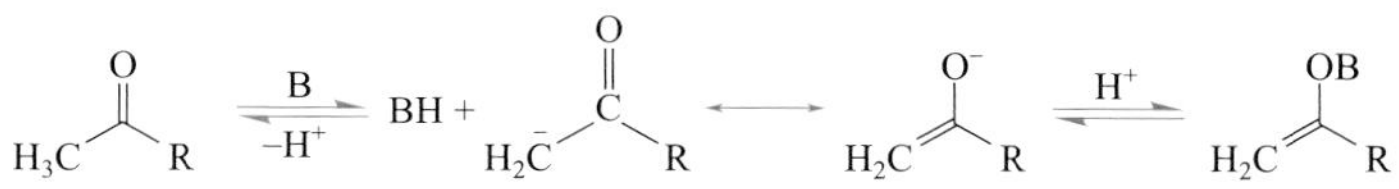

▶ 图 4-21　碱性催化剂作用机理

在碱性条件下，羟醛缩合形成的产物会与原料继续发生亲核加成反应，生成 β-羟基醛或酮。β- 羟基醛（酮）不稳定，失去一分子的 H_2O 后形成 α,β- 不饱和醛或酮，如图 4-22 所示，由于共轭双键结构的存在，它比前者更加稳定。

羟醛缩合反应动力学对于实验研究和工程放大都有很重要的参考价值。研究人员以 Na_2CO_3 为催化剂研究了乙醛液相缩合反应，在不同的反应温度和 pH 值下进行动力学研究，得到了 3 个 pH 值下（分别为 10.4、11.0 和 11.4）的动力学方程以及相应的参数。研究发现，pH 值为 11.4 时反应活化能最小[11]。多数缩合反应为可逆二级反应。但是，对于乙醛羟醛缩合反应，当氨基酸浓度比较低时，由于中间体烯胺的形成为动力学控制步骤，整体的反应表现为一级反应。而在较大氨基酸浓度下，C—C 键的形成是动力学控制步骤，整体表现为二级反应[12]。对于丙醛和甲醛为合成剂制备甲基丙烯醛的反应，乙二胺作为催化剂时效果最好，反应级数为 2.456[13]。

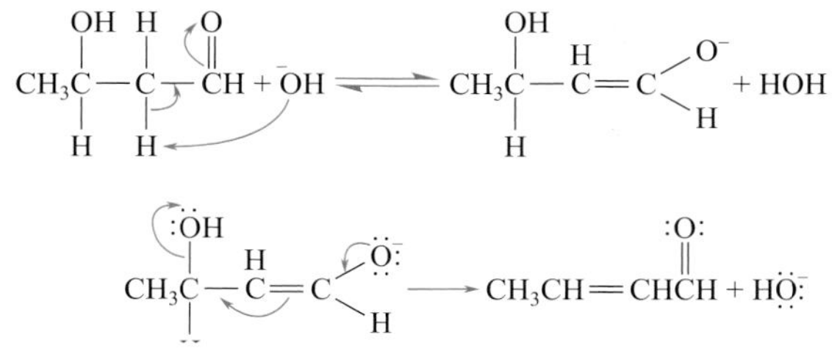

▶ 图 4-22　β- 羟基醛（酮）脱水

以醛 A 和酮 C 为原料，以醇 B 为溶剂，在碱性条件下反应生成羟基酮化合物 H，该反应为亲核加成反应，主反应式如图 4-23 所示。

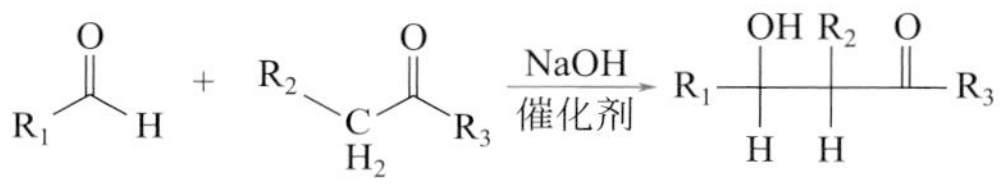

▶ 图 4-23　主反应式

采用 NaOH 溶液为缩合反应催化剂，在碱性催化剂作用下，醛 A 上的氢原子由于羰基的存在活性较大，一分子的醛 A 在碱的催化作用下形成烯醇盐负离子与水。

$$HO^- + R_1 - CH = O \underset{快}{\rightleftharpoons} H_2O + [R_1 - {}^-C = O \rightleftharpoons R_1 - CH = O^-] \quad (4\text{-}34)$$

该负离子具有碳负离子的性质，作为亲核试剂与酮 C 进行亲核加成，生成烷氧负离子。

$$R_1 - CH = \overset{\cdot}{O} + R_2 - \overset{-}{CH}CO - R_3 \underset{慢}{\rightleftharpoons} {}^-O - CH(R_1) - CH(R_2) - CO - R_3$$

$$(4\text{-}35)$$

该烷氧负离子接着从水分子中夺取一个质子，得到目标产物 H，这一步是快反应。

$${}^-O - CH(R_1) - CH(R_2) - CO - R_3 + H_2O \underset{快}{\rightleftharpoons} HOCH(R_1) - CH(R_2) - CO - R_3 + HO^-$$

$$(4\text{-}36)$$

主要的副反应及副产物如下：

① 双加成产物　在碱性催化剂作用下，一分子醛 A 可以和目标产物羰基上的 α-氢原子继续发生亲核加成反应，生成双加成产物 S。

② 烯酮或不饱和醇酮生成　目标产物在酸性催化剂条件下遇热，容易脱去一分子水，变成 α,β-不饱和烯酮。双加成产物 S 遇热脱水易形成不饱和醇酮。

③ Cannizzaro 反应　在浓碱溶液中，两分子醛 A 发生 Cannizzaro 反应，一分子氧化为羧酸，另一分子还原成伯醇。

④ 醛/酮自身缩合　由于 α-H 的存在，在碱性催化剂下，原料 A 还可能发生自身缩合反应。

二、超重力缩合反应新工艺

上述分析表明，缩合反应过程包含多种副反应，且反应速率较快。如果缩合反应过程物料局部混合不均，将会导致目标产物与其他物质反应，也会导致局部酸或碱浓度不均，诱发副反应，降低选择性。因此，反应物在反应器内的分子混合均匀至关重要。超重力反应器具有强化分子混合的特性，尤其是对于快速缩合反应过程，有望提高其选择性和转化率[14]。

1. 超重力反应器转速对原料转化率和目标产物收率的影响

随着转速增加，原料转化率略微增加（见图 4-24），但增加趋势不大且基本完全转化。目标产物收率随着转速提高而逐渐增加，当转速为 2840 r/min 时，目标产物收率接近 80%。提高转速可以促进物料混合强度和效率的提高，进而提高宏观反

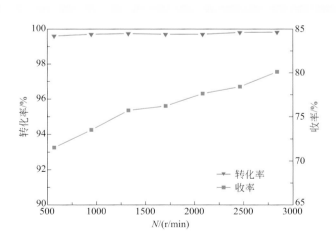

▶ 图 4-24　转速对原料转化率和目标产物收率的影响

注：$T = 40$ ℃，$\theta = 1:7.14$，$\beta = 1:0.10$，$\varepsilon = 1:4$。

应速率，增加目标产物收率。

2. 醛酮摩尔比对原料转化率和目标产物收率的影响

醛酮摩尔比对原料转化率和目标产物收率的影响如图4-25所示。随着酮C用量的增加，醛A更易与酮C结合，原料转化率略微增加，醛A与酮C摩尔比为1:5时，醛A几乎完全转化。随着酮用量的增加，目标产物收率增加幅度较大。当酮C与醛A摩尔比由3:1提高到5:1时，目标产物收率从63%提高到了88%。

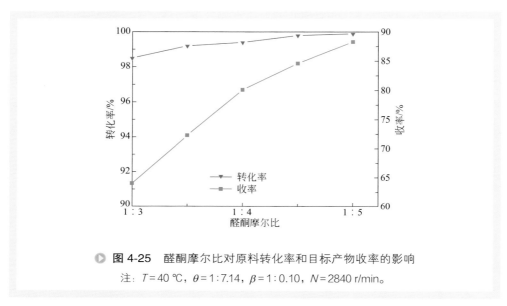

▶ **图4-25** 醛酮摩尔比对原料转化率和目标产物收率的影响

注：$T = 40\ ^\circ\text{C}$，$\theta = 1:7.14$，$\beta = 1:0.10$，$N = 2840\ \text{r/min}$。

酮C用量的增加使得醛A分子更易与酮C发生碰撞生成H，在反应相同的时间后目标产物收率更高。更多的醛A与酮C反应，有利于主反应的进行，选择性相应提高。

3. 碱醛摩尔比对原料转化率和目标产物收率的影响

随着碱用量增加，原料转化率增加（见图4-26）。当NaOH与醛A摩尔比为0.15时，醛A几乎完全反应。随着碱用量的增加，H产率先增加后减小，当NaOH与醛A摩尔比为0.10时，目标产物收率达到最大（约80%）。

当NaOH与醛A摩尔比低于0.05时，碱用量过少，一方面不足以催化羟醛缩合反应的进行，另一方面降低了反应速率，原料转化率和目标产物收率都比较低。当NaOH与醛A摩尔比高于0.10时，碱用量过多，虽然能提高原料转化率，但副反应增加，醛A易发生Cannizzaro反应，大大降低了H的收率和选择性。

超重力反应器能强化分子内混合过程，提高产品收率和选择性，在一定程度上降低了催化剂的用量。在后续废液处理过程中，使用超重力技术后需要使用更少的

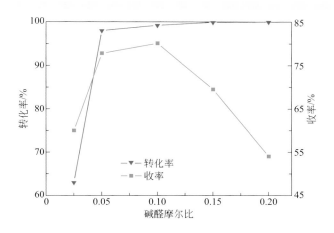

● 图4-26　碱醛摩尔比对原料转化率和目标产物收率的影响

　　注：$T = 40 ℃$，$\theta = 1:7.14$，$\varepsilon = 1:4$，$N = 2840$ r/min。

酸中和反应，产生较少的废液。

4. 醛醇摩尔比对原料转化率和目标产物收率的影响

　　醛 A 和酮 C 不互溶，加入醇 B 作为溶剂可以改善两种反应物的混合程度。溶剂的多少决定整个反应体系的浓度。改变溶剂醇 B 加入量，即改变醛醇摩尔比，得到原料转化率及目标产物收率变化关系如图4-27所示。随着醇 B 用量的增加，原料转化率随之减小，当醛 A 与醇 B 摩尔比大于 0.2 时，醛 A 几乎完全反应。随着醇 B 用

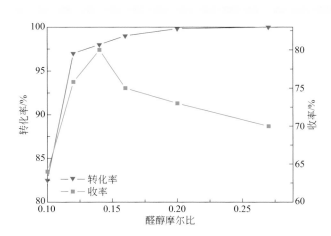

● 图4-27　醛醇摩尔比对原料转化率和目标产物收率的影响

　　注：$T = 40 ℃$，$\beta = 1:0.10$，$\varepsilon = 1:4$，$N = 2840$ r/min。

量的增多，目标产物的收率先增加后减小，当醛 A 与醇 B 摩尔比为 0.14 时，目标产物收率达到最大，约为 80%。溶剂用量过少，醛 A 和酮 C 两个反应物不能很好地接触，转化率较低。而溶剂量过多，原料浓度较低，反应速率因此降低，也不能得到相对较高的收率。

超重力反应器具有强化分子间混合的特点，而溶剂醇 B 的作用就是使醛 A 与酮 C 在体系中更好地混合，因此使用超重力反应器可以降低溶剂的使用量。在后期目标产物提纯精馏中，可以减少能耗，达到优化工艺、节能减排的效果。

5. 反应温度对原料转化率和目标产物收率的影响

图 4-28 给出了反应温度对原料转化率和目标产物收率的影响。由图可知，在反应时间一定的情况下原料转化率随着反应温度的升高而增加，当温度高于 40 ℃时，醛 A 几乎完全反应。随着温度的升高，目标产物的收率先增大后减小，当温度为 40 ℃时，目标产物收率达到最大。体系的反应温度较低时反应速率较慢，因此在反应时间相同的情况下原料的转化率和目标产物的收率都比较低，随着反应温度的升高，反应速率随之增加，因此原料转化率增加，然而，缩合反应是放热反应，温度过高不利于正反应的进行，且温度高易导致副反应的发生，因此收率随温度的升高先增加而后下降。

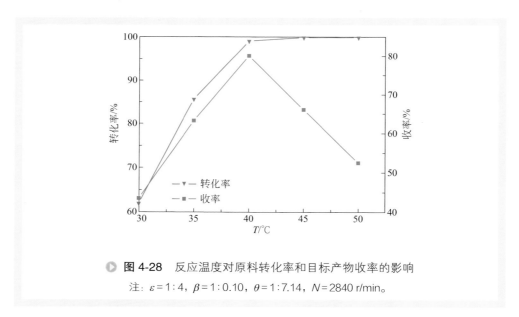

> **图 4-28**　反应温度对原料转化率和目标产物收率的影响
> 注：$\varepsilon = 1:4$，$\beta = 1:0.10$，$\theta = 1:7.14$，$N = 2840$ r/min。

三、工业应用与成效

MDI（二苯基甲烷二异氰酸酯）是聚氨酯行业的主要原料之一。MDI 和聚醚或聚酯多元醇等在催化剂、发泡剂的作用下发生反应，能够制得各种聚氨酯高分子材料，可广泛用于生产聚氨酯硬质与半硬质泡沫塑料、反应浇注模塑、增强反应浇注模塑等聚氨酯制品，以及保温隔热材料、合成纤维（氨纶）、黏结剂和弹性体等。

基于对超重力缩合反应强化工艺的研究，鉴于 MDI 缩合反应是一个典型的受分子混合控制的复杂反应，北化超重力团队与烟台/宁波万华聚氨酯有限公司合作，提出了超重力反应器强化缩合反应的新思想，替代原文丘里射流混合反应器工艺，以最大限度地抑制副产物杂质的生成，从本质上防止管路的堵塞。由此，研究发明了超重力缩合反应强化新工艺，如图4-29所示，研制了 1000 吨/年中试反应器，并进行了工业侧线试验，结果表明，采用新工艺后缩合反应进程加快近 1 倍，主要杂质含量下降了 70%。

> **图 4-29　超重力技术应用于 MDI 工业化生产线**

在工业侧线试验基础上，进行了工业规模超重力缩合反应器的开发、结构设计与研制，并开展工艺条件研究及过程模拟优化，成功实现了工业应用。工业运行结果表明，与原反应器工艺相比，其缩合反应进程加快 100%，三条生产线改造后的总产能从原 64 万吨/年提升到 100 万吨/年，产品杂质含量下降约 30%，产品质量超越跨国公司质量水平。经与新型光气化反应等技术系统集成优化后，单位产品能耗降低约 30%。

第三节　超重力磺化反应强化及工业应用

一、磺化反应概述

石油的开采过程可分为三个阶段：利用地层天然能量的开采过程称为一次采

油，如溶解气驱、气顶驱，采收率通常为 10% 左右；利用注气或注水维持地层能量的开采方法称为二次采油；二次采油后仍有 60%～70% 的原油残留在地下，需要用物理、化学以及其他技术方法采出，称为三次采油。表面活性剂的性能和价格是制约三次采油中表面活性剂驱技术发展的主要因素，也是限制该技术工业化应用的重要技术瓶颈。因此，驱油用表面活性剂的研制显得尤为重要[15]。目前，国内外应用量最大的表面活性剂是烷基苯磺酸盐和石油磺酸盐。其中，石油磺酸盐的主要成分为芳烃化合物的单磺酸盐，最大的优势是可利用本地原料进行合成，来源广、数量大、成本低廉且与原油的匹配性好，合成工艺较为成熟，易工业化生产。

通常采用石油馏分油为原料，将其中的芳烃等可磺化组分磺化得到石油磺酸盐，磺化过程中形成 σ 络合物的过程通常是反应速率的控制步骤。形成 σ 络合物的过程，对于 SO_3 和芳烃来说均属于一级动力学反应。在芳烃磺化的过程中，常伴有以下副反应[16,17]：

① 生成砜的反应

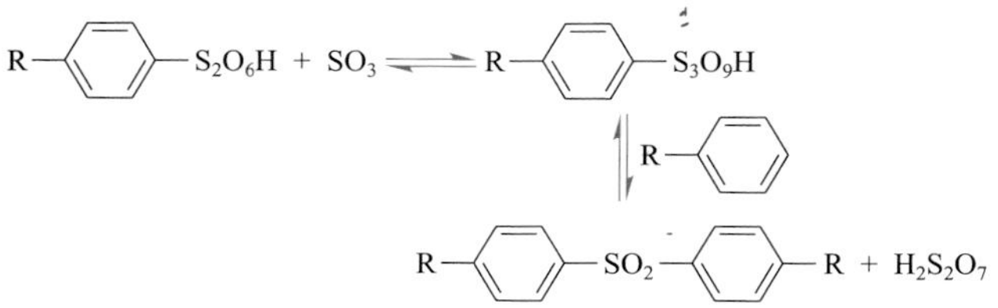

② 生成酸酐的反应

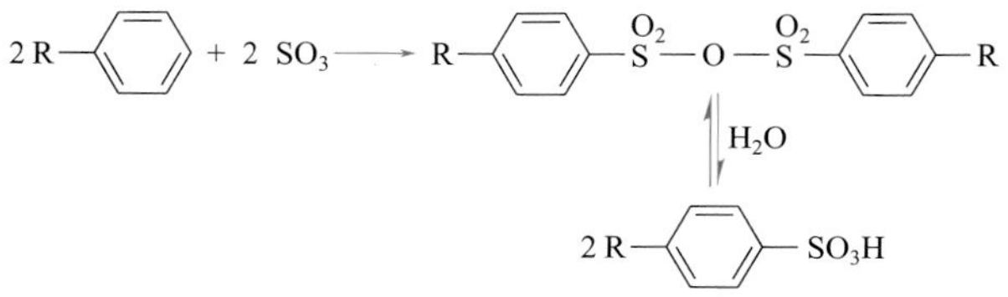

③ 生成多磺酸的反应

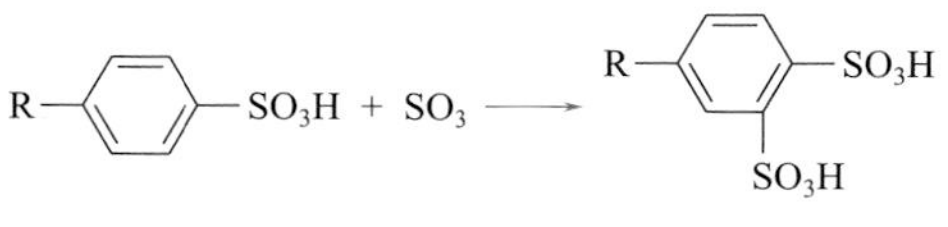

④ 氧化反应

强氧化剂在高温时可将芳烃的苯环氧化成黑色的醌化物，而且也可以使烷基苯中的支链氧化，并伴随氢转移、链断裂以及环化等反应，氧化的结果是生成黑色难漂白的产物，尤其是叔碳原子的烷烃链氧化后产生焦油状的黑色硫酸酯。

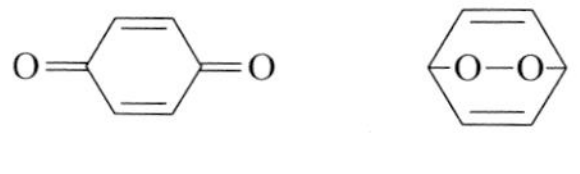

目前，工业上用于液 - 液磺化的反应器主要是搅拌釜式反应器，由于釜式反应器传质混合效率低等缺点导致总体反应效率不高、目标产物收率低等问题，使得现有石油磺酸盐产品中的有效物质即活性物含量不高，产品质量和生产效率还有待进一步提升。由于磺化反应是快速强放热反应，必须使反应物在反应器内瞬间达到均匀混合，才能避免反应器内物料浓度和温度的非均匀性，避免磺化副产物的产生。为此，发挥超重力反应器能极大强化物料间分子混合的优势，北化超重力团队开展了面向石油磺酸盐表面活性剂合成的超重力磺化反应新工艺研究[18]。

二、超重力磺化反应新工艺

1. 发烟硫酸为磺化剂的超重力液 - 液磺化法

（1）转速对磺化过程的影响

图 4-30 表明，当超重力反应器转速从 600 r/min 提高到 1200 r/min 时，石油磺酸盐的活性物含量略有增加，从 31.5%（质量分数，下同）上升到 33%，增加值略低于石油磺酸盐活性物含量测量相对误差（2%），而石油磺酸盐中的未磺化油含量基本保持不变。说明当超重力反应器转速超过 400 r/min 后，再增大转速，对磺化反应进程和反应物转化率影响不大。究其原因，当超重力反应器转速达到 400 r/min 后，转子填料对液态反应物（发烟硫酸和馏分油）的切割混合已经能够满足反应要求，在这种情况下继续增大转速意义不大，徒增能耗。

（2）溶剂 / 馏分油质量比的影响

图 4-31 表明，当不使用溶剂时（横坐标为 0），石油磺酸盐的活性物含量只有约 10%；当溶剂 / 馏分油的质量比从 0.16 提高到 0.33，石油磺酸盐的活性物含量从

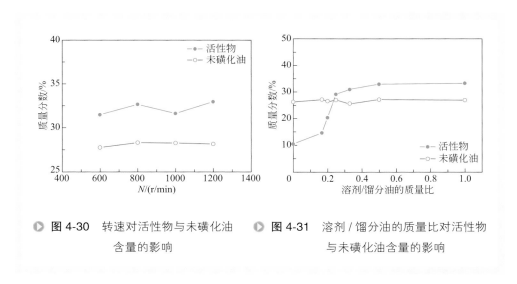

▶ 图 4-30　转速对活性物与未磺化油　　▶ 图 4-31　溶剂 / 馏分油的质量比对活性物
　　　　　含量的影响　　　　　　　　　　　　　与未磺化油含量的影响

15%上升到30%，升幅明显。继续提高溶剂/馏分油的质量比，石油磺酸盐的活性物含量继续增加，在溶剂/馏分油的质量比为0.5处，石油磺酸盐的活性物含量达到最大值，即33%；之后继续提高溶剂/馏分油的质量比，石油磺酸盐的活性物含量基本保持不变。可见，溶剂的添加与否和其添加量对石油磺酸盐产品活性物含量的影响非常大。

（3）磺化剂/馏分油质量比的影响

图4-32表明，当磺化剂/馏分油的质量比从0.3提高到0.7时，石油磺酸盐的活性物含量从17%上升到33%，升幅明显且呈线性增加；继续提高磺化剂/馏分油的质量比，石油磺酸盐的活性物含量开始下降，且下降也呈线性趋势。磺化剂/馏分油的质量比达到0.7之后，磺化剂相对于馏分油是过量的；磺化产物（包含石油磺酸和未磺化油）又与过量磺化剂接触，导致磺化副反应（如过磺化等）的增加；在磺化剂/馏分油的质量比达到0.7之前，因能被磺化的物质（如芳烃和部分环烷烃）还没有完全反应，活性物含量随磺化剂/馏分油的质量比增加而增加。

（4）反应温度的影响

由图4-33可知，当反应温度从30 ℃提高到40 ℃时，石油磺酸盐的活性物含量从29%上升到33%，且呈线性增加；在40 ℃处，石油磺酸盐的活性物含量达到最大值，即33%；继续升温，石油磺酸盐的活性物含量开始下降，降幅明显且呈线性趋势。究其原因，在40 ℃之前，虽然升温不利于磺化反应向正向进行，但升温对石油磺酸盐的活性物含量的提高总体上有利，此时提高温度能够提高磺化反应的速率，特别是对于原料油中较难磺化的部分（如环烷烃等）而言。在40 ℃之后，虽然磺化反应（特别是对于原料油中较难磺化的部分）更快地进行，但此时升温对磺化副反应的促进作用占据主导地位，反应生成的石油磺酸在较高的反应温度下与系统

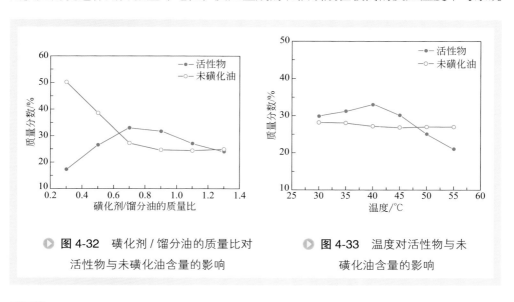

▶ 图 4-32　磺化剂/馏分油的质量比对活性物与未磺化油含量的影响

▶ 图 4-33　温度对活性物与未磺化油含量的影响

内尚未反应的磺化剂接触，导致磺化副反应（如过磺化、生成砜等）的增加，总体上使石油磺酸盐的活性物含量减少。

（5）反应时间的影响

一般来讲，反应时间越长，反应越完全。磺化反应是快速反应，在一般磺化条件下，用发烟硫酸作磺化剂，可磺化的原油馏分即可全部转化，生成的石油磺酸呈棕色。延长反应时间对转化率的影响并不显著。相反，随着反应时间的加长，副反应增加，磺酸的颜色加深，中和后不皂化物的含量增加。

由图4-34可知，当反应时间从5 min提高到10 min时，石油磺酸盐的活性物含量从28%上升到33%；继续增加反应时间到60 min，石油磺酸盐的活性物含量开始下降，但降幅不大（约3%）。究其原因，在10 min之前，系统内的物料还没有反应完全，原料油中还有一部分能够被磺化的物质未转化，而此时若取出物料作分酸、中和处理，磺化反应则被提前终止，从而导致石油磺酸盐的活性物含量不高。在上述情况下适当延长反应时间，则原料油中能够被磺化的物质可以得到充分的反应，从而使石油磺酸盐的活性物含量增加。另外，对于半连续操作模式来说，增加反应时间意味着磺化剂的进料流率减小（进料总量一定），单位时间内进入超重力反应器转子填料内的磺化剂的流量减小，单位时间内的磺化反应放热量减少，进而很大程度上避免了物料局部温度过高和磺化剂局部浓度过高的情况发生。

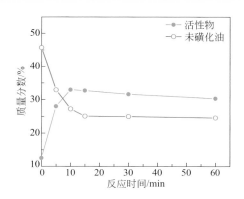

◗ 图4-34　反应时间对活性物与未磺化油含量的影响

在10 min之后，继续延长反应时间不仅不能提高反应物的转化率，反而促使已经生成的石油磺酸转化为副产物（如砜和多磺酸等），导致石油磺酸盐的活性物含量不升反降。另外，增加反应时间意味着磺化剂进料时间的延长（进料总量一定），从而使进入反应系统内的新鲜磺化剂与系统内已经反应生成的石油磺酸的接触机会增加，进而导致磺化副反应发生的机会增大，活性物含量减少。

2. 液态三氧化硫为磺化剂的超重力液-液磺化法

（1）转速的影响

图 4-35 表明，以液态三氧化硫为磺化剂，当超重力反应器转速从 400 r/min 提高到 1200 r/min，石油磺酸盐的活性物含量略有增加，从 41% 上升到 45%，增加值略高于石油磺酸盐活性物含量测量相对误差（2%）；石油磺酸盐中的未磺化油含量略有减少，从 27% 下降到 24.5%。

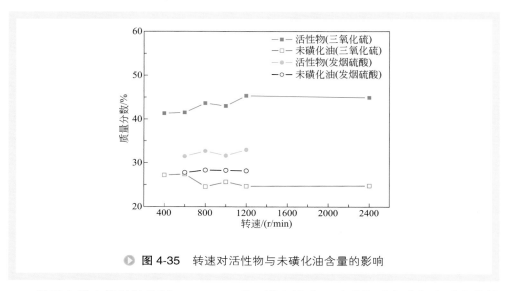

图 4-35 转速对活性物与未磺化油含量的影响

超重力反应器转速超过 400 r/min 后，增大转速，对磺化反应进程和反应物转化率影响不大，徒增能耗。

（2）溶剂/馏分油质量比的影响

图 4-36 说明了以液态三氧化硫和发烟硫酸为磺化剂时，不同的溶剂/馏分油的质量比对活性物与未磺化油含量的影响。由图 4-36 可知，以液态三氧化硫为磺化剂，当不使用溶剂时（横坐标为 0），石油磺酸盐的活性物含量只有约 14%；当溶剂/馏分油的质量比从 0.125 提高到 0.2，石油磺酸盐的活性物含量从 24% 上升到 40%，升幅明显。继续提高溶剂/馏分油的质量比，石油磺酸盐的活性物含量继续增加，在溶剂/馏分油的质量比为 0.5 处，石油磺酸盐的活性物含量达到最大值，即 45%；之后继续提高溶剂/馏分油的质量比，石油磺酸盐的活性物含量基本保持不变。

（3）磺化剂/馏分油质量比的影响

图 4-37 说明了以液态三氧化硫和发烟硫酸为磺化剂时，不同的磺化剂/馏分油的质量比对活性物与未磺化油含量的影响。

由图 4-37 可知，以液态三氧化硫为磺化剂，当磺化剂/馏分油的质量比从 0.375

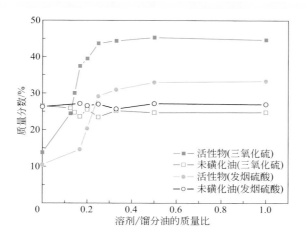

▶ 图 4-36　溶剂 / 馏分油的质量比对活性物与未磺化油含量的影响

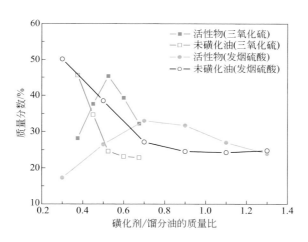

▶ 图 4-37　磺化剂 / 馏分油的质量比对活性物与未磺化油含量的影响

提高到 0.525，石油磺酸盐的活性物含量从 28% 上升到 45%，升幅明显且呈线性增加；在磺化剂 / 馏分油的质量比为 0.525 处，石油磺酸盐的活性物含量达到最大值，即 45%；继续提高磺化剂 / 馏分油的质量比，石油磺酸盐的活性物含量开始下降，且下降也呈线性趋势。究其原因，在磺化剂 / 馏分油的质量比达到 0.525 后，磺化剂相对于馏分油是过量的，包含有石油磺酸的磺化产物又与过量的磺化剂接触，导致磺化副反应（如过磺化等）的增加，此时继续加入磺化剂不仅不能提高石油磺酸盐的活性物含量，反而使已存在的活性物质减少。在磺化剂 / 馏分油的质量比达到 0.525 前，因为馏分油中能被磺化的物质（如芳烃和部分环烷烃）还没有完全反应，所以此时，石油磺酸盐的活性物含量随着磺化剂/馏分油的质量比增加而增加。

在磺化剂/馏分油的质量比达到 0.525 前，与石油磺酸盐的活性物含量的变化趋势相反，石油磺酸盐中的未磺化油含量降幅明显且呈线性下降趋势（从 44% 减少到 24%）。磺化剂/馏分油的质量比达到 0.525 后，石油磺酸盐中的未磺化油含量下降趋势很小（从 24% 减少到 22%），说明磺化反应进行得比较充分，馏分油中能被磺化的物质基本反应完全。

（4）反应温度的影响

图 4-38 说明了以液态三氧化硫和发烟硫酸为磺化剂时，不同的反应温度对活性物与未磺化油含量的影响。

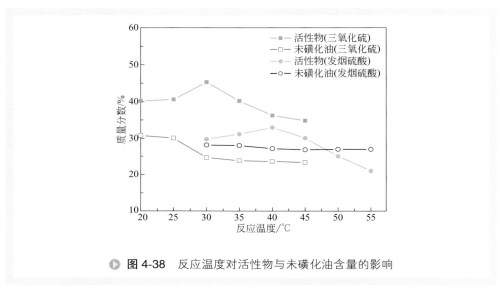

▶ 图 4-38　反应温度对活性物与未磺化油含量的影响

由图 4-38 可知，以液态三氧化硫为磺化剂，当反应温度从 20 ℃ 提高到 30 ℃，石油磺酸盐的活性物含量从 40% 上升到 45%；在 30 ℃ 处，石油磺酸盐的活性物含量达到最大值，即 45%；继续升温，石油磺酸盐的活性物含量开始下降，降幅明显且基本呈线性趋势。究其原因，在 30 ℃ 之前，虽然升温不利于磺化反应向正向进行，但升温对石油磺酸盐的活性物含量的提高总体上有利，此时提高温度能够提高磺化反应的速率，特别是对于原料油中较难磺化的部分（如环烷烃等）而言；在 30 ℃ 之后，虽然磺化反应（特别是对于原料油中较难磺化的部分）能更快地进行，但此时升温对磺化副反应的促进作用占据主导地位，已经反应生成的石油磺酸在较高的反应温度下与系统内尚未反应的磺化剂接触，导致磺化副反应（如过磺化、生成砜等）的增加，总体上使石油磺酸盐的活性物含量减少。

以液态三氧化硫为磺化剂，在实验涉及的整个反应温度范围内（20~45 ℃），随着温度的升高，石油磺酸盐中的未磺化油含量从 31% 减小到 23%，说明随着温度的升高，馏分油中较难磺化的物质的转化率在增加，由未磺化油转变成活性物。而降低的这部分（约8%）可以看作是原料油中的少部分较难磺化的物质因温度的提升而参与反应的证据。

（5）反应时间的影响

图4-39说明了以液态三氧化硫和发烟硫酸为磺化剂时，不同的反应时间对活性物与未磺化油含量的影响。

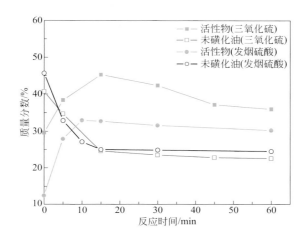

◗ **图4-39** 反应时间对活性物与未磺化油含量的影响

由图4-39可知，以液态三氧化硫为磺化剂，当反应时间从5 min提高到15 min，石油磺酸盐的活性物含量从38%上升到45%；在15 min处，石油磺酸盐的活性物含量达到最大值，即45%；继续延长反应时间，石油磺酸盐的活性物含量开始下降（60 min时降为36%）。究其原因，在15 min之前，系统内的物料还没有反应完全，原料油中还有一部分能够被磺化的物质未转化，而此时若取出物料作分酸、中和处理，磺化反应则被提前终止，从而导致石油磺酸盐的活性物含量不高。在上述情况下适当延长反应时间，则原料油中能够被磺化的物质可以得到充分的反应，从而使石油磺酸盐的活性物含量增加。另外，对于半连续操作模式来说，增加反应时间意味着磺化剂的进料流率减小（进料总量一定），单位时间内进入超重力反应器转子填料内的磺化剂的流量减小，单位时间内的磺化反应放热量减少，进而很大程度上避免了物料局部温度过高和磺化剂局部浓度过高的情况发生。

在15 min之后，继续增加反应时间不仅不能提高反应物的转化率，反而促使已经生成的石油磺酸转化为副产物（如砜和多磺酸等），导致石油磺酸盐的活性物含量不升反降。另外，增加反应时间意味着磺化剂进料时间的延长（进料总量一定），从而使进入反应系统内的新鲜磺化剂与系统内已经反应生成的石油磺酸的接触机会增加，进而导致磺化副反应发生的机会增大，活性物含量减少。

以液态三氧化硫为磺化剂，在实验涉及的整个反应时间范围内（0～60 min），随着时间的延长，石油磺酸盐中的未磺化油含量从41%下降到23%，说明随着时间的延长，馏分油中能被磺化的物质不断地被磺化。

三、工业应用与成效

基于上述超重力磺化新工艺研究，在胜利油田某公司建设了产能为1000吨/年的超重力反应强化工程化技术——石油磺酸盐工业示范线（见图4-40），并成功完成了生产线的开车和工业试验，驱油用石油磺酸盐表面活性剂产品性能优异。

▶ 图4-40　工业示范线用超重力磺化反应器

第四节　超重力聚合反应强化

一、聚合反应概述

聚合反应是合成三大高分子材料的一类重要反应，其中阳离子聚合和自由基聚合属于快反应，其产品结构（分子量分布）受分子混合状态的影响显著。为此，北化超重力团队提出超重力聚合反应强化的新思想，并重点就阳离子聚合反应过程展开研究探索，阐明超重力强化效应和规律[7]。

阳离子聚合是指活性中心为阳离子的连锁聚合反应。其聚合反应通式可表示

如下

$$A^{\oplus}B^{\ominus}+M \longrightarrow AM^{\oplus}B^{\ominus} \xrightarrow{M} —M_n— \qquad (4\text{-}37)$$

其中，$A^{\oplus}$ 表示阳离子活性中心，可以是碳阳离子，也可以是氧鎓离子、锍离子或铵离子等。$B^{\ominus}$ 是紧靠中心离子的引发剂碎片，所带电荷相反，称作反离子或抗衡离子[19]。

阳离子聚合往往采取溶液聚合方法及原料和产物多级冷凝的低温聚合工艺。由于聚合只能使用高纯有机溶剂，不能用水等物质作介质，因而生产成本较高。但阳离子聚合体系具有动力学链不终止、催化剂种类多、选择范围广和单体的聚合活性可随催化剂与溶剂变化等特点，从高分子合成的角度来看，可变化因素多，是一种具有潜力的聚合方法[20,21]。下面结合丁基橡胶（IIR）聚合反应这一具有代表性的阳离子聚合反应，论述超重力聚合反应强化工艺及效果。

二、超重力聚合反应新工艺

1. 超重力强化丁基橡胶聚合新工艺

图4-41为超重力强化丁基橡胶聚合新工艺流程示意图。聚合反应的整个操作过程都在氮气气氛保护下进行。采用高纯氮气对设备进行吹扫，以除去设备中的空气和水，并用精馏后的二氯甲烷进行清洗，直至出口溶剂的水含量达到实验要求。低温下，将异丁烯、异戊二烯单体与精馏后的二氯甲烷按一定比例配成一定体积的混合溶液，在氮气的保护下加入储罐3中，制冷至设定温度。再以同样的方法将催化剂（AlCl₃）与精馏后的二氯甲烷按一定比例配成一定体积的混合溶液，加入储罐4中，制冷至设定温度。开启旋转填充床，并用制冷剂将旋转填充床预冷至反应温

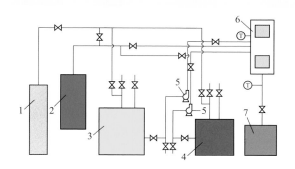

● 图4-41　超重力聚合反应合成丁基橡胶工艺流程图

1—氮气钢瓶；2—制冷剂储罐；3—异丁烯、异戊二烯和二氯甲烷储罐；

4—三氯化铝和二氯甲烷储罐；5—计量泵；6—超重力反应器；7—丁基橡胶产物罐

度，再将单体与催化剂溶液按一定比例同时打入旋转填充床中进行聚合反应[22]。

2. 不同工艺条件对聚合反应过程的影响

（1）温度对聚合反应过程的影响

① 温度对 IIR 分子量的影响　图 4-42 显示了聚合温度对 IIR 分子量的影响规律。随着聚合温度的降低，产物分子量几乎呈线性增加，从 193 K 时的 8.9×10^4 增长至 173 K 时的 2.89×10^5。由于在 Lewis 酸共引发的 IB-IP 阳离子聚合过程中，聚合总活化能为负值，聚合速率随聚合温度的降低而加快。同时，在聚合过程中，活性中心的形成与稳定是通过络合反应来调节的，降低温度有利于络合反应，促进活性中心的生成，而升高温度则可能使活性中心失活。因此，降低温度有利于得到高分子量的聚合产物。这与传统工艺中分子量随聚合温度的降低而升高的趋势相同。

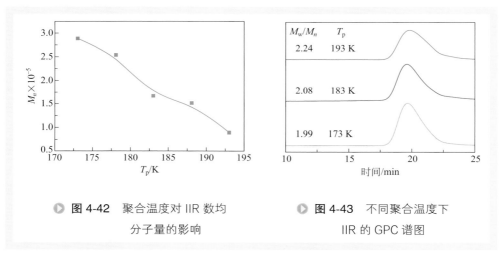

▶ 图 4-42　聚合温度对 IIR 数均
分子量的影响

▶ 图 4-43　不同聚合温度下
IIR 的 GPC 谱图

② 温度对 IIR 的 GPC 谱图和分子量分布指数的影响　图 4-43 为聚合反应中聚合温度分别为 193 K、183 K 和 173 K 时，聚合产物 IIR 的 GPC 谱图和分子量分布指数。从图中可以看出，在不同聚合温度下，聚合产物 IIR 的 GPC 谱图的峰形几乎一致，超重力反应器中聚合温度对 IIR 分子量分布影响较小（$M_w/M_n = 1.99 \sim 2.24$）。而在传统反应器中，聚合温度对产物分子量分布影响比较明显（$M_w/M_n = 2.5 \sim 3.1$）。

以上研究结果表明，采用超重力法制备 IIR 时，可在保持产物分子量分布均匀度不变的情况下，通过调控聚合温度来调节产物分子量的大小，这为丁基橡胶产品的柔性生产提供了技术上的保障。

（2）转速对聚合反应过程的影响

① 转速对 IIR 分子量的影响　图 4-44 显示了旋转填充床转速对聚合产物 IIR 分子量的影响规律。在较低的转速下，聚合产物 IIR 的分子量随着转速的升高而迅速

增加，当转速由 600 r/min 提高到 1200 r/min，产物 IIR 的分子量也迅速地由 1.58×10^5 增加至 2.89×10^5；但继续增加转速对产物分子量影响不大，转速由 1200 r/min 提高到 1500 r/min，产物 IIR 的分子量由 2.89×10^5 变化至 2.86×10^5，几乎没有变化。

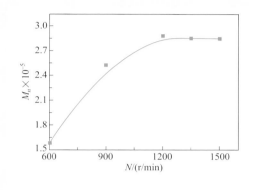
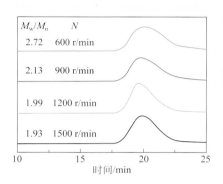

▶ **图 4-44** 转速对 IIR 数均分子量的影响　　▶ **图 4-45** 不同转速下 IIR 的 GPC 谱图

② 转速对 IIR 的 GPC 谱图和分子量分布指数的影响　图 4-45 为聚合过程中转速分别为 600 r/min、900 r/min、1200 r/min 和 1500 r/min 时，聚合产物 IIR 的 GPC 谱图和分子量分布指数（M_w/M_n）。

由图 4-45 可见，聚合产物 IIR 的 GPC 谱图均为单峰，但当转速低于 1200 r/min 时，随着转速的降低，GPC 谱图的峰形逐渐变得不对称，峰形的拖尾现象越趋明显，分子量相对较低的聚合物逐渐增多，分子量分布逐步变宽（$M_w/M_n = 1.93 \sim 2.72$）；而当转速高于 1200 r/min 时，GPC 谱图的峰形非常相似，分子量分布指数也相近（$M_w/M_n = 1.93 \sim 1.99$）。产生这种变化的原因是旋转填充床转速的不同极大地影响了液体在填料内分子混合的效果。转速增加，填料的线速度相应增加，进入填料的物料与填料之间的相对速度也增加。填料对液体的剪切破碎作用加强，液体被分割成一个个更小的微元，使得反应在更加均匀的环境下进行，所以分子量分布较窄。同时，转速的提高也改善了物料之间的分子混合均匀程度，从而使得单体和催化剂在填料内迅速实现均匀混合和反应，所以，分子量随着转速的增加而变大。但当转速达到一定值后，再增加转速对提高分子混合效果不太明显，因而对分子量和分子量分布影响不大。

（3）填料层数对聚合反应过程的影响

① 填料层数对 IIR 分子量的影响　从图 4-46 可以看出无论聚合温度如何变化，聚合产物 IIR 的数均分子量开始随着填料层数的增加而增加，但是当填料厚度增大到一定值时，IIR 的数均分子量趋于定值。在 $T_p = 173$ K 条件下，当填料层数从 10 层增加至 60 层时，产物 IIR 的分子量从 1.71×10^5 增长至 2.89×10^5。

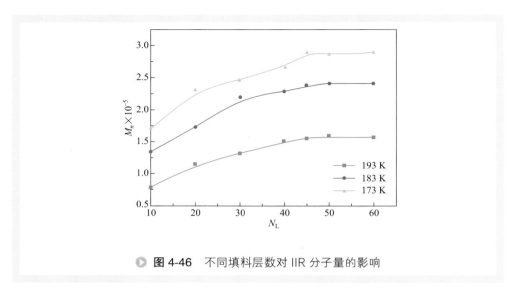

● **图 4-46**　不同填料层数对 IIR 分子量的影响

② 填料层数对 GPC 谱图和分子量分布指数的影响　图 4-47 表明当填料层数大于 45 层时，GPC 谱图为单峰，峰形对称，分子量分布指数小于 2；而当层数为 20 层时，GPC 谱图中的峰位置基本不变，当层数为 10 层时，分子量分布指数达到 2.34。主要原因是填料层数影响物料在填料内的分子混合效果和停留时间。在填料端效应区，由于物料在极短的时间内达到了较好的分子混合效果，所以产物的分子量较大，但是由于停留时间太短，聚合反应进行的程度有差异，产物的分子量分布较宽。随着层数的增加物料的停留时间随之增加，产物分子量随之增加，但由于链转移和终止反应的存在使得活性中心浓度逐渐变低，导致 IIR 的分子量的增长逐渐

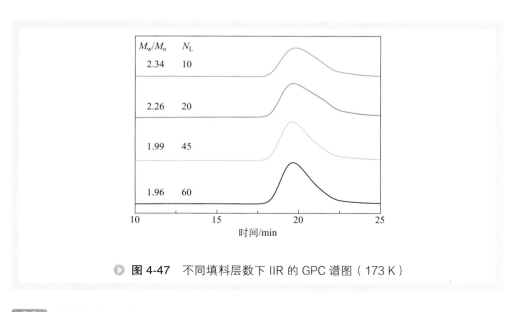

● **图 4-47**　不同填料层数下 IIR 的 GPC 谱图（173 K）

减缓，并趋于定值。同时，不同物料的聚合反应进行的程度也逐渐趋于相同，故分子量分布变窄。

综合填料层数对聚合产物 IIR 分子量和分子量分布的影响规律，发现填料层数对 IIR 分子量的影响比较大，而当层数大于 45 层时，层数对分子量及分子量分布的影响便可忽略。在其他组实验中所使用的填料层数均为 45 层。

（4）单体流速对聚合反应过程的影响

① 单体流速对聚合产物 IIR 分子量的影响　图 4-48 表明当单体流速小于 1.57 m/s 时，产物 IIR 的分子量随着单体流速的增大而迅速增大，而当单体流速大于 1.57 m/s 时，单体流速的大小对 IIR 分子量的影响较小。

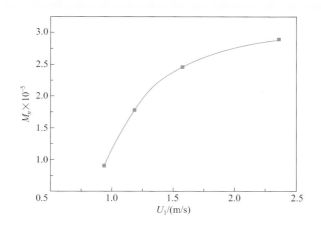

▶ 图 4-48　单体流速对 IIR 数均分子量的影响

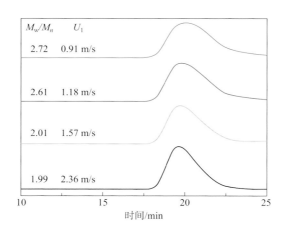

▶ 图 4-49　不同流速下 IIR 的 GPC 谱图

② 单体流速对 GPC 谱图和分子量分布指数的影响　图 4-49 为单体流速为 0.91 m/s、1.18 m/s、1.57 m/s 和 2.36 m/s 时，聚合产物 IIR 的 GPC 谱图和分子量分布指数。

显然，流速为 0.91 m/s 和 1.18 m/s 时的分子量分布指数偏大（$M_w/M_n=$ 2.61～2.72）。而当流速高于 1.57 m/s 时，产物 IIR 的分子量分布指数非常接近（$M_w/M_n=1.99～2.01$）。

（5）催化剂浓度对 IIR 分子量和分子量分布的影响

从表 4-1 中可以发现 IIR 的分子量随着催化剂浓度的增大变化不明显，但在高浓度下，分子量分布变宽。实验结果与传统工艺得到的结果相似。

表 4-1　催化剂浓度对 IIR 分子量的影响

序号	$[AlCl_3] \times 10^2/(mol/L)$	$M_n \times 10^{-5}$	M_w/M_n
1	1.27	2.58	2.74
2	1.10	2.89	1.99
3	0.28	2.81	2.06

（6）异丁烯浓度对 IIR 分子量和分子量分布的影响

从表 4-2 中可以发现，IIR 的分子量随异丁烯浓度的增大而增大，但当异丁烯浓度超过一定值后，其浓度变化对 IIR 的分子量没有影响。单体浓度增大，聚合速度加快。工业上一般采用的单体浓度为 30%～35%（体积分数），浓度过高会导致聚合反应过于激烈，难以控制，而浓度过低，不但降低设备的生产能力，而且造成单体转化率不易稳定。

表 4-2　异丁烯浓度对 IIR 分子量的影响

序号	$[IB]/(mol/L)$	$M_n \times 10^{-5}$	M_w/M_n
1	1.82	1.58	2.74
2	2.7	2.89	1.99
3	3.05	2.86	2.56

（7）异戊二烯浓度对 IIR 分子量和分子量分布的影响

从表 4-3 可见，IIR 的分子量随着异戊二烯浓度的增大而减小。丁基橡胶的不饱和度可以借助单体中异戊二烯的用量加以调节。但异戊二烯是一种强的链转移剂，其用量显著影响丁基橡胶的数均分子量。

表 4-3　异戊二烯浓度对 IIR 分子量及不饱和度的影响

序号	$[IP]/(mol/L)$	$M_n \times 10^{-5}$	M_w/M_n	IP%
1	0.05	2.89	1.99	1.56
2	0.06	2.61	2.07	1.71

（8）单体与催化剂流量比对IIR分子量和分子量分布的影响

从表4-4可以发现，IIR的分子量随单体与催化剂流量比的增大而增大，但当流量比大于10:1后，增大流量比对IIR的分子量及分子量分布没有太大的影响。

表4-4　单体与催化剂流量比对IIR分子量的影响

序号	体积比	$M_n \times 10^{-5}$	M_w/M_n
1	6:1	1.75	2.62
2	8:1	2.26	2.37
3	10:1	2.89	1.99
4	13:1	2.87	2.01

3. 超重力聚合强化新工艺与传统工艺对比

表4-5中分别列出了采用超重力聚合强化新工艺和传统工艺制备丁基橡胶的各工艺技术参数。

表4-5　丁基橡胶聚合的主要工艺技术参数比较

工艺技术参数	传统工艺	超重力聚合强化新工艺
聚合温度 /K	173～177	173～193
反应器内操作压力 /kPa	240～380	常压
物料在反应器内停留时间 /s	1800～3600	＜1
聚合反应器操作周期 /h	24～60	2～3
反应器生产能力 /[kg/(m³·h)]	≈200	＞20000
产物数均分子量 (×10⁵)	≥1.5	1～3
产物分子量分布指数	2.5～3.1	2～2.7

从表4-5中可以看出，和传统工艺相比，采用超重力聚合强化新工艺制备丁基橡胶时，在异丁烯和异戊二烯的浓度配比相近的情况下，不仅可得到分子量和分子量分布均略优于传统工艺的 IIR 产品，而且还具有以下诸多优点：

① 聚合温度的范围从 173～177 K 扩大至 173～193 K，能够在不影响分子量分布的情况下制备各个分子量级别的 IIR 产品；

② 降低了反应器的操作压力，在常压下便能正常运转；

③ 使物料在反应器内的停留时间从 30～60 min 缩短至小于 1 s；

④ 在产能相近的情况下，大大缩小了反应器体积；

⑤ 反应器的生产效率提高了 2～3 个数量级。

一、烷基化反应概述

　　随着我国环保法规的日益严格，油品质量标准不断升级，生产企业的油品质量升级步伐随之加快。京Ⅵ汽油标准已于 2017 年 1 月 1 日起执行，该标准参考欧洲车用汽油标准和美国加利福尼亚州第Ⅲ阶段新配方汽油标准，可视作"世界最严标准"。继京Ⅵ标准出台，国Ⅵ汽油标准也相应出台。与国 V 标准相比，国Ⅵ汽油硫含量指标维持不变，但进一步强化了烯烃含量、芳烃含量、苯含量、蒸气压及馏程等主要环保指标。汽油升级已由最初的脱硫路线改为深度清洁路线。可以预计，生产具有高辛烷值、低硫、无烯烃、无芳烃的烷基化油的烷基化技术将在新一轮汽油质量升级过程中逐渐凸显价值，同时油品升级也为烷基化技术提供了广阔的发展空间。

　　烷基化油具有零芳烃、零烯烃、低硫、低蒸气压及高辛烷值等特点，是理想的清洁汽油调和组分，可将低附加值的轻烃转化为高品质的汽油，对汽油的整体性质提高效果显著。碳四烷基化是在强酸催化剂作用下，异丁烷与丁烯(含 1- 丁烯、顺 2- 丁烯、反 2- 丁烯)反应生成烷基化油。烷基化反应体系较为复杂，主反应为加成反应 [见式（4-38）]，此外还有众多副反应，如叠合、歧化、裂解、异构化和缩聚等 [23]。

$$C-\underset{\underset{C}{|}}{\overset{\overset{C}{|}}{C}}-C \; + \; C-C=C-C \; \xrightarrow{\text{催化剂}} \; C-\underset{\underset{C}{|}}{\overset{\overset{C}{|}}{C}}-C-\underset{\underset{C}{|}}{\overset{}{C}}-C \qquad (4-38)$$

　　按照反应过程使用催化剂的类型可将其分为液体酸烷基化和固体酸烷基化 [24]。液体酸烷基化主要采用浓硫酸和氢氟酸。近几年，随着离子液体技术的发展，其作为烷基化催化剂的应用也受到了广泛关注。

　　液体酸催化的烷基化反应属于双液相快速反应，并且相间传质速率决定宏观反应速率，所以酸烃的分散状态对于硫酸法烷基化反应有着至关重要的作用。对于搅拌混合设备，影响催化剂和反应物分散程度的因素主要有搅拌速度和酸烃比。一般来说，搅拌速度越高，分散状态越好。此外，对于此反应，高酸烃比是有利的，因为当酸烃比大于 1:1 时，酸烃的接触面积足够大，使得反应可以较好地进行。

　　在反应物中，与丁烯相比，异丁烷向浓硫酸中的转移过程十分困难，而且异丁烷在反应物系中的浓度是推动该化学反应进行的动力，所以异丁烷在反应器中的浓度是需要考察的重要因素。研究表明，当异丁烷浓度较高时，生成的产品质量较好，同时硫酸循环利用次数提高；而当异丁烷浓度较低时，发生聚合反应的丁烯量明显增加，造成烷基化油产品的质量明显变差。烷烯比直接影响烷烃的浓度，一般而言，烷烯比有两种定义，一种是内比（反应器内烷烯比），另一种是外比（物料的烷烯比）。在早期的基化装置中，外比通常控制为3～5:1，而目前工业上采用的外比达到5～20:1，在良好的操作条件下，内比可以达到300:1以上。

在烷基化反应过程中，温度对反应的进行也有着显著的影响[25]。研究表明，低温下反应，能够降低副反应速率，增加目标产物的含量。但降低反应温度，主反应的速率也相应降低，这意味着要延长反应时间才能使反应完全进行。另外，当温度较低时，浓硫酸黏度较高，对酸烃两相之间的传质产生较大的不利影响。对于靠机械搅拌实现酸烃混合的硫酸法烷基化工艺，反应温度一般控制在4～10 ℃。

由反应原料的物理性质可知，在常温常压下，反应物为气态。如果异丁烷和丁烯以气相状态发生反应，生成的产品辛烷值较低。为了保证异丁烷和丁烯在液态下反应，在反应温度下，系统的压力应该高于原料的饱和蒸气压。对于液相反应来说，压力的影响要远小于其对气相反应的影响，其所起到的作用是维持反应物 C_4 的液体形态。从气液相平衡的观点来看，反应原料加入反应器内时，原料会逐渐从液相转移到气相，直至达到气液相平衡状态。而相平衡状态只与温度有关，增加系统压力，并不能改变该平衡过程，所以压力的作用仅是为了保证原料处于液态。但过高的系统压力会造成操作费用的增加以及操作危险性的提高。所以，反应的操作压力一般控制在 0.3～0.8 MPa。

除以上所述的各影响因素之外，硫酸的浓度也会对产品的组成产生很大的影响。通常，浓硫酸的质量浓度处于较优的区间时（95%～96%），所得到的产品中高辛烷值组分含量较高，且收率较高。工业上，一般要求硫酸中水含量处于0.5%～1% 范围内[26]，而且酸溶烃的含量也不能过高（不超过 6%～8%）。硫酸在使用一段时间后，要补充新酸，保证酸浓度处于适宜的范围。

综上所述，加强酸烃混合、增强相际间混合效果对烷基化反应具有重要影响，能够显著减少副反应的发生。采用超重力反应器，利用旋转填料可以将液体撕碎成液体微元，强化液体的混合及传质，可望实现烷基化反应强化。

二、超重力烷基化反应强化新工艺

1. 超重力强化氯铝酸离子液体催化 C_4 烷基化反应

采用如图 4-50 所示的反应流程，将氯铝酸离子液体作为催化剂进行了 C_4 烷基化反应[27]。

首先在常压下进行了气态烃与离子液体的实验，异丁烷与2-丁烯混合气从填料层外沿进入填料层，以气体形式与离子液体在床层发生逆流接触，结果如表4-6所示。

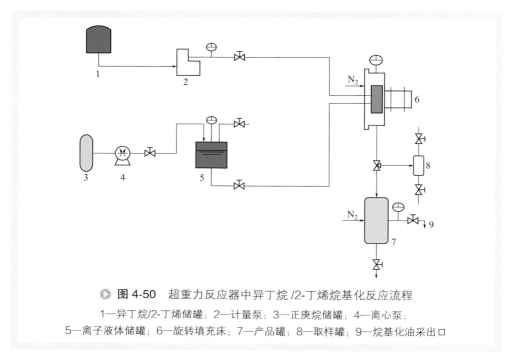

▶ **图 4-50　超重力反应器中异丁烷/2-丁烯烷基化反应流程**

1—异丁烷/2-丁烯储罐；2—计量泵；3—正庚烷储罐；4—离心泵；
5—离子液体储罐；6—旋转填充床；7—产品罐；8—取样罐；9—烷基化油采出口

表 4-6　超重力反应器中气液逆流烷基化反应结果

温度/℃	烯烃转化率/%	烷基化油组成（质量分数）/%			TMP/DMH[①]
		$C_{5\sim7}$	C_8	C_{9+}	
15	96	27.6	23.7	48.7	2.8
25	97	29.3	17.5	53.2	2.1

① 转速为 1550 r/min，烷烯比为 10。

由表 4-6 可以看到，在气相反应中，丁烯的转化率仍然比较高，说明异丁烷/2-丁烯原料可以很好地与离子液体接触。但烷基化油中 C_8 选择性很低，并随着温度升高而下降，重组分和轻组分含量较高，说明反应过程中，更多的是发生聚合和裂解等副反应。

在气相反应中，丁烯和丁烷均以气态和催化剂接触，造成两相界面的单位接触面积上异丁烷和丁烯数量下降，但由于烯烃的不饱和性，丁烯更容易被活性中心吸引而被活化，而异丁烷在离子液体中的溶解度本就小于丁烯，气化之后这一差距被进一步放大，造成可以给正碳离子氢转移反应供氢的异丁烷数量减少，因此氢转移反应受到了抑制，导致烯烃大量聚合，生成更多的重组分，部分重组分随后裂解成轻组分，造成了烷基化油质量的下降。

液相烷基化反应通过离子液体与异丁烷/丁烯混合料以液体形式进入超重力反应器。通过 N_2 控制体系压力，考察了不同温度和转速下异丁烷/2-丁烯烷基化反应结果，见表 4-7～表 4-9。

表 4-7 超重力反应器中压力对烷基化反应结果的影响

压力 /MPa	烯烃转化率 /%	烷基化油组成（质量分数）/%			TMP/DMH[①]
		$C_{5\sim7}$	C_8	C_{9+}	
0.4	99	22.8	28.6	48.6	3.3
0.7	99	15.8	64.3	19.9	9.7
1.0	99	12.8	73.4	13.8	12.5

① 反应温度为 15 ℃，转速为 1550 r/min，烷烯比为 10。

表 4-8 超重力反应器中转速对烷基化反应结果的影响

转速 /(r/min)	烯烃转化率 /%	烷基化油组成（质量分数）/%			TMP/DMH[①]
		$C_{5\sim7}$	C_8	C_{9+}	
1550	99	15.8	64.3	19.9	9.7
1470	99	17.2	67.6	15.2	9.2
1170	99	19.5	63.7	16.8	7.3
860	99	18.0	68.1	13.9	6.1
550	99	21.6	62.1	16.3	4.7

① 反应温度为 15 ℃，操作压力为 0.7 MPa，烷烯比为 10。

表 4-9 超重力反应器中温度对烷基化反应结果的影响

温度 / ℃	烯烃转化率 /%	烷基化油组成（质量分数）/%			TMP/DMH[①]
		$C_{5\sim7}$	C_8	C_{9+}	
15	99	15.8	64.3	19.9	9.7
25	99	28.6	45.3	26.1	5.2
35	99	28.8	29.7	41.5	2.9

① 转速为 1750 r/min，操作压力为 0.7 MPa，烷烯比为 10。

在超重力反应器中用氯铝酸离子液体催化气相烷基化反应无法得到高质量的烷基化油。在液相并流进料情况下，用氮气调节反应的操作压力，可以较好地抑制烷基化原料的气化，降低气相反应的比例，得到质量较好的烷基化油。高转速和低反应温度有利于提高烷基化油中三甲基戊烷（TMP）的含量。超重力反应器也体现出了反应时间短（<1 s）、传质高效的优点，所得烷基化油质量能够达到高压搅拌釜

为反应器时的水平，超重力反应器应用于异丁烷与丁烯的烷基化反应更具吸引力。

2. 超重力强化浓硫酸催化C₄烷基化反应

以浓硫酸为催化剂，以异丁烷和 2-丁烯为原料的超重力强化浓硫酸催化 C₄ 烷基化反应实验流程如图 4-51 所示[28,29]。

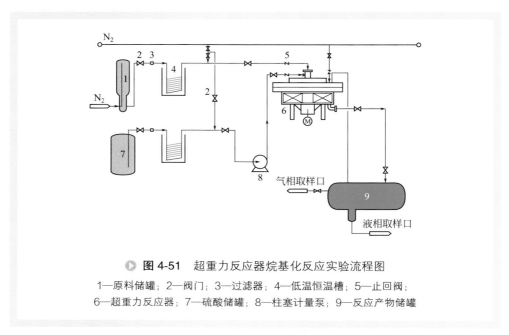

图 4-51　超重力反应器烷基化反应实验流程图

1—原料储罐；2—阀门；3—过滤器；4—低温恒温槽；5—止回阀；
6—超重力反应器；7—硫酸储罐；8—柱塞计量泵；9—反应产物储罐

酸烃比对烷基化反应各组分含量具有显著影响，并且酸烃比会影响整个工艺过程中酸的使用量及循环量。减少酸用量可以减少设备成本及维护费用，同时减少循环能耗。

从图 4-52 和图 4-53 可知，在超重力反应器中酸烃比在 0.5∶1～1∶1 的范围内，随着酸烃比的提高，C₈ 和 TMP 组分含量显著增加，C₉₊ 组分含量显著降低，C₅～₇ 和 DMH 组分含量逐渐降低，TMP/DMH 的值直线增加，产品 RON 值显著提升。继续提高酸烃比，各组分含量的变化趋势变缓，产品 RON 值稍有提高。在酸烃比为 0.5∶1 时，C₈ 组分含量为 55.39%，C₉₊ 组分含量为 30.36%，RON 值为 88.5；当提高酸烃比到 1∶1 时，C₈ 组分含量升为 88.51%，C₉₊ 组分含量降为 7.50%，RON 值升为 97.3。可见，在一定范围内提高酸烃比可以显著改善烷基化油产品质量。

在超重力反应器内，酸烃两股物流被高速旋转的填料不断切割成微小的液体单元，两相物流在填料表面充分接触，相间传质过程得到极大强化。当酸烃比较低时，在超重力反应器内，烷烃和烯烃微元的总数目要多于硫酸微元，此情况下，能溶于酸相的烃分子较少，烷烯发生主反应的分子数目较少，生成的 C₈ 组分含量较

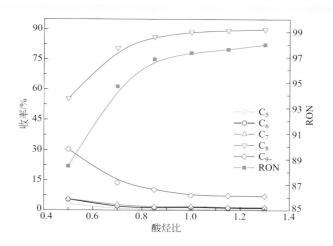

图 4-52 酸烃比对各组分含量以及 RON 值的影响

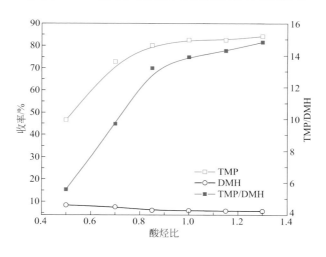

图 4-53 酸烃比对 C₈ 组分含量以及 TMP/DMH 值的影响

低。同时，不可避免地发生较多的副反应，如 2- 丁烯的自聚，造成产品中 C_{9+} 组分的含量较高，因此，低酸烃比情况下产品的 RON 值较低。而当酸烃比提高之后，硫酸微元和烷烯微元的数目大致相当，能够确保主反应得以顺利进行，生成更多的目标产物 TMP，使产品的 RON 值得以提高。考虑到反应器的体积，实际的操作过程酸烃比不宜过大。

转速是超重力反应器的核心参数，直接决定着多相流体间的分子混合水平与传质效果，转子转速变化范围为 150～1200 r/min 时，所得到的各组分含量和产品 RON 值的变化趋势如图 4-54 所示，C_8 组分中的 TMP、DMH 组分含量以及

TMP/DMH 值如图 4-55 所示。

从图 4-54 和图 4-55 可以看出，在转速达到 900 r/min 之前，转速变化对产品各组分含量有显著影响，C_8 与 TMP 组分含量逐渐增加，C_{9+} 组分含量逐渐降低，$C_{5\sim7}$ 和 DMH 组分含量有所降低；而 RPB 转速超过 900 r/min 之后，各组分含量逐渐趋于稳定，此时可以认为，超重力反应器所达到的酸烃混合效果已经可以满足烷基化反应的要求。

在转速为 150 r/min 时，C_8 组分含量为 74.27%，C_{9+} 组分含量为 19.69%，RON 值为 92.62；当转速提高到 900 r/min 时，C_8 组分含量升为 88.67%，C_{9+} 组分含量降

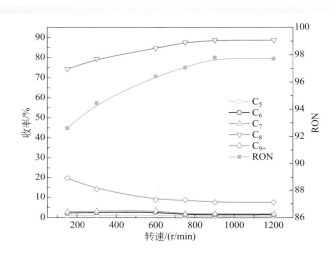

图 4-54　转子转速对各组分含量以及 RON 值的影响

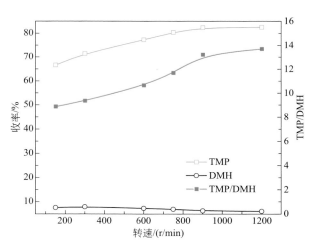

图 4-55　转子转速对 C_8 组分含量以及 TMP/DMH 值的影响

为 7.49%，RON 值升为 97.8。

在烷基化反应过程中，RPB 转速的高低直接决定着酸烃两相流体间相对速度的大小，同时也直接影响了流体间的接触面积与传质强度。转速越高，所能产生的剪切力越大，流体间的相对运动速度越快，两相流体的表面更新速度也越快。对于烷基化反应而言，两相间的传质过程是该反应的速控步骤，引入超重力技术也正是为了强化两相间的混合和传质过程，显然，较高的转速对于反应是有利的。从图中信息可知，在转速达到 900 r/min 以后，继续提高转速对于反应结果的影响十分有限，除 TMP/DMH 值有较小幅度的增长外，产品的 RON 值基本保持稳定；这从侧面说明，在转速达到 900 r/min 后，两相间的传质速率已经足够快，此时，其他因素成为影响烷基化反应的关键因素。

对搅拌釜（STR）与超重力反应器进行对比，在相同的实验条件下，各组分含量以及产品 RON 值的对比如表 4-10 所示。

表 4-10　STR 与超重力反应器实验结果对比

项目	STR	RPB	项目	STR	RPB
C_5 质量分数 /%	1.36	0.43	RON	88.9	97.9
C_6 质量分数 /%	3.29	1.15	TMP 质量分数 /%	53.10	83.55
C_7 质量分数 /%	4.23	1.47	DMH 质量分数 /%	7.71	5.61
C_8 质量分数 /%	61.04	88.94	TMP/DMH	6.88	14.89
C_{9+} 质量分数 /%	30.07	8.01			

对比结果可以发现，在相同的实验条件下，超重力反应器得到的产品组成较 STR 有了显著改善，其中 C_8 组分含量提高了 45.7%，C_{9+} 组分含量降低了 73.4%，产品 RON 值提升了 9.0。STR 所得到的产品质量较差，说明此时 STR 的搅拌效果不能满足烷基化反应对酸烃混合效果的要求。而在 RPB 内，当酸烃比为 1:1（体积分数）、转速为 1200 r/min 时，所得到的产品 RON 值已经达到 97.9。可以推测，在相同的条件下，RPB 内的酸烃混合效果较 STR 有了极大的改善。

对于工业应用的烷基化工艺而言，还要考虑丁烯种类的影响。利用所得到的较优的操作条件，设定硫酸催化异丁烷 / 异丁烯的实验条件：时间 t 为 6 min，反应温度 T 为 8 ℃，酸烃比为 1:1（体积分数），RPB 转速 N_{RPB} 为 1200 r/min，压力 p 为 0.5 MPa，烷烯比为 20:1（摩尔分数），在此实验条件下，两种反应体系所得到的各组分含量以及产品 RON 值如表 4-11 所示。

表 4-11　不同反应原料实验结果对比

项目	异丁烷/2-丁烯	异丁烷/异丁烯	项目	异丁烷/2-丁烯	异丁烷/异丁烯
C_5 质量分数 /%	1.22	3.11	RON	94.4	84.6
C_6 质量分数 /%	4.31	5.12	TMP 质量分数 /%	70.56	37.09
C_7 质量分数 /%	1.43	5.95	DMH 质量分数 /%	6.35	7.49
C_8 质量分数 /%	77.01	44.58	TMP/DMH	11.12	4.95
C_{9+} 质量分数 /%	16.03	41.25			

　　从表中数据可知，不同反应原料所生成的产品中各组分含量差别显著。异丁烷/异丁烯反应生成较多的 C_{9+} 组分，产品 RON 值较低。造成此差异的原因可能是异丁烯较 2-丁烯更易发生聚合反应，而且该反应属于强放热反应，会造成反应器内的温度上升，进而影响烷基化油的产品质量。可见，对于硫酸法烷基化反应，对丁烯原料进行异构化处理是十分必要的。如 CDTECH 公司开发的 CDOPT，就是用于异丁烯预处理的工艺，可以有效抑制异丁烯齐聚反应的发生，消除了副反应的不利影响。

　　在超重力反应器内，硫酸催化 C_4 烷基化反应生成的产物分布受时间 t、反应温度 T、酸烃比、转子转速 N_{RPB}、压力 p 等实验因素的影响。依据异丁烷/2-丁烯反应体系的实验数据拟合出了 C_8、TMP、DMH、C_{9+} 组分含量以及产品 RON 值的实验关联式，用于预测实验结果。

　　对于烷基化反应，C_8、TMP、DMH、C_{9+} 组分含量以及产品 RON 值是研究中关注的重点，且对于异丁烷/2-丁烯反应体系，$C_{5\sim7}$ 组分受参数变化的影响较小。采用二次多项式对超重力反应器内烷烯比为 30:1（摩尔分数）的异丁烷/2-丁烯体系的实验数据进行拟合，建立 C_8、TMP、DMH、C_{9+} 组分含量以及 RON 值与时间 t（2～10 min）、温度 T（0～12 ℃）、酸烃体积比（0.5:1～1.3:1）、RPB 转速 N_{RPB}（150～1200 r/min）、压力 p（0.3～0.6 MPa）之间的实验关联式，如式（4-39）所示。

$$y = a + bt^2 + ct + dT^2 + eT + f\left(\frac{V_A}{V_{HC}}\right)^2 + g\frac{V_A}{V_{HC}} + h\left(\frac{N_{RPB}}{150}\right)^2 + i\left(\frac{N_{RPB}}{150}\right) + jp^2 + kp \tag{4-39}$$

　　式（4-39）中，y 表示烷基化产物中 C_8、C_{9+}、TMP、DMH 组分含量或产物 RON 值，a、b、c、d、e、f、g、h、i、j、k 为实验关联式待定系数。

　　在实验范围内，各实验关联式的计算结果与实验值能够较好的吻合，拟合出的实验关联式可以用于预测 C_8、TMP、DMH、C_{9+} 组分含量以及产品 RON 值。其中

C_8 组分与 TMP 组分含量的实验关联式计算值和实验值的相对误差基本保持在 ±5% 以内，DMH 组分含量的相对误差基本保持在 ±10% 以内，C_{9+} 组分含量的相对误差基本保持在 ±15% 以内，RON 值的相对误差基本保持在 ±1% 以内。

第六节　超重力卤化反应强化

一、卤化反应概述

卤化反应又称卤代反应，是指有机化合物中的氢或其他基团被卤素取代生成含卤有机化合物的反应。常见的卤化反应有烷烃的卤化，芳烃的芳环卤化和侧链卤化，醇羟基和羧酸羟基被卤素取代，醛、酮等羰基化合物的 α- 活泼氢被卤素取代，卤代烃中的卤素交换等。除用氯、溴等卤素直接卤化外，常用的卤化试剂还有氢卤酸、氯化亚砜、五氯化磷、三卤化磷等。卤化反应在有机合成中占有重要地位，通过卤化反应，可以制备多种含卤有机化合物。

卤化的例子有乙炔被氯化氢氯化生成氯乙烯，成为制造塑料聚氯乙烯的原料，苯被氯化生成六氯苯等。许多化合物中引入卤素可以显著改变其性能及应用范围。本书以丁基橡胶溴化反应作为典型代表来介绍卤化反应。

美国标准石油公司在 1937 年的烯烃聚合研究中发现了丁基橡胶（butyl rubber，isobutylene-isoprene rubber，IIR），它是由异丁烯和少量异戊二烯经阳离子聚合反应生成的合成橡胶，是一种线型无凝胶共聚物，主要分子结构为[30]

$$\cdots\cdots\left[H_2C-\underset{\underset{CH_3}{|}}{\overset{\overset{CH_3}{|}}{C}}\right]\left[\underset{\underset{H}{|}}{\overset{H_2}{C}}-\overset{CH_3}{\overset{|}{C}}=C-\overset{H_2}{C}\right]\left[\underset{\underset{CH_3}{|}}{\overset{H_2}{C}}-\overset{\overset{CH_3}{|}}{\overset{|}{C}}\right]\cdots\cdots \qquad (4\text{-}40)$$

丁基橡胶大分子没有支链，硫化前无交联，异丁烯链节在其间头尾连接形成分子结构的主要部分。在大分子链上，异戊二烯链节呈统计分布，且 90% 以上为 1,4 位异戊二烯结构单元（1,4-isoprene，缩写为 1,4-IP），即反式结构的异戊二烯结构单元[31]。整体来看，主碳链呈螺旋状，庞大的甲基群对称、整齐、紧密地排列在主链两侧。

该种橡胶具备优异的气密性，良好的耐热、耐腐蚀、电绝缘及抗老化能力，因而在轮胎内胎、医用瓶塞、硫化胶囊、减震材料、电绝缘材料以及密封材料等领域应用广泛，已经发展成为世界六大合成橡胶之一。然而，丁基橡胶在加工应用中存在硫化速度缓慢、共混与自黏性差等缺点。为此，研究者尝试使用接枝、星形支化、卤化等手段对丁基橡胶进行改性，其中涉及卤化改性的研究较为常见，卤化丁基橡胶（halogenated butyl rubber，HIIR）业已实现大规模工业生产。HIIR 不仅保留了丁基橡胶的优点，还在硫化、共混等加工应用过程中表现优异，因而在应用方面逐渐有替代丁基橡胶的趋势，特别是溴化丁基橡胶（brominated butyl rubber，BIIR）的市场需求量连年攀升，BIIR 制备领域亟待增加产能、提高效能。

丁基橡胶分子链上的异戊二烯结构单元能够与溴发生反应制得溴化丁基橡胶，其常见结构为[32]

$$
\text{·····}-H_2C-\underset{\underset{CH_3}{|}}{\overset{\overset{CH_3}{|}}{C}}-\left[\underset{}{\overset{}{C}}H_2-\underset{\underset{Br}{|}}{\overset{\overset{CH_2}{\|}}{C}}-\underset{}{\overset{H}{C}}-\underset{}{\overset{}{C}}H_2\right]-\underset{}{\overset{}{C}}H_2-\underset{\underset{CH_3}{|}}{\overset{\overset{CH_3}{|}}{C}}-\text{·····} \qquad (4\text{-}41)
$$

对比丁基橡胶和溴化丁基橡胶的分子结构可以发现，二者在分子链节组成及排布方面基本相同：大量异丁烯链节首尾相连组成的主要结构没有改变，分布其间的异戊二烯链节仍然存在。不同之处在于 BIIR 的异戊二烯结构单元内增加了溴元素，使得该聚合物既含有碳碳双键，又拥有 C—Br 活性键。基于这样的分子结构，BIIR 基本保留丁基橡胶的优良特性，诸如生胶强度高、气体和湿气的低渗透性、低玻璃化转变温度、高减震性、耐热、耐臭氧、耐紫外线和耐腐蚀等，又凭借在大分子链内加入的少量 C—Br 活性基团，大幅提高了该种橡胶的硫化速度和共混性能。溴化丁基橡胶在硫化和加工方面的优点主要表现在：

① 反应活性高，硫化速度快。BIIR 中的 C═C 键和 C—Br 键都有利于硫化交联反应进行，除了通过硫黄体系硫化外，还可用氧化锌、酚类、胺类等体系进行硫化，硫化速度快，硫化平坦性好，适于厚制品的硫化加工。相对于拥有键能为 331 kJ/mol 的 C—Cl 键的氯化丁基橡胶而言，溴化丁基橡胶具有更快的硫化速度和更好的并用胶共硫化性能，因为 C—Br 键键能为 276 kJ/mol，活性更高。BIIR 的硫化特征时间在 15 min 以内，大多数在 10 min 左右。

② 溴化丁基橡胶是一种可以单独使用氧化锌进行硫化的橡胶材料，用氧化锌硫化的 BIIR 硫化胶中的交联键是碳碳键，不是强度较小的硫硫键，因而耐热性更好，碳碳键的交联对橡胶制品的压缩永久变形性有很大的优化作用，特别是密封制品，以氧化锌硫化的 BIIR 制品的压缩永久变形小。

③ BIIR 拥有烯丙基上的 C—Br 键这一极性基团，极大地改善了该类橡胶与其他天然或合成橡胶的共混性和共硫化性，BIIR 能与乙丙橡胶、丁苯橡胶等合成橡胶及多数的天然不饱和橡胶混合并用，混合比例常常没有限制。

丁基橡胶卤化工艺的发展始于 20 世纪 50 年代，Goodrich Chemical 公司首次提出了通过卤化为丁基橡胶提供活性官能团的思路，并于 1954 年实现了溴化丁基橡胶的商业化，但早期的溴化工艺不够成熟，溴化丁基橡胶产品质量不高。1971 年和 1980 年，加拿大的 Polysar 公司和美国 Exxon Chemical 公司通过溶液卤化法分别实现了溴化丁基橡胶的商业化。其间，苏联也有溴化丁基橡胶的生产工艺出现，使用的是干胶混炼法。长期以来，丁基橡胶的溴化技术被上述几个公司垄断。

在丁基橡胶制备技术的发展方面，我国一直落后，在 20 世纪 60 年代后期尝试的中试开发没能付诸工业化大规模生产。1999 年，燕山石化依靠引进的 Pressindustria 公司的技术建立了 IIR 生产线，这才结束了该种橡胶材料完全依赖进口的历史。受此影响，2011 年底，燕山石化已能采用溶液法生产溴化丁基橡胶。在溴化丁基橡胶的研究方面，国内以其应用研究为主，制备研究较为少见。

丁基橡胶的卤化方法包括干胶混炼法和溶液法。

① 干胶混炼法　该法将干燥的丁基橡胶与溴化剂共同置于开炼机、密炼机或螺杆挤出机等橡胶加工设备中进行混炼，常选用的溴化剂有 10% 的 N- 溴代琥珀酰亚胺、7.5% 的溴二甲基乙内酰脲、30% 的炭吸附溴等。在加热条件下溴化剂释放卤素溴，与丁基橡胶反应制得溴化丁基橡胶。尽管该方法集炼胶与卤化于一身，但存在比较多的缺点：该法一般需要采用较高温度、处理较长时间才能使产品达到较高的卤化程度，存在丁基橡胶降解的风险；引入了影响产品物理机械性能的活性炭等物质，使产品纯度受到影响；混炼中，溴化剂在橡胶中分散的均匀性难以控制，导致该法不能均匀稳定地制备溴化丁基橡胶。因此，干胶混炼法已很少使用。

② 溶液法　溶液法制备溴化丁基橡胶的过程常与丁基橡胶的制备工艺紧密衔接，以来自丁基橡胶生产单元的丁基橡胶淤浆溶液为基础，经产物纯化、溶剂交换等工序形成丁基橡胶的己烷或卤代烃溶液。将溴素或溴化剂溶于己烷或卤代烃，生成溴的己烷或卤代烃溶液。两种溶液经温度调节后输送进入反应器，在溴化反应器中混合反应，反应温度常在 20～60 ℃之间，反应接触时间常在小时量级。反应体系进入中和装置后反应结束，中和所用碱液常为 NaOH 溶液、Na_2CO_3 溶液等。中和终止后的反应体系再进入水洗、溶剂脱除、产品干燥等工序，而后获得溴化丁基橡胶产品。溶液法是连续的过程，制备的 BIIR 质量较为均匀稳定，是目前工业生产和实验室研究中常用的方法。

现有的研究主要从反应本身和混合传递两个角度强化溴化丁基橡胶制备过程，特别是在加速化学反应方面提出了效果显著的方法。但是，受混合 / 反应器的发展水平所限，以往的研究在混合传递方面的强化措施还不够有力，往往只能在实验室量级。

二、超重力卤化反应新工艺

研究表明，若不能实现卤素与橡胶溶液的快速均匀混合，卤素局部浓度过高会影响产品质量，局部浓度过低又会影响宏观反应效率。为避免卤素浓度局部过高或过低的现象，以往常采取缓慢加入卤素的方法，这不仅会降低生产效率，而且会影响卤素的利用率。Newman 等提出的丁基橡胶卤化工艺中使用了一种高强度混合器，使物料能够及时充分地接触；斯特兰奥等提出的弹性体卤化连续法中，借助插入管式反应器内的引起湍流的机械方法来强化物料湍动，提高物料分散效率。这些研究工作作为丁基橡胶溴化工艺的改进提供了重要的指导方向，但受限于混合/反应器的发展水平，或强化措施还不够有力，或只能在实验室量级做到效率的显著提升。随着以超重力反应器为代表的过程强化装备的发展，上述问题必将得到更好的解决，进而促进溴化丁基橡胶制备新方法的产生。

立足于从混合方面强化溴化丁基橡胶制备过程，北化超重力团队提出以超重力反应器为溴化反应器，研究了超重力条件下溴化工艺条件对产品溴含量的影响规律，形成了以应用超重力反应器为核心的溴化丁基橡胶制备新方法[33-35]。

实验流程如图 4-56 所示，溴化丁基橡胶制备主要包括以下步骤：

① 丁基橡胶的准备与溶解　切割、称取一定质量的丁基橡胶，剪成大小约 1 cm×1 cm×1 cm 的橡胶块，放入橡胶溶液储罐（图 4-56 中 2），在该储罐中加入一定量的溶剂，密封罐体。常温下使得丁基橡胶在溶剂中浸泡溶胀 6 h，搅拌溶解 10 h，加入次氯酸钠水溶液，再搅拌 0.5 h，备用。所用的溶剂由正己烷和二氯甲烷（DCM）混合组成，二氯甲烷的体积含量为 φ_{DCM}，次氯酸钠水溶液的体积为有机溶

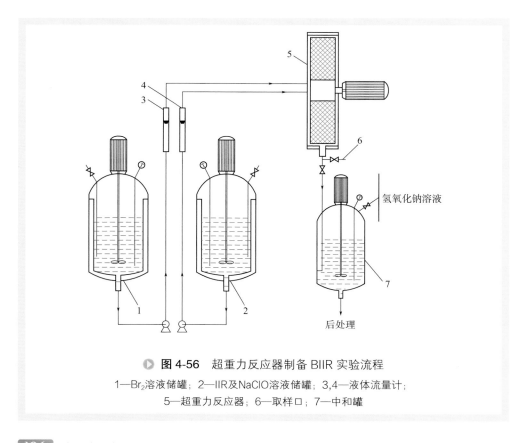

▶ **图 4-56**　超重力反应器制备 BIIR 实验流程

1—Br$_2$溶液储罐；2—IIR及NaClO溶液储罐；3,4—液体流量计；
5—超重力反应器；6—取样口；7—中和罐

剂体积的 1/10，次氯酸钠在该储罐内的浓度为 $c_{NaClO, t}$。

② 液溴的溶解　在溴溶液储罐（图 4-56 中 1）中加入一定量的溶剂，用移液枪或移液管量取一定量的液溴加入该罐，搅拌混合均匀，备用。液溴在该储罐内的浓度为 $c_{B, t}$。

③ 溴化反应　将准备好的丁基橡胶溶液（含次氯酸钠）与溴溶液分别泵入超重力反应器。两股溶液在液体分布器内预混后喷向转子内缘的填料上，而后流经填料，从超重力反应器出口流出。各反应物在超重力反应器内的初始浓度（1,4-IP 为 c_{A0}，溴为 c_{B0}，次氯酸钠为 c_{NaClO0}）可由其在储罐内的浓度调节，分别由式（4-42）～式（4-44）计算。

$$c_{A0} = \frac{c_{A, t}Q_A}{Q_A + Q_B} = \frac{10c_{A, t}}{11} \quad (4-42)$$

$$c_{B0} = \frac{c_{B, t}Q_B}{Q_A + Q_B} = \frac{c_{B, t}}{11} \quad (4-43)$$

$$c_{NaClO0} = \frac{c_{NaClO, t}Q_A}{Q_A + Q_B} = \frac{10c_{NaClO, t}}{11} \quad (4-44)$$

物料在超重力反应器内进行混合反应，其停留时间（t_0）极短，在 1 s 以下。出超重力反应器后，反应物料流入中和罐，其中的氢氧化钠溶液（浓度 1 mol/L）对反应体系进行终止、中和。

④ 产品后处理　中和后的混合溶液经洗涤、干燥等后处理过程，最终获得溴化丁基橡胶产品。

溴化反应总时间（t）是超重力反应器内物料停留时间与其后静置反应时间的加和，即 $t_0 + t'$；实验中常用的 t' 在分钟量级，远大于 t_0，因而可将总反应时间用 t' 来代替。

实验结果如图 4-57～图 4-59 所示，分别是目标产物收率 x_{A1}、副产物收率 x_{A2} 和目标产物选择性 S 随 t' 的变化情况；为便于比较，在图中还给出了搅拌釜 STR 内搅拌速率为 1100 r/min 时各参数的变化情况。

由图 4-57～图 4-59 可见，在 t' 为 0 时，即反应仅在超重力反应器内进行时，x_{A1}、x_{A2} 和 S 分别达到了 71.2%、6.0% 和 92.2%。随着 t' 从 0 增加到 2 min，x_{A1} 逐渐增加到 82.6%，x_{A2} 和 S 分别有轻微的增长和下降；t' 大于 2 min 时，各参数不再有明显变化，表明反应基本完成。根据以上实验结果可将 2 min 视为超重力条件下完成溴化反应所需的时间 t_s，其对应的 x_{A1s}、x_{A2s} 和 S_s 值分别为 82.6%、7.8%、91.4%。

单就超重力反应器内进行的溴化过程而言，尽管混合反应时间 t_0 极其短暂，但正是在这段时间，溴化主反应完成了总量的 85% 以上（t' 为 0 时 x_{A1}=71.2%，t' 为 2 min 时 x_{A1s}=82.6%），这说明超重力反应器在溴化反应流程中不仅扮演了高效混合器的角色，还是核心的反应场所。而物料在离开超重力反应器后继续反应一段时

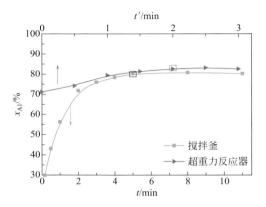

▶ 图 4-57　不同反应器中 x_{A1} 随反应时间的变化

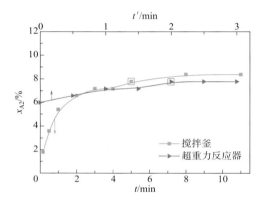

▶ 图 4-58　不同反应器中 x_{A2} 随反应时间的变化

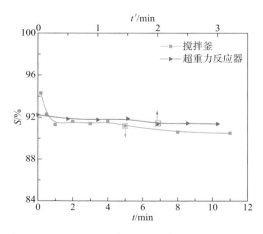

▶ 图 4-59　不同反应器中 S 随反应时间的变化

间是必要的，实际应用中可采用管路停留、设置其他反应器或实施部分循环操作来实现。

与搅拌釜式反应器内的结果对比可知，超重力反应器的使用进一步强化了丁基橡胶溴化反应。超重力反应器内的流体被快速地剪切撕裂，流体高度分散且微元间相互作用激烈，为物料间的混合提供了更有利的条件，极大地提高了混合、特别是分子混合效率，从而使得反应不再受到混合的限制，反应所需时间因而缩短。

通过使用极性辅助溶剂和超重力反应器，溴化丁基橡胶制备过程得到了明显强化，由表 4-12 可知，两方面的强化显著缩短了溴化反应时间，实现了目标产物收率与选择性的显著提高。将这两方面强化措施综合起来应用即能研究开发生产效率高、原料利用率高、产品质量高的 BIIR 制备新方法。

表 4-12　BIIR制备过程的强化方法与结果

| 方法 | | t_s/min | x_{A1s}/% | S_s/% |
溶剂	混合器			
100% 正己烷	搅拌釜	15	39.5	65.3
70% 正己烷 + 30% 二氯甲烷	搅拌釜	5	80.2	91.2
70% 正己烷 + 30% 二氯甲烷	超重力反应器	2*	82.6	91.4

注：此时间从数量上忽略了 t_0 的量。

丁基橡胶溴化反应速率与溶剂中辅助溶剂二氯甲烷（DCM）的用量 φ_{DCM} 密切相关，因此，将 φ_{DCM} 和反应时间 t' 两个工艺条件一起考察。如图 4-60 所示，在反应时

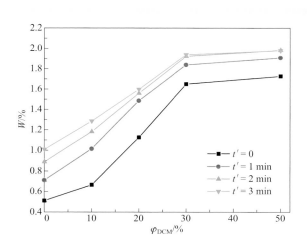

● 图 4-60　不同反应时间下 φ_{DCM} 对 W 的影响

注：$c_{A0} = 20$ mmol/L，$c_{B0} = 10$ mmol/L，$c_{NaClO0} = 20$ mmol/L，$\beta = 67.6$，$Q = 33$ L/h。

间一定时，产品溴含量 W 随 φ_{DCM}（在 $0 \sim 30\%$ 间）的增加而不断增加，当 φ_{DCM} 大于 30% 时，这种影响明显减弱。对比反应时间不同时的曲线可以发现，反应时间越长，φ_{DCM} 对 W 的影响越弱。这样的实验现象与辅助溶剂对溴化反应过程的影响息息相关，溴化主反应属离子型反应中的亲电取代，极性亲电的辅助溶剂二氯甲烷能加快该类反应的重要步骤：使溴单质更易极化异裂为正负离子，使 1,4-IP 结构单元内的双键更易被亲电试剂 Br^+ 攻击取代。二氯甲烷的用量越大，溶剂整体的极性和亲电性越强，溴化反应也就越快，在所给反应时间一定时得到的产品溴含量越高。φ_{DCM} 大于 30% 时，这种影响不显著，再继续增加二氯甲烷的用量不仅不能提高溴含量，反而会影响丁基橡胶在溶剂中的溶解并增加洗涤等后处理过程的难度。综合来看，30% 是最佳的二氯甲烷用量。

如图 4-61 所示，在 φ_{DCM} 一定（30%）的条件下，产品溴含量在反应时间为 t_0（$t'=0$）时即可达到 1.65%，这是超重力反应器内反应的结果。而后，W 随 t' 的增加而逐渐增加，直到 t' 大于 1 min 时这种影响趋势变弱，到 t' 大于 2 min 时溴含量不再增加，这与超重力反应器强化后的溴化反应过程是一致的。这些结果表明：在实验条件下，超重力反应器本身以极短的反应时间完成了 85% 以上的溴含量增长，是物料混合与溴化反应的核心场所；这种核心作用源于超重力反应器能实现快速高效的物料混合，使物料均匀程度不再成为制约反应的因素，从而实现反应器内产品溴含量的快速增长，也为其后的反应创造了条件。超重力反应器内反应时间 t_0 加上静置反应时间（$1\sim2$ min）即可获得溴含量为 1.84%~1.92% 的溴化丁基橡胶产品，与 STR 内实验结果相比，节约反应时间一半以上，而且超重力反应器更容易实现工业放大。由此，将超重力反应器应用于溴化丁基橡胶的工业级制备过程，可以大幅提

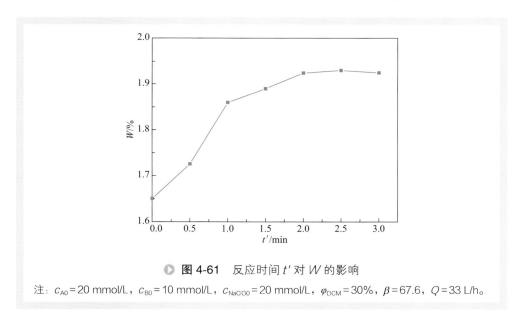

▶ 图 4-61　反应时间 t' 对 W 的影响

注：$c_{A0}=20$ mmol/L，$c_{B0}=10$ mmol/L，$c_{NaClO0}=20$ mmol/L，$\varphi_{DCM}=30\%$，$\beta=67.6$，$Q=33$ L/h。

高生产效率。

图 4-62 给出了三个反应时间下改变超重力水平 β[36] 对产品溴含量 W 的影响。由图可见，当超重力反应器反应时间 t' 为 1 min 时，随着 β 由 8.9 增加到 80.5，产品溴含量 W 由 1.71% 逐渐增至 1.85%；随着 β 进一步增加，W 反而有所下降。该现象应归因于两方面：一方面，提高超重力水平可以带来物料混合强度和效率的提高，进而提高宏观反应速率，实现溴含量的增加；另一方面，在超重力反应器结构尺寸固定的情况下，超重力水平的提高是通过提高转子转速实现的，而转子转速的增加会引起物料在超重力反应器内停留时间 t_0 的缩短，超重力反应器内的反应在整个反应过程中占主要地位，t_0 的缩短即会导致产品溴含量的下降。超重力水平较低时，前者的影响占主要地位；超重力水平较高时，继续提高 β 的值对混合的影响逐渐减弱，后者的影响逐渐体现出来。以上实验现象在总体反应时间较短时表现得更为明显，而在总体反应时间较长时不太明显：当反应仅在超重力反应器内进行，即 t' 为 0 时，溴含量变化的拐点出现在超重力水平为 55.9 处（β 在 8.9~55.9 区间内增加时，产品溴含量由 1.63% 逐渐增至 1.69%，β 在 55.9~109.6 区间内增加时，溴含量由 1.69% 逐渐降低到 1.58%）；当 t' 为 2 min 时，溴含量变化的拐点已不明显（β 在 8.9~67.6 区间内增加时，产品溴含量由 1.76% 增至 1.92%，其后，随着 β 的进一步增加，产品溴含量变化不大，仅在 94.5 后略有下降）。这些结果表明，在使用超重力水平调控溴化产品溴含量时，应综合考虑其对混合和反应时间的不同影响，也正因如此，在考察其他条件时将超重力水平 β 设定在 67.6。

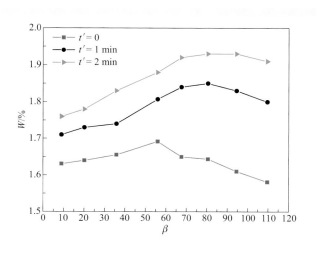

▶ **图 4-62**　不同反应时间下 β 对 W 的影响

注：$c_{A0} = 20$ mmol/L，$c_{B0} = 10$ mmol/L，$c_{NaClO}/c_{B0} = 2$，$\varphi_{DCM} = 30\%$，$Q = 33$ L/h。

根据以上研究得到的各工艺条件对产品溴含量的影响规律，可以初步确定超重力反应器制备溴化丁基橡胶的较优工艺条件范围，如表4-13所示，在该范围内能够制得溴含量在 1.84% 以上的溴化丁基橡胶产品。这些工艺条件范围可作为相关领域研究或应用工作的参考，在运用中应注意各因素间的协调配合，注重结合前述的影响规律选择调控产品溴含量的方法。

表 4-13　超重力反应器制备溴化丁基橡胶的较优工艺参数范围

参数	数值（范围）	参数	数值（范围）
c_{A0}	10～40 mmol/L	$t \approx t'$	1～2 min
c_{B0} / c_{A0}	≥ 0.5	β	67.6～80.5
c_{NaClO0} / c_{B0}	≥ 2	Q	≥ 33 L/h

注：超重力反应器，溶剂为 30% 二氯甲烷 + 70% 正己烷。

参考文献

[1] Danckwerts P V. Continuous flow systems: Distributions of residence times[J]. Chem Eng Sci, 1953, 2: 1-13.

[2] 陈建峰. 混合 - 反应过程的理论与实验研究[D]. 杭州：浙江大学，1992.

[3] Bourne J R, Kozicki F, Rys P. Mixing and fast chemical reaction Ⅰ：Test reactions to determine segregation[J]. Chem Eng Sci, 1981, 36: 1643-1648.

[4] 杨旷. 超重力旋转床分子混合与气液传质特性研究[D]. 北京：北京化工大学，2010.

[5] 向阳，陈建峰，高正明. 超重力反应器中分子混合模型与实验验证[J]. 化工学报，2008, 59: 2021-2026.

[6] Xiang Y, Wen L X, Chu G W, et al. Modeling of the precipitation process in a rotating packed bed and its experimental validation[J]. Chinese J Chem Eng, 2010, 18: 249-257.

[7] Chen J F, Gao H, Zou H K, et al. Cationic polymerization in rotating packed bed reactor: Experimental and modeling[J]. AIChE J, 2010, 56: 1053-1062.

[8] 杨炳君. 关于羟醛缩合反应问题的几点体会[J]. 安徽科技，1999, 2: 35-36.

[9] Saito S, Shiozawa M, Yamamoto H. Mixed crossed aldol condensation between conjugated esters and aldehydes using aluminum tris (2,6-diphenylphenoxide)[J]. Angewandte Chemie International Edition, 1999, 38(12): 1769-1771.

[10] 崇明本，蒋平平，王恒秀，等. 2- 庚酮的合成研究[J]. 江南大学学报：自然科学版，2004, 3(2): 201-204.

[11] 伍艳辉，任伟丽，梁泽磊，等. 乙醛液相羟醛缩合反应工艺和动力学[J]. 化学反应工程与工艺，2013, 29(1): 75-80.

[12] Barbara N, Armando C. A kinetic and mechanistic study of the amino acid catalyzed aldol condensation of acetaldehyde in aqueous and salt solutions[J]. J Chem Phys, 2008, 112:

2827-2837.

[13] 李玉超，闫瑞一，王雷，等．甲醛和丙醛缩合制备甲基丙烯醛反应动力学[J]．过程工程学报，2012, 12(4): 602-607.

[14] 鲍俊．超重力反应器强化缩合反应新工艺的研究[D]．北京：北京化工大学，2015.

[15] 杨振宇，陈广宇．国内外复合驱技术研究现状及发展方向[J]．大庆石油地质与开发，2004, 23(5): 94-96.

[16] Moreno A. 未磺化物及其砜含量对单体物性的影响[J]．李凤起译．日用化学品科学，1992, 5: 13-17.

[17] 初人庆．三次采油用石油磺酸盐表面活性剂的研制[D]．北京：北京化工大学，2007.

[18] 张迪．超重力反应器内驱油用石油磺酸盐表面活性剂的合成研究[D]．北京：北京化工大学，2010.

[19] 潘祖仁．高分子化学[M]．第 5 版．北京：化学工业出版社，2014.

[20] 武冠英，吴一弦．控制阳离子聚合及其应用[M]．北京：化学工业出版社，2005.

[21] Kennedy J P. Carbocationic polymerization[M]. New York: John Wiley & Sons Inc, 1982: 469-485.

[22] 高花．超重力法制备丁基橡胶新工艺及其模型化研究[D]．北京：北京化工大学，2009.

[23] Pines H. The chemistry of catalytic hydrocarbon conversions[M]. New York: Academic Press, 1981.

[24] 张军．烷基化油生产技术及市场前景分析[J]．中国石油和化工经济分析，2017, (03): 54-56.

[25] Li K W, Eckert R E, Albright L F. Alkylation of isobutane with light olefins using sulfuric acid. Operating variables affecting physical phenomena only[J]. Ind Eng Chem Proc Des Dev, 1970, 9(3): 434-440.

[26] Sprow F B. Role of interfacial area in sulfuric acid alkylation[J]. Ind Eng Chem Proc Des Dev, 1969, 8(2): 254-257.

[27] 张傑．氯铝酸离子液体催化异丁烷和丁烯烷基化反应的研究[D]．北京：北京化工大学，2008.

[28] 李振星．超重力硫酸法催化 C4 烷基化新工艺的研究[D]．北京：北京化工大学，2017.

[29] Tian Y T, Li Z X, Mei S J, et al. Alkylation of isobutane and 2-butene by concentrated sulfuric acid in a rotating packed bed reactor[J]. Ind Eng Chem Res, 2018, 57: 13362-13371.

[30] Chung T C, Janvikul W, Bernard R, et al. Butyl rubber graft copolymers: Synthesis and characterization[J]. Polymer, 1995, 36(18): 3565-3574.

[31] Chu C Y, Vukov R. Determination of the structure of butyl rubber by NMR spectroscopy[J]. Macromolecules, 1985, 18(7): 1423-1430.

[32] Chu C Y, Watson K N, Vukov R. Determination of the structure of chlorobutyl and bromobutyl rubber by NMR spectroscopy[J]. Rubber Chem Technol, 1987, 60(4): 636-646.

[33] 王伟. 超重力反应器强化溴化丁基橡胶制备过程及其机制研究[D]. 北京: 北京化工大学, 2014.

[34] 陈建峰, 王伟, 邹海魁, 等. 一种制备溴化丁基橡胶的方法[P]. CN 104262698B. 2017-11-14.

[35] Wang W, Zou H K, Chu G W, et al. Bromination of butyl rubber in rotating packed bed reactor[J]. Chem Eng J, 2014, 240: 503-508.

[36] Zhang L L, Wang J X, Sun Q, et al. Removal of nitric oxide in rotating packed bed by ferrous chelate solution[J]. Chemical Engineering Journal, 2012, 181-182: 624-629.

第五章

气-液体系超重力反应强化及工业应用

　　气-液反应主要是指气体在液体中进行的化学反应，气-液反应体系在化工、石油化工、食品、制药、能源、环保等流程工业中应用极其广泛。

　　在气-液反应体系中，至少有一种反应组分以气体形式存在，而液体可以是反应组分，也可以是含有反应组分、反应催化剂的溶液或者悬浮液，带有气体吸收和解吸的液相反应也属气-液反应研究范畴。由于气-液反应是气体在液体中进行的化学反应，对于任一气-液反应而言，需要先进行传质而后反应，即传质与反应构成一个串联体系。在这个串联体系内，气-液传质与液相中的反应相互影响、相互制约。气-液反应器是进行气-液反应的空间，其结构和操作条件决定气-液反应器的传递特性，这种传递特性的变化规律直接影响化学反应[1]，本章阐述了超重力强化气-液体系反应过程的原理及工业应用案例。

第一节　超重力反应器内传质行为及模型化

一、超重力反应器内气-液传质行为研究

　　气-液传质过程在石油和化学工业中广泛存在，气-液传质强化技术的研究，对缩短工艺流程、缩小设备尺寸、降低投资和运行成本等具有重要意义。气-液传质设备一般采用传质系数来表征其传质能力，对于超重力反应器而言，研究人员主要

在超重力反应器传质系数的实验测量、传质系数的关联式拟合、传质模型构建三方面开展了诸多研究工作。

早在 19 世纪 50 年代，已有科研人员研究了传质系数与重力加速度之间的关系。Onda 等 [2] 在填料塔中进行了水吸收 CO_2 和 NH_3 的研究，得到液相传质系数 k_L 与重力加速度 g 的 0.38 次方成正比。

1965 年，Vivian 等 [3] 将一个装有拉西环填料的填料塔放置在一个水平旋转平台上，利用空气解吸水中饱和 CO_2 测量了装置的传质系数。实验结果表明，液相体积传质系数 $k_L a$ 与重力加速度的 0.41～0.48 次方成正比。

Munjal 等 [4,5] 对旋转圆盘和旋转叶片上的层流液膜的气 - 液传质系数进行了研究，他们发现气 - 液传质系数和加速度的 1/6 次方成正比，和溶质渗透理论一致。

Chen 等 [6] 对臭氧在旋转填充床中的溶解和分解过程进行了模拟，建立了传质系数、持液量、液膜厚度和气 - 液界面积的经验关联式。通过和实验数据进行比较，发现该模型能较好地体现臭氧和水在旋转填充床中的作用情况。

张政等 [7] 设液滴为球形，假设在空间不发生碰撞、聚并分散等变化，忽略液滴的内部运动，并假设液滴在形成时内部浓度均匀一致，计算了空间液滴的传质系数。由计算可知，填料空间液滴与液膜对旋转填充床内的传质贡献占有相当比例，因此，旋转填充床内的传质过程应综合考虑填料表面液膜、填料空间液滴和液膜上的传质。

竺洁松等 [8] 认为，旋转填充床中的气 - 液相间传质不仅存在于覆盖在填料表面上的液膜，而且还存在于飞溅的液滴表面，旋转填充床对传质过程的强化作用机理中不仅仅要考虑超重力加速度的作用，也需考虑填料对液体的雾化作用。

许明等 [9] 提出了旋转填充床中水脱氧过程的传质模型，分别采用欧拉方法和拉格朗日方法对气相和液滴的运动行为进行了数值模拟，在此基础上计算了液滴的传质系数，计算结果和实验结果符合较好，平均误差为 7.9%。研究结果表明，旋转填料对液体的剧烈剪切破碎分散作用是强化传质过程的主要原因。

Keyvani [10] 采用高孔隙率的铝金属泡沫填料在旋转填充床内进行了 CO_2 和水体系的传质实验。在他们的研究中，平均传质单元高度为 1.5～4.0 cm，体积传质系数和转速的 0.6～0.7 次方成正比。

陈海辉等 [11] 采用 CO_2- 空气 -NaOH 体系进行快速拟一级化学吸收，测定了有效相界面积 A 及平均相界比表面积 a。经回归处理，平均相界比表面积 a 与转速的 0.245 次方成正比（转速在 910～2001 r/min）。

钱智等 [12] 利用 CO_2-MDEA 为实验体系，研究了旋转填充床中伴有可逆反应的气 - 液传质过程，应用渗透模型对 MDEA 吸收 CO_2 的动态过程建立了扩散 - 反应偏微分方程，通过模型所得模拟值与实验值的比较，得出旋转填充床强化传质是由于不断更新的液膜使可溶性气体短时间内在液膜内形成较大的浓度梯度，并且这种强化作用是动态完成的。

二、超重力反应器内传质行为的模型化

1. 经典气-液传质理论模型

（1）双膜理论

1923 年，Whitman[13] 提出了简单的"气体吸收双膜理论"来描述气-液传质，认为进行气-液传质时两相间存在一个相界面，相界面的两侧分别有一层很薄的传质膜，相界面两侧的传质膜是传质过程的主要阻力所在。两相发生接触后，膜中建立起稳定浓度梯度所需要的时间较短，可以忽略其中溶质的积累过程。在双膜理论中传质系数与扩散系数为一次方关系，而许多实验测定的传质系数大多与扩散系数的 0.5～0.75 次方成正比。

（2）溶质渗透理论

1935 年，Higbie[14] 提出了溶质渗透理论，认为在两相界面上存在很多的液体微元，这些液体微元暴露在气体中，气相中的溶质会溶解在液相中，并向液体内部逐步渗透，这一过程就是气-液传质的过程。该理论认为所有暴露在气相中的液体微元与气相发生接触的时间（暴露时间）相同。根据溶质渗透理论得到的传质系数正比于扩散系数的 0.5 次方，这一点与实验数据吻合，但气液接触时间很难获得准确值。

（3）表面更新理论

Danckwerts[15] 在溶质渗透理论的基础上于 1951 年提出了表面更新理论，他认为在溶质渗透理论中所假定的每个液体微元在气相中有不同的暴露时间，暴露时间各不相同的微元组成了整个气-液相界面，液体微元表面的更新是随机的。根据表面更新理论，传质系数正比于扩散系数的 0.5 次方，与溶质渗透理论是相同的。

后来的研究者又相继在以上三个模型基础上进行了改进，但并未提出突破性的理论。因此，上述三个模型同样是研究超重力反应器内气-液传质过程的基础。

根据不同黏度体系中液体微元的存在方式，北化超重力团队的研究人员分别建立了相应的气-液传质模型，包括适用于低黏度体系（<0.1 Pa·s）的变尺寸液滴传质模型[16]、适用于中等黏度体系（0.1～1 Pa·s）的表面更新传质模型[17]、适用于较高黏度体系（>1 Pa·s）的液膜传质模型[18]，模拟揭示了超重力反应器内的不均匀传质规律。

2. 用于低黏度体系的变尺寸液滴传质模型

易飞等[16] 以本菲尔溶液吸收 CO_2 为工作体系，进行了低黏度体系传质模型化研究。假设液体在较高超重力水平下仅以球形液滴的形式存在，在端效应区内球形液滴直径的表达式为

$$d = [0.826 + 17.4(r - r_1)]d_1$$

$$r - r_1 < 0.01 \text{ m}$$

（5-1）

在填料主体区液滴直径的表达式为

$$d = 12.84 \left(\frac{\sigma}{\omega^2 r \rho} \right)^{0.630} u^{0.201}$$

$$r - r_1 \geqslant 0.01 \, \text{m} \tag{5-2}$$

式中 d——球形液滴的直径，m；

  r——液滴所在转子位置的径向坐标，m；

  r_1——转子内半径，m；

  d_1——端效应区和主体区分界点处的球形液滴直径，m；

  σ——液体表面张力，N/m；

  ρ——液体密度，kg/m³；

  u——液体流速，m/s；

  ω——转子角速度，rad/s。

图 5-1 为由式（5-1）和式（5-2）针对实验所用的超重力反应器，在液体流量为 79.70 L/h、转速为 900 r/min、温度为 356 K 的条件下计算得到的球形液滴直径沿径向位置的分布情况。

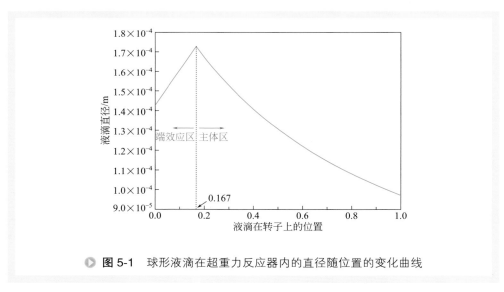

图 5-1 球形液滴在超重力反应器内的直径随位置的变化曲线

液滴内组分控制方程为

$$c = \left(c_0 - c_e \right) \frac{d}{2R} \sinh \left(\sqrt{\frac{k_1}{D_L}} R \right) \bigg/ \sinh \left(\sqrt{\frac{k_1}{D_L}} \frac{d}{2} \right) + c_e \tag{5-3}$$

式中 c——球形液滴内 CO_2 的浓度，kmol/m³；

  c_e——球形液滴内 CO_2 的平衡浓度，kmol/m³；

c_0——气液界面处 CO_2 的浓度，$kmol/m^3$；

d——球形液滴的直径，m；

R——球形液滴的半径，m；

k_1——拟一级反应速率常数，s^{-1}；

D_L——液相中 CO_2 的扩散系数，m^2/s。

单位体积内 CO_2 的吸收速率为

$$N_{CO_2} = K_G a(py - c_e H) = K_G \frac{6\varepsilon_L}{d}(py - c_e H) \tag{5-4}$$

式中　N_{CO_2}——单位体积内 CO_2 的吸收速率，$mol/(m^3 \cdot s)$；

　　　$K_G a$——总体积传质系数，$mol/(Pa \cdot m^3 \cdot s)$；

　　　　p——气体总压，Pa；

　　　　y——CO_2 的摩尔分数；

　　　　H——反应液中的 Henry 常数，$Pa \cdot m^3/mol$；

　　　　K_G——总传质系数，$mol/(Pa \cdot m^2 \cdot s)$；

　　　　ε_L——床层持液量，m^3/m^3。

假设：

① 本模型为稳态模型；

② 忽略气相中的水含量；

③ 气、液均为平推流流动；

④ 忽略超重力反应器内的压降；

⑤ 吸收过程为等温吸收。

由以上假设，可得 CO_2 在气相中的质量守恒方程

$$G_{N_2} d\left(\frac{y}{1-y}\right) = N_{CO_2} 2\pi r h dr \tag{5-5}$$

式中　G_{N_2}——N_2 的摩尔流率，mol/s；

　　　　h——转子的轴向高度，m。

在液相中，碳酸钾通过反应生成碳酸氢钾，故按化学反应计量系数，可分别得到碳酸钾和碳酸氢钾的质量守恒方程

$$d(Qc_{CO_3^{2-}}) = -N_{CO_2} 2\pi r h dr \tag{5-6}$$

$$d(Qc_{HCO_3^-}) = 2N_{CO_2} 2\pi r h dr \tag{5-7}$$

为了简化计算，对碳酸钾在较低转化率的实验结果进行模拟。在较低转化率下，吸收液沿填料径向流动时，因吸收 CO_2 导致的 Q 增量可忽略，从而 Q 可视为常数。式（5-6）和式（5-7）可化简为

$$Qdc_{CO_3^{2-}} = -N_{CO_2} 2\pi rh dr \tag{5-8}$$

$$Qdc_{HCO_3^-} = 2N_{CO_2} 2\pi rh dr \tag{5-9}$$

式中　Q——液体流量，L/h；

$c_{CO_3^{2-}}$——CO_3^{2-} 的浓度，$kmol/m^3$；

$c_{HCO_3^-}$——HCO_3^- 的浓度，$kmol/m^3$。

模拟计算所用到的参数均列在表 5-1 中。

表 5-1　模拟计算参数列表

参数	表达式
H_0	$H_0 = 2.82 \times 10^6 \exp(-\dfrac{2044}{T})$
H	$\lg\left(\dfrac{H}{H_0}\right) = \sum(h_i + h_G)c_i$
k_{OH}	$\lg k_{OH} = 13.635 - \dfrac{2895}{T} + 0.08I$
k_{DEA}	$\ln k_{DEA} = 27.06 - \dfrac{5284.4}{T}$
D_L	$\lg D_L = -7.0188 - \dfrac{586.9729}{T}$
D_G	$D_G = \dfrac{1.8583 \times 10^{-7} T^{3/2}}{p\sigma_{CO_2,N_2}^2 \Omega_D}\left(\dfrac{1}{M_{CO_2}} + \dfrac{1}{M_{N_2}}\right)^{1/2}$
K_w	$K_w = \exp\left(\begin{array}{c} 39.555 - \dfrac{9.879 \times 10^4}{T} + \dfrac{5.6883 \times 10^7}{T^2} \\ -\dfrac{1.4645 \times 10^{10}}{T^3} + \dfrac{1.3615 \times 10^{12}}{T^4} \end{array}\right)$
K_1	$\lg K_1 = -\dfrac{3404.7}{T} + 14.843 - 0.03279T$
K_2	$K_2 = \exp\left(\begin{array}{c} -294.74 + \dfrac{3.6439 \times 10^5}{T} - \dfrac{1.8416 \times 10^8}{T^2} \\ +\dfrac{4.1579 \times 10^{10}}{T^3} - \dfrac{3.5429 \times 10^{12}}{T^4} \end{array}\right)$

利用该模型方程，可在已知气体和液体进口条件的情况下，计算得到超重力反应器出口气体中的 CO_2 浓度。图 5-2 为计算得到的出口气体 CO_2 浓度（摩尔分数）和实验值的对角线图。从图中可知，绝大多数的计算值和实验值的误差都在 ±10% 以内，表明该模型较符合实际情况。

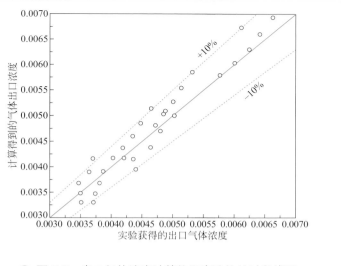

◉ **图 5-2** 出口气体浓度计算值和实验值的对角线图

3. 适用于中等黏度体系的表面更新传质模型

张亮亮等[17]以离子液体吸收 CO_2 为工作体系，结合基础研究的结果，建立了适用于中等黏度体系（0.1～1.0 Pa·s）的 。模型假定：

① 液体以平推流方式沿填料径向向外流动，液体在填料上有相同的停留时间和流动类型；

② 处于填料中的绝大多数液体在高速剪切和填料的撞击下分散成液滴，液滴的总面积即是气-液有效传质面积；

③ 在填料空间内，气-液为逆流接触，液体每经过一层丝网后浓度就会发生更新。

根据 Burns 等[18]的关联式，RPB 内液体持液量为

$$\varepsilon_L = 0.039 \left(\frac{\omega^2 R}{g_0}\right)^{-0.5} \left(\frac{u}{u_0}\right)^{0.6} \left(\frac{v}{v_0}\right)^{0.22} \tag{5-10}$$

式中　ε_L——床层持液量，m^3/m^3；

　　　ω——转子角速度，rad/s；

　　　R——转子半径，m；

　　　g_0——特征加速度，数值为 100 m/s^2；

　　　u——液相流速，m/s；

　　　u_0——特征流速，数值为 0.01 m/s；

　　　v——运动黏度，m^2/s；

　　　v_0——特征运动黏度，数值为 $10^{-6}\,m^2/s$。

根据持液量计算得到的液体流速

$$u = \frac{L_f}{\varepsilon_L}$$

（5-11）

式中　L_f——液相通量，$m^3/(m^2 \cdot s)$。

液膜每经过丝网一次，即被更新一次，则更新频率为

$$S = u \frac{N_s}{r_2 - r_1}$$

（5-12）

式中　S——更新频率，s^{-1}；

u——液膜的平均流速，m/s；

N_s——填料层数，无量纲；

r_2——转子外半径，m；

r_1——转子内半径，m。

根据 Danckwerts 的表面更新理论可得液相传质系数

$$k_L = \sqrt{D_{CO_2}S}$$

（5-13）

式中　D_{CO_2}——CO_2 的扩散系数，m^2/s。

填料丝网的表面即为气液接触表面，则液相体积传质系数为

$$k_L a = \sqrt{D_{CO_2}S} a$$

（5-14）

式中　$k_L a$——液相体积传质系数，s^{-1}；

a——气液相界比表面积，m^2/m^3。

由此建立了以表面更新理论为基础的超重力反应器内气-液传质模型。图5-3是

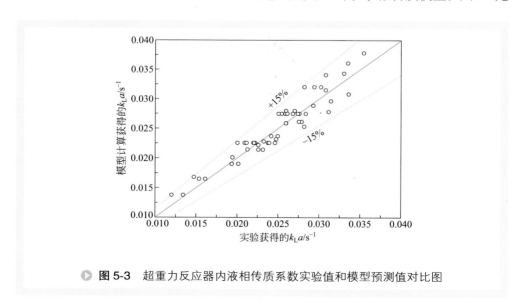

● **图 5-3** 超重力反应器内液相传质系数实验值和模型预测值对比图

液相体积传质系数实验值和模型预测的对比图，实验和模型的偏差在 ±15% 以内，两者吻合良好。

4. 适用于高黏度体系的液膜传质模型

李沃源等[19,20]以糖浆 - 丙酮为工作体系，建立了适用于高黏度体系（>1Pa·s）的液膜传质模型。模型假设如下：

① 液体微元在填料中完全以液膜的形式存在，并且能够始终保持连续，直至流出填料。

② 流体的体积流量、密度、黏度和温度保持恒定，忽略气相传质阻力和压力变化。

③ 假设流体从喷嘴喷出后，在离心作用下，以液膜形式运动，期间不断进行着扩散与传质过程，液膜在以后的逐层流动中均被填料丝捕获，并在填料丝表面发生绕流流动；流体在填料内流动时，扩散传质过程只发生于填料空间的无绕丝流动过程。

基于溶质渗透模型，气 - 液相界面上单位面积的瞬时摩尔传递速率可表达为

$$N(t) = \sqrt{\frac{D}{\pi t}}(c_0 - c_e) \qquad (5\text{-}15)$$

式中　$N(t)$ ——气 - 液相界面上单位面积的瞬时摩尔传递速率，mol/(m²·s)；

　　　D ——扩散系数，m²/s；

　　　t ——传质时间，s；

　　　c_0 ——挥发分初始摩尔浓度，mol/m³；

　　　c_e ——挥发分平衡摩尔浓度，mol/m³。

整个液膜扩散传质过程的传质总量为

$$Q_f = A \int_0^{t_f} N(t)\mathrm{d}t \qquad (5\text{-}16)$$

式中　Q_f ——液膜的传质总量，mol；

　　　A ——传质面积，m²；

　　　t_f ——膜暴露时间，s。

根据质量守恒，整个液膜扩散传质过程的传质总量也可以表示为

$$Q_f = \delta_f A_f (c_0 - c_A) \qquad (5\text{-}17)$$

式中　δ_f ——薄膜厚度，m；

　　　A_f ——薄膜面积，m²；

　　　c_A ——脱挥后挥发分摩尔浓度，mol/m³。

联立式（5-15）～式（5-17），可得到扩散传质后流体内丙酮含量计算公式

$$c_A = c_0 - \frac{2}{\delta_f} \frac{A}{A_f} \sqrt{\frac{Dt_f}{\pi}} (c_0 - c_e) \tag{5-18}$$

式中　A——气泡总表面积，m^2。

根据理论研究，平衡浓度 c_e 远小于初始浓度 c_0，即

$$c_0 - c_e \approx c_0 \tag{5-19}$$

扩散系数 D 可以通过式（5-20）计算得到

$$D = 6.9 \times 10^{-16} T^{3.292} \mu^{-1.242} \tag{5-20}$$

式中　T——热力学温度，K；

　　　μ——动力黏度，Pa·s。

气泡总表面积 A 可以通过式（5-21）计算

$$A = \rho_B A_f 4\pi R_B^2 \tag{5-21}$$

式中　ρ_B——单位传质面积气泡密度，m^{-2}；

　　　R_B——气泡平均半径，m。

单位面积气泡密度 ρ_B 可以通过式（5-22）计算

$$\rho_B = a(p_0 - p) \tag{5-22}$$

式中　a——起泡常数；

　　　p_0——大气压，101325 Pa；

　　　p——设备内气相压力，Pa。

起泡常数 a 通过实验数据拟合得到

$$a = 7.253 \times 10^{-3} \tag{5-23}$$

δ_f 可以通过式（5-24）计算

$$\delta_f = \left[3 \left(\frac{Q}{2\pi R} \right) \frac{V_L}{R\omega^2} \right]^{1/3} \tag{5-24}$$

式中　Q——进料体积流量，m^3/s；

　　　V_L——薄膜体积，m^3；

　　　R——转子半径，m。

薄膜宽度 h 与填料轴向宽度一致，长度为各填料空间内液膜长度的总和，由式（5-25）表示

$$l = \sum_{i=1}^{N_P - 1} l_i \tag{5-25}$$

式中　l_i——两层填料之间的飞行距离，m；

　　　N_P——填料丝网层数。

l_i 的计算公式为

$$l_i = \sqrt{(r_1 + id)^2 - \left[r_1 + (i-1)d\right]^2}$$ （5-26）

式中 d——两层填料丝间的距离，m。

d 可由式（5-27）计算得到

$$d = \frac{r_2 - r_1}{N_P - 1}$$ （5-27）

式中 r_2——转子外半径，m；

r_1——转子内半径，m；

N_P——填料丝网层数。

通过式（5-28）可以得到丙酮脱除率

$$E = \frac{c_0 - c_A}{c_0}$$ （5-28）

式中 E——丙酮脱除率，无量纲。

脱挥过程中，高黏体系薄膜在超重力反应器的丝网填料内快速流动，无法直接测量薄膜的尺寸，因此采用前人研究获得的经验公式计算薄膜的长度和厚度。

图 5-4 给出了真空度对丙酮脱除率影响的模型计算值与实验值，两者吻合良好。

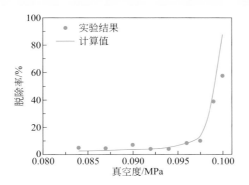

▶ 图 5-4　真空度对丙酮脱除率影响的模型计算值与实验值的对比

三、超重力反应器内气-液两相流动的CFD模拟

虽然超重力反应器在工业上得到了广泛应用，但由于其结构复杂，填料内部的流体流动情况不易观察，一般的实验研究方法很难运用到超重力反应器上。计算流体力学（computational fluid dynamics，CFD）的应用可以为 RPB 的研究提供一种新的手段。使用 CFD 可以获取超重力反应器内气液流动以及气-液传质过程的详细信息，进而对反应器结构进行优化，从而为超重力反应器的工业放大提供基础和必要的技术支持。

孙润林[21]将液体设置为离散相，进行了超重力反应器内气-液两相流动的 CFD模拟。

1. 物理模型与网格划分

利用 AutoCAD 2008 建立了超重力反应器的二维物理模型，如图 5-5 所示，由Gambit 读入 CAD 文件后划分网格，模拟及分析过程均是以网格为依托进行的，共包括 964768 个三角形网格，在填料区采用网格加密，加密网格数为 857094 个。

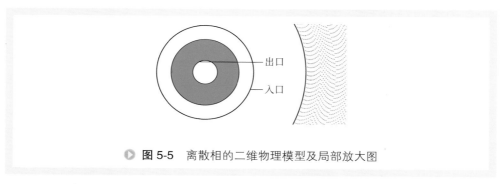

🔹 **图 5-5** 离散相的二维物理模型及局部放大图

2. 计算模型与参数设定

气相采用标准 k-ε 湍流模型进行模拟，液相作为离散相，采用颗粒轨道模型、非耦合计算，即先计算连续相流场，计算收敛后再对颗粒进行轨迹的计算。选用 SIMPLE 和 finite volume method（FVM）的数值方法，对基本方程、湍动能及耗散率方程的离散都选用 second order upwind，残差控制在 10^{-3} 以下。

3. 边界条件

两相模拟时，首先进行气相流场的迭代计算，气体进出口均设置为壁面，然后再进行液相的计算。进行喷射源的创立时，假定有 4 个喷射源均匀分布在超重力反应器的内缘，由于是二维模型，不能立体地表示出喷射源的位置，将喷射源设置在气体出口上，设置喷射源的初始速度，气相的入口和出口的边界均设置为逃逸，填料壁面的边界设置为反射。

4. 模拟结果

模型选用稳态基于压力基的求解器；数值求解方法选用有限体积法，压力采用 SIMPLE 算法；采用二阶迎风格式对连续性方程、动量方程、湍动能方程以及耗散率方程进行离散计算，各物理量的残差均下降至 1×10^{-3}。

图 5-6 所示为超重力反应器转速 N=120 r/min 时气相流场的速度分布云图，由图可知，气相速度在填料层内沿径向由内及外逐渐增大，到空腔区后逐渐减小且较为稳定，气体分布均匀。图 5-7 为相应的气相速度随径向的变化图，图中曲线也显

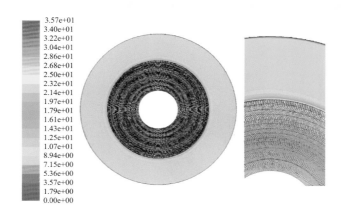

```
3.57e+01
3.40e+01
3.22e+01
3.04e+01
2.86e+01
2.68e+01
2.50e+01
2.32e+01
2.14e+01
1.97e+01
1.79e+01
1.61e+01
1.43e+01
1.25e+01
1.07e+01
8.94e+00
7.15e+00
5.36e+00
3.57e+00
1.79e+00
0.00e+00
```

▶ **图 5-6** 气相速度分布图及局部放大图

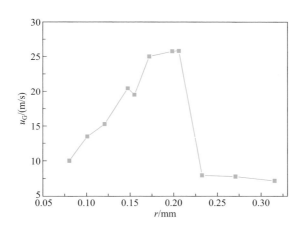

▶ **图 5-7** 气相速度沿填料径向半径的分布

示了气速先增大后减小的趋势。

　　图 5-8 所示为 $N=1200$ r/min，喷射源的初始速度 V 分别为 0.5 m/s 和 5 m/s 时液滴的速度分布云图。由两图比较可得，喷射源初始速度为 5 m/s 的液相在填料周向上的分散度更差，这是由于初速度越大，液滴在填料内的停留时间越短。图 5-9 为相同条件下对应的液滴速度大小随路径的曲线图。由图可见，液滴速度随着路径长度的增加而提高，对比来看，喷射源初始速度为 5 m/s 的液滴的速度增加得更快。

　　图 5-10 显示的是喷射源初始速度 $V=0.5$ m/s，转速 $N=800$ r/min 时的液体颗粒速度分布云图，将其与图 5-8（a）对比后发现，填料层内离散相的速度均沿径向距离的增大逐渐变大，到达空腔区后又逐渐下降。图 5-11 为与图 5-10 对应的液滴速度沿运动轨迹的曲线图，与图 5-9（a）比较后可以发现，超重力反应器转速越高，

液滴速度越大，这是由于从喷射源喷射出的液滴在超重力反应器的高速旋转下获得能量，转速越高，液滴获得的能量也越高。

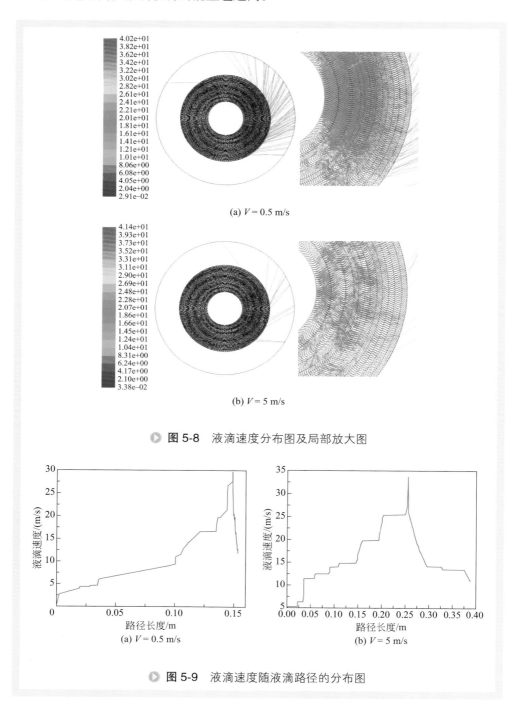

(a) $V = 0.5$ m/s

(b) $V = 5$ m/s

▶ 图 5-8　液滴速度分布图及局部放大图

(a) $V = 0.5$ m/s

(b) $V = 5$ m/s

▶ 图 5-9　液滴速度随液滴路径的分布图

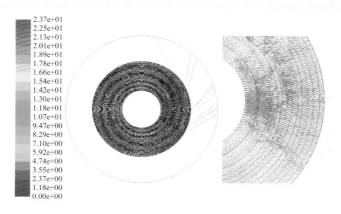

▶ **图 5-10** 液滴速度分布图及局部放大图 (*N* = 800 r/min)

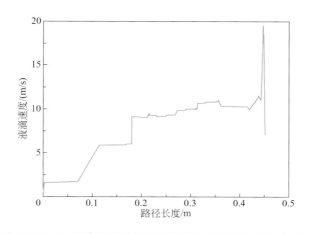

▶ **图 5-11** 液滴速度随液滴路径的分布图 (*N* = 800 r/min)

气相流场中，气体的速度均随填料径向距离的增大而逐渐变大，到达空腔区后速度又逐渐下降；液相流场中，液滴速度随着径向距离的增大而变大，转速升高，液滴速度逐渐增大。

图 5-12 为 *N* = 700 r/min、*V* = 4.42 m/s 时采用 DPM 模型模拟后得到的液滴速度分布云图，与可视化实验的对比结果如图 5-13 所示。

模拟得到的液相速度沿填料径向距离的增加逐渐变大，与可视化实验所得的规律一致，但采用 DPM 模型得到的结果比实验值大，这是由于模拟避免了来自气体和填料的阻力，所以速度相对大些。

综上，选用离散相模型对超重力反应器内的气液两相进行模拟，结果如下：

① 连续相（气相）分布均匀，速度沿径向由内至外逐渐增大，到达空腔区后又逐渐下降。

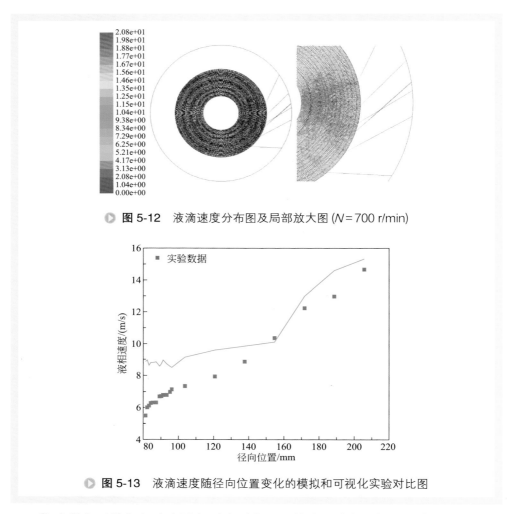

图 5-12 液滴速度分布图及局部放大图 (*N* = 700 r/min)

图 5-13 液滴速度随径向位置变化的模拟和可视化实验对比图

② 离散相（液相）速度随超重力反应器的转速和喷射源初始速度的增加而增大，将离散相模型得到的速度与可视化实验数据对比，模拟值稍大些，但变化趋势一致。

第二节 超重力反应吸收

CO_2、H_2S、SO_2 及 NO_x 是几种常见的酸性气体，其中 CO_2 是最主要的温室气体，回收 CO_2 和减少工业尾气中的 CO_2 排放是缓解"温室效应"的最有效手段之一[22]；H_2S 通常包含于天然气、炼厂气、合成气、焦化气、油田伴生气、水煤气、

Claus 硫回收装置尾气等工艺混合气流中，无论是后续再加工工段的要求，还是尾气排放环保标准的要求，H_2S 含量的控制都十分严格；SO_2 是导致雾霾的最主要的大气污染物之一，主要来自燃煤及燃料油等含硫物质的燃烧与自然界的火山爆发和森林起火等；NO_x 大部分来源于矿物燃料的高温燃烧和城市机动车尾气排放等。

世界各国针对酸性气体的脱除净化技术开展了大量的研究工作。研究重点是过程高效和低成本化，主要集中在开发新型高效吸收剂、新型填料或塔板的塔器设备等方面。然而，塔式设备均通过重力作用来实现气液间传质，因受到重力场的限制，气液相对速度受限，传质系数较低，导致设备体积庞大、空间利用率低和设备生产强度低等问题，而新型高效设备的开发还未受到人们的足够重视。以环保为目标的酸性气体脱除过程，通常气体浓度低、气体流量大且要求低压降，化学推动力小，处于传质控制区。针对此问题，北京化工大学等单位的研究人员利用超重力反应器强化传质和超短停留时间的优势，反应吸收脱除 SO_2、H_2S、CO_2 或 NO_x，实现了高效分离和超低排放。

一、超重力反应脱除 CO_2

二氧化碳（CO_2）是温室气体之一，由于其排放量巨大，被认为是造成全球变暖的最主要的温室气体。据政府间气候变化专门委员会（IPCC）预测，到 2100 年，大气中 CO_2 浓度将达 570×10^{-6}，导致全球平均温度升高 1.9 ℃，海平面升高 38 cm。为缓解温室效应，中国国家发展和改革委员会印发了《国家应对气候变化规划（2014—2020 年）》，要求到 2020 年单位国内生产总值 CO_2 排放比 2005 年下降 40%～45%[23-25]。

目前，工业上脱除 CO_2 的方法主要有溶剂吸收法（物理溶剂、化学溶剂）、低温分离法、膜分离法、吸附分离法等。从应用效果和操作成本来看，以有机胺为主要吸收剂的化学吸收法仍然是目前效果最理想、最易于商业化的 CO_2 脱除方法。目前，工业上大多数采用的 CO_2 脱除工艺仍是以 20%～30%（质量分数）MEA 水溶液为基础的化学吸收法，但 MEA 吸收法存在再生能耗高、吸收负荷低、挥发严重、抗氧化降解性和抗腐蚀性低等缺点[26-30]。为此，研究者在改进和优化传统工艺的同时，将目光聚焦于新型胺吸收剂的研究，并开发了吸收性能更加优良的有机胺，如 AMP、PZ、DETA 等，不同吸收剂的复配研究也越来越受到重视。

与此同时，以提高效率和降低成本为目的的过程强化装备与技术的开发也逐渐成为重点研究方向，各高校和科研单位的研究人员分别进行了不同吸收剂的超重力脱碳工艺研究，为超重力技术在 CO_2 脱除方面的应用提供了良好的工作基础。

1. 超重力脱碳工艺研究进展

近年来，已有很多研究者发表了超重力反应器应用于 CO_2 脱除方面的研究论文，所用吸收剂包括 MEA、MDEA、Benfield 溶液等传统吸收剂，还有离子液体等新型吸收剂。

Lin 等[31] 以 NaOH、MEA、AMP 和 MEA/AMP 为吸收剂在 RPB 中进行了 CO_2 的脱除研究，结果表明，相同质量浓度下 MEA 的吸收效果优于 NaOH、AMP 和 MEA/AMP，且气-液传质阻力主要集中在液膜；与 EX 填料塔的实验结果相比，RPB 在气-液传质强化方面优势明显。

Jassim 等[32] 以高浓度 MEA 水溶液为吸收剂，在 RPB 中进行了 CO_2 吸收和解吸的研究。研究结果表明 CO_2 的吸收过程为液膜控制，而解吸过程则为气膜控制。研究结果还表明，与传统填料塔相比，RPB 具有设备尺寸小、节省占地空间以及效率高等优势。

孙宝昌等[33] 以 H_2O 为吸收剂，在 RPB 中进行了耦合吸收 NH_3 和 CO_2 的研究，并建立了耦合吸收过程的传质模型，模型误差在 ±10% 以内，H_2O 耦合吸收 NH_3 和 CO_2 的 K_Ga 比 H_2O 单独吸收 CO_2 时高出数倍，其反应机理可用拟一级反应解释。

李幸辉[34] 以 Benfield 溶液为吸收剂，进行了超重力法脱除变换气中 CO_2 的实验研究，在进口浓度为 20% 左右的情况下，出口浓度可以达到 0.5% 以下。

Qian 等[35] 以 MDEA 为吸收剂，在 RPB 中进行了 CO_2 吸收的研究，探讨了 RPB 中伴随可逆反应的气-液传质过程，并以渗透理论为基础建立了相应的传质模型。

Cheng 和 Tan[36] 以 MEA、PZ/DETA 为吸收剂，在 RPB 中进行了低浓度 CO_2 吸收的研究，并基于连续搅拌槽模型建立了相应的传质模型。

张亮亮等[37] 以离子液体 [Choline][Pro] 为吸收剂，在 RPB 中进行 CO_2 吸收的研究，并基于渗透理论建立了伴随可逆反应的传质过程模型。该模型预测的 CO_2 脱除率结果与实验结果的误差在 10% 以内。

下面以几种典型的吸收剂的研究工作为例，介绍超重力脱碳工艺的研究情况。

2. 超重力脱碳工艺研究

（1）有机胺吸收 CO_2 的反应机理

① 两性离子机制 1968 年，Caplow 首先提出了两性离子机制（zwitterion mechanism），可以用于解释伯胺、仲胺与 CO_2 之间的反应机理[38]。1979 年，Danckwerts 再次采用该机制解释 CO_2 与链烷醇胺之间的反应机理[39]。该反应机制可以用以下两步反应表达

$$CO_2 + R_1R_2NH \underset{k_{-1}}{\overset{k_2}{\rightleftharpoons}} R_1R_2NH^+COO^- \qquad (5\text{-}29)$$

$$R_1R_2NH^+COO^- + B \underset{k_{-b}}{\overset{k_b}{\rightleftharpoons}} R_1R_2NCOO^- + BH^+ \qquad (5\text{-}30)$$

该机制认为反应第一步是两性离子（$R_1R_2NH^+COO^-$）的生成，反应第二步为两性离子的去质子化过程，两性离子在碱（$B：R_1R_2NH$、水等碱性物质）的作用下去质子化。多数研究者在采用该机制时，通常也是假设两性离子的生成过程为反应速控步骤，如MEA水溶液吸收CO_2。

② 三分子机制　三分子机制（termolecular mechanism）同样可以用于解释伯胺、仲胺与CO_2之间的反应机理。1989年，Crooks和Donnellan首次提出用一步反应来描述CO_2与有机胺之间的反应[40]。2004年，Silva和Svendsen[41]采用从头计算（Ab initio calculations）和连续介质模型（A continuum model）研究了CO_2和链烷醇胺反应产物的生成机制。该机制可以用一步反应表示

$$CO_2 + AmH\cdots B \rightleftharpoons AmCOO^-\cdots BH^+ \qquad （5\text{-}31）$$

该机制认为CO_2与伯胺、仲胺通过第一步反应生成的不是两性离子，而是一个由疏松的键结合的复杂化合物。该化合物除一小部分会与胺或者水发生反应外，大部分会立即断裂生成$AmCOO^-$和BH^+。

③碱催化机制　碱催化机制（base-catalyzed mechanism）可以用于解释叔胺（R_3N）与CO_2之间的反应机理。R_3N分子中氮原子上没有连接氢质子，因此叔胺不能直接与CO_2反应生成氨基甲酸盐。1980年，Donaldson和Nguyen[42]提出碱催化机制，认为R_3N虽然不能直接与CO_2反应，但其能起到一定的碱催化作用（A base-catalytic effect），促进CO_2的水解过程。该机制可用以下两个反应式表示

$$CO_2 + R_3N + H_2O \rightleftharpoons R_3N^+H + HCO_3^- \qquad （5\text{-}32）$$

$$R_3N + H_2O \rightleftharpoons R_3N^+H + OH^- \qquad （5\text{-}33）$$

反应（5-32）表示在R_3N催化作用下CO_2的水合过程，反应（5-33）表示在水溶液中，R_3N^+H的解离反应过程。

尽管叔胺不能像伯胺、仲胺那样直接与CO_2反应，但根据Yu等[43]的研究结果，上述反应机制仍然可以用两性离子机制解释，其反应式可表示为

$$R_3N + CO_2 \rightleftharpoons R_3N^+COO^- \qquad （5\text{-}34）$$

$$R_3N^+COO^- + H_2O \rightleftharpoons R_3N^+H + HCO_3^- \qquad （5\text{-}35）$$

反应（5-34）表示R_3N和CO_2生成一个类似两性离子的不稳定化合物（the zwitterion-type complex），反应（5-35）表示该化合物与H_2O反应生成碳酸氢盐。

（2）以MEA为吸收剂

谢冠伦[44]以MEA为吸收剂，以带有静态环形挡板的新型结构的超重力反应器为吸收设备，进行了超重力反应吸收脱除CO_2的研究，考察了不同工艺条件对脱碳效果的影响。实验结果如图5-14～图5-20所示。

从实验结果来看，静态环形挡板的加入使CO_2脱除率得到了明显的提升，而且

其加入并不改变脱除率随超重力水平的变化规律。CO_2脱除率随着超重力水平的提高而增大，当超重力水平达到一定值时，CO_2脱除率达到最高，之后随着超重力水平的进一步增加，CO_2脱除率趋于稳定，最佳超重力水平约为150左右。CO_2脱除率先随着吸收液温度的升高而升高，在40 ℃达到最高后，又随着温度的升高而降低。CO_2脱除率随着压力的增大逐渐升高。在液体流量和超重力水平保持不变的情况下，随着气液比的增大，CO_2脱除率不断降低。CO_2的脱除率随着吸收液中MEA含量的增大而增大。在超重力水平较低时，进口浓度对CO_2脱除率没有显著的影响，而当超重力水平较高时，CO_2脱除率随着进口浓度的升高有所降低。哌嗪的加入使CO_2脱除率得到了明显的提升，表明哌嗪是一种有效的活化剂。

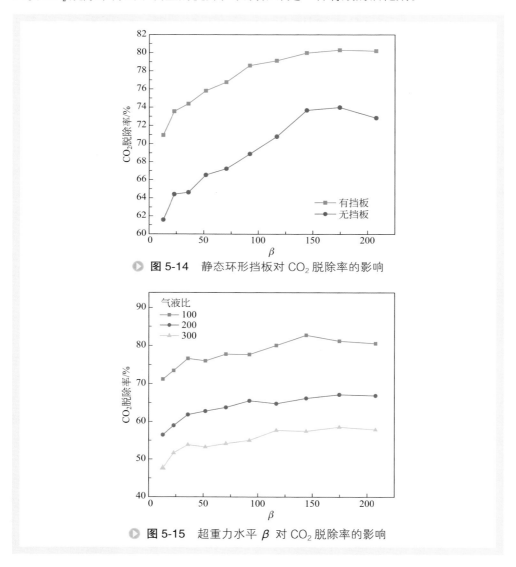

▶ 图 5-14 静态环形挡板对 CO_2 脱除率的影响

▶ 图 5-15 超重力水平 β 对 CO_2 脱除率的影响

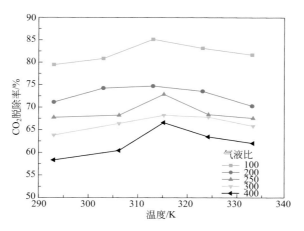

▶ 图 5-16 温度对 CO_2 脱除率的影响

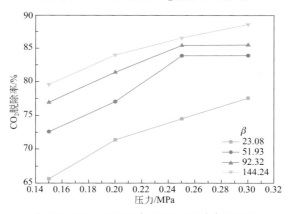

▶ 图 5-17 系统压力对 CO_2 脱除率的影响

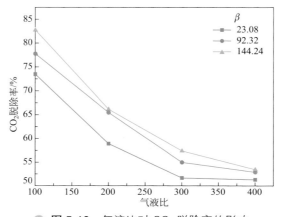

▶ 图 5-18 气液比对 CO_2 脱除率的影响

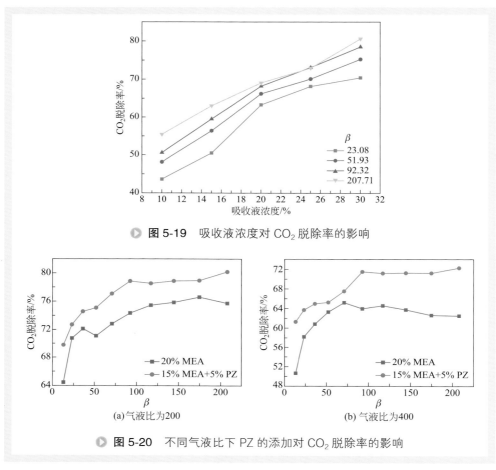

图 5-19　吸收液浓度对 CO_2 脱除率的影响

图 5-20　不同气液比下 PZ 的添加对 CO_2 脱除率的影响

（3）以 DETA 为吸收剂

盛淼蓬[45]比较了不同吸收剂配方与 CO_2 的反应速率，在此基础上筛选了 4 种总浓度均为 30%的新型 CO_2 复配吸收剂，并以筛选出的 25% DETA+5% PZ 复合吸收剂为吸收剂，以超重力反应器为吸收设备，系统考察了气体流量、转速、温度、CO_2 进口浓度等对脱除率的影响。实验结果如图 5-21～图 5-26 所示。

实验结果表明，在实验范围内，CO_2 脱除率随着气体流量增加和气体停留时间的延长而降低。随着转速的增加，CO_2 脱除率随之升高，但当转速增加到一定程度时，CO_2 脱除率增速放缓，适宜的转速为 1000～1200 r/min。随着 PZ 浓度的提高，CO_2 脱除率随之升高，但当 PZ 浓度超过 10%，再提高 PZ 浓度，CO_2 脱除率变化不明显。CO_2 的脱除率随着温度的升高而提高，较佳的吸收温度在 40 ℃左右。当 RPB 转子转速较低（400～800 r/min）时，进口气体中 CO_2 浓度升高，CO_2 脱除率随之上升。当转子转速较高（≥ 1000 r/min）时，进口气体中 CO_2 浓度升高，CO_2 脱除率先升高后降低，但总体变化幅度不大。

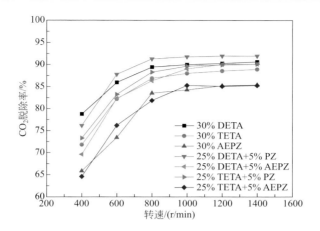

● 图 5-21　几种不同吸收剂对 CO_2 脱除率的影响

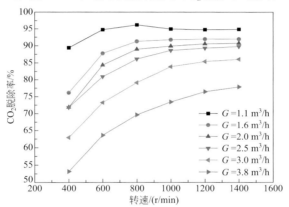

● 图 5-22　气体流量对 CO_2 脱除率的影响

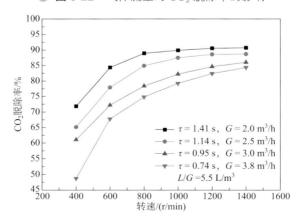

● 图 5-23　气体停留时间对 CO_2 脱除率的影响

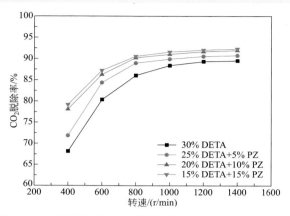

图 5-24 不同组成复合吸收剂下转速对 CO_2 脱除率的影响

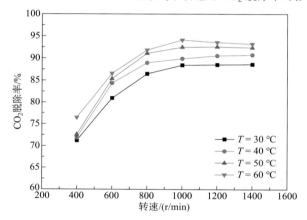

图 5-25 吸收剂温度对 CO_2 脱除率的影响

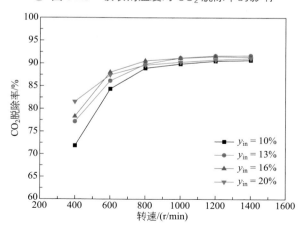

图 5-26 进口气体中 CO_2 浓度对 CO_2 脱除率的影响

总体上，DETA+PZ 是一种高效的吸收剂组合，但存在吸收剂成本较高的缺点。

（4）以羟乙基乙二胺溶液为吸收剂

吴舒莹[46]以羟乙基乙二胺（AEEA）溶液为吸收剂，进行了超重力脱碳的实验研究，考察了各种操作条件对 CO_2 脱除率的影响规律。实验结果如图 5-27～图 5-30所示。

实验结果表明，CO_2 脱除率随着超重力水平的增加而增大，但当超重力水平增加到一定程度时，CO_2 脱除率的增速放缓，较佳的超重力水平为 87～116。CO_2 脱除率随气液比、进口气体中 CO_2 含量和吸收液中 CO_2 负荷的增加而减小。随着吸收液中 AEEA 质量浓度的增大，CO_2 脱除率先增大后有所减小，较佳的吸收液质量浓度为 25%。随着吸收液温度的升高，CO_2 脱除量逐渐增大，在较高温度下，升高趋势变得缓慢。从实验结果来看，通过工艺条件的优化，能够实现较高的脱碳率。根据脱除率要求，结合经济最优化的原则选择适合的气液比和吸收液的再生负荷。

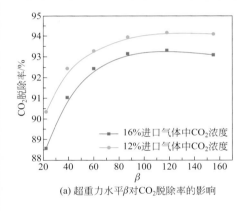
(a) 超重力水平 β 对 CO_2 脱除率的影响

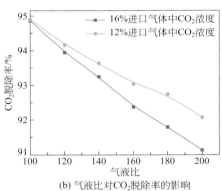
(b) 气液比对 CO_2 脱除率的影响

图 5-27　超重力水平和气液比对 CO_2 脱除率的影响

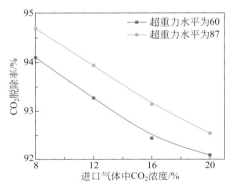

图 5-28　进口气体中 CO_2 浓度对 CO_2 脱除率的影响

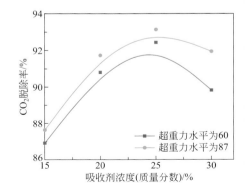

图 5-29　醇胺吸收剂浓度（质量分数）对 CO_2 脱除率的影响

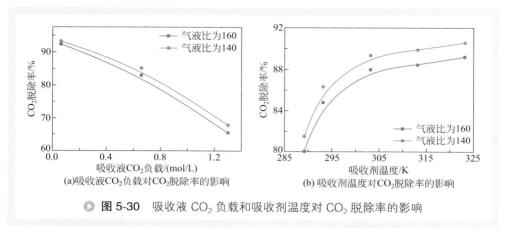

(a)吸收液CO$_2$负载对CO$_2$脱除率的影响　　　(b) 吸收剂温度对CO$_2$脱除率的影响

▶ **图 5-30**　吸收液 CO$_2$ 负载和吸收剂温度对 CO$_2$ 脱除率的影响

3. 超重力脱碳技术的工业应用

　　围绕烟气 CO$_2$ 捕集过程，在超重力脱碳工艺研究基础上，结合所建立的气 - 液传质模型，北化超重力团队发明了新型结构的超重力反应器装置[47]，在较优工艺条件下，CO$_2$ 的吸收率可达到 80% 以上，通过"三位一体"的超重力反应器放大方法，完成工业装置的设计放大，建成了电厂烟气二氧化碳超重力捕集纯化工业示范装置[48]，如图 5-31 所示。

▶ **图 5-31**　电厂烟气二氧化碳捕集纯化的超重力工业示范装置

二、超重力反应脱除H$_2$S

1. 概述

　　H$_2$S 是一种无色、易燃、有臭鸡蛋臭味的气体，也是一种细胞内毒素，主要作用于呼吸系统和中枢系统，当人吸入低浓度的 H_2S 时会出现头晕、恶心、乏力等反应。接触高浓度 H_2S（大于 1000 mg/m^3）时在数秒内会出现急性中毒症状，进而导致呼吸麻痹而死亡。石油行业中，H_2S 不仅能使油品变坏，而且对原油开采管路、石油炼化设备有严重的腐蚀作用，导致金属设备氢脆。焦炉煤气在生活和工业中都有应用，且其中往往含有 H_2S，当作为城市煤气时，硫化物燃烧生成 SO_2，形成酸雨对环境造成污染；当作为燃料炼钢时，H_2S 不仅能腐蚀储气装置和管道，还能降低炼钢品质；当作为工业制甲醇的原料气时，H_2S 会使催化剂失效[49]。因此，各国对 H_2S 的排放标准作了非常严格的限制，脱除气体中的 H_2S 已经成为气体净化领域的研究热点之一。

几百年来，人们已经开发出多种脱硫工艺，这些工艺在脱硫、石油加工废气、天然气净化等领域得到了广泛应用。脱硫工艺主要可以分为干法脱硫工艺和湿法脱硫工艺，湿法脱硫工艺又可以分为湿法氧化工艺和湿法吸收工艺。

（1）干法脱硫工艺

干法脱硫适用于含硫量较低的气体脱硫，特别适用于气体处理量小，对 H_2S 出口浓度要求严格的精脱硫工况。干法脱硫工艺的缺点是脱硫剂再生困难，运行费用较高[50]。

（2）湿法氧化工艺

湿法氧化工艺主要是用含氧化剂的中性或者弱碱性溶液吸收气流中的 H_2S 气体，H_2S 被溶液中的氧载体氧化为单质硫。使用空气将脱硫液再生后，可以循环使用。常用的湿式氧化工艺有 Stretford 法、TH 法、苦味酸法、PDS 法、栲胶法[51-53]等。

（3）湿法吸收工艺

常用的湿法吸收工艺有 AS(氨水-硫化氢) 循环洗涤法、真空碳酸盐法、醇胺法[54,55]等。湿法吸收工艺运行成本相对较低，处理量大，但前期设备投资较大。

除上述常用的湿法吸收工艺外，还有化学-物理吸收法。化学-物理吸收法的代表方法是砜胺法。砜胺法使用环丁砜为物理溶剂，使用醇胺为化学吸收剂，可以吸收 H_2S、CO_2 和有机硫。该法具有脱硫负荷大、能耗低、不易发泡、对设备腐蚀小等优点[56]。

除上述三种主要的脱硫工艺外，近年来微生物脱硫技术和膜脱硫技术也得到了发展。

与此同时，以提高效率和降低成本为目的的过程强化装备与技术的开发也逐渐成为重点研究方向，各高校和科研单位的研究人员分别进行了使用不同吸收剂的超重力脱除 H_2S 的工艺研究，为超重力技术在 H_2S 脱除方面的应用提供了良好的工作基础。

2. 超重力技术用于脱除H$_2$S方面的研究

冷继斌等[57]分别用络合铁、888、ADA三种不同脱硫剂在RPB中进行了脱硫实验，并考察了原料气中H$_2$S浓度、脱硫液的pH值等不同因素对H$_2$S脱除率和气相传质系数的影响，确定了合适的操作条件。在较优条件下，H$_2$S脱除率可达99.99%以上。

曹会博等[58]在超重力反应器中分别用N-甲基二乙醇胺（MDEA）法、络合铁氧化还原法进行了脱除模拟石油伴生气中H$_2$S的实验研究。实验结果表明，MDEA法中H$_2$S的脱除率可达到98.5%以上，在很宽的实验范围内络合铁法H$_2$S的脱除率均在99.8%以上。

李华[59]用N$_2$和H$_2$S配制混合气体来模拟含硫天然气，以超重力反应器为吸收设备，分别用二乙醇胺（DEA）和MDEA吸收剂，研究了吸收液体流量、吸收液的温度等不同工艺条件对含硫天然气中H$_2$S脱除率的影响。由实验结果得出，合适的操作条件下DEA吸收剂可使H$_2$S脱除率达到99.99%，操作工艺相当时，DEA吸收剂的脱硫效果优于MDEA，但MDEA吸收剂在处理含有CO$_2$的气体时则展现出更好的脱硫选择性。

丁子豪[60]以超重力反应器为吸收设备，用空气和H$_2$S配制的混合气体模拟含H$_2$S的焦炉煤气，以添加"888"催化剂的碳酸钠溶液为吸收液，进行了脱除焦炉煤气中H$_2$S的实验，结果表明，在较适宜的操作条件下，模拟焦炉煤气中H$_2$S脱除率可达到98%以上。

钱智[61]以MDEA为吸收剂，在超重力反应器中进行了MDEA吸收CO$_2$和H$_2$S的实验研究，从而为超重力技术在H$_2$S选择性吸收方面的应用奠定了良好基础。

3. 超重力PDS法深度脱除H$_2$S

孙晓飞[62]分别以添加PDS-600催化剂的Na$_2$CO$_3$溶液和模拟工业运行数据配制的贫液为吸收剂，在超重力反应器中进行了H$_2$S吸收实验，考察了Na$_2$CO$_3$浓度、转速、液气比、进口H$_2$S浓度和气体流量等对H$_2$S脱除率的影响。实验结果如图5-32～图5-38所示。

实验结果表明：

① 以添加PDS-600的Na$_2$CO$_3$溶液为吸收液时，随着Na$_2$CO$_3$浓度和液气比的增大，H$_2$S脱除率先增大后趋于稳定。随着超重力反应器转速的增加H$_2$S脱除率先增大后减小。随着进口气体中H$_2$S浓度和气体流量的增大H$_2$S脱除率不断减小。当实验条件为：吸收液中碳酸钠浓度为6.0 g/L，超重力反应器转速为1400 r/min，液气比为5～7 L/m^3，吸收液温度为308 K，气体进口H$_2$S浓度为300×10^{-6}时，H$_2$S脱除率可达99%以上，气体出口中H$_2$S浓度可小于5×10^{-6}。

② 以模拟贫液为吸收液时，随着吸收液流量的增大，H$_2$S脱除率先增大后趋于

平缓，随着超重力反应器转速的增大、吸收液温度的升高，H_2S 脱除率先增大后减小。随着所处理气体流量的增加 H_2S 脱除率逐渐减小，随着进口气体中 H_2S 浓度的增大 H_2S 脱除率变化趋势平缓，适宜的操作条件可使气体出口中 H_2S 浓度小于 15×10^{-6}。

4. 超重力MDEA脱除减压塔塔顶气的 H_2S

马凯[63] 以高 H_2S 含量的减压塔塔顶气为处理目标，以 MDEA 为吸收剂，进行了超重力 MDEA 深度脱 H_2S 的实验研究。鉴于塔顶气中硫化氢浓度太高（通常在 15% 以上），从经济及可操作性角度出发，提出了多级脱硫的实验方案，并进行了实验研究。实验结果如图 5-39～图 5-42 所示。

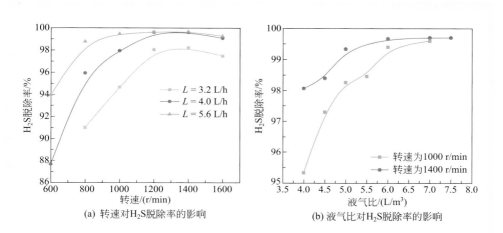

(a) 转速对H_2S脱除率的影响

(b) 液气比对H_2S脱除率的影响

◗ **图 5-32** 以添加 PDS-600 的 Na_2CO_3 溶液为吸收液时超重力反应器转速和液气比对 H_2S 脱除率的影响

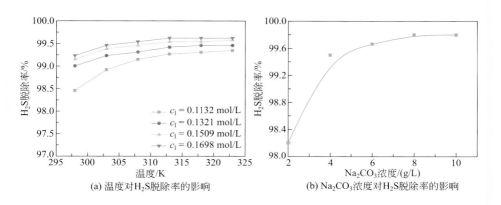

(a) 温度对H_2S脱除率的影响

(b) Na_2CO_3浓度对H_2S脱除率的影响

◗ **图 5-33** 以添加 PDS-600 的 Na_2CO_3 溶液为吸收液时温度和 Na_2CO_3 浓度对 H_2S 脱除率的影响

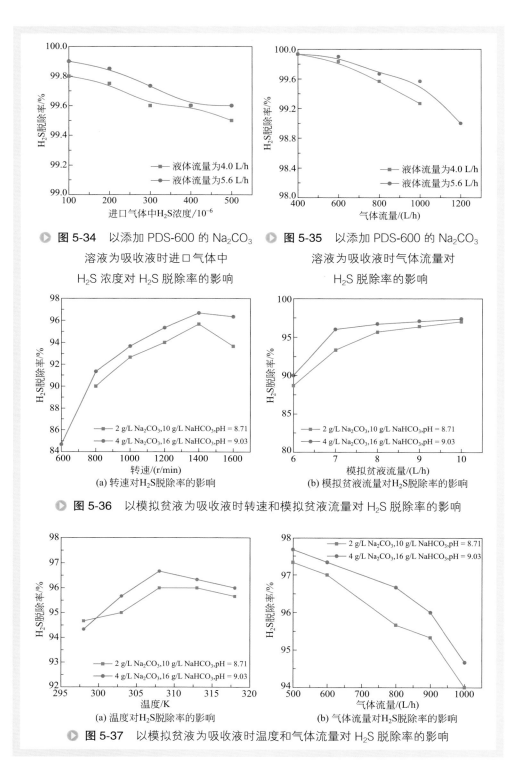

▶ **图 5-34** 以添加 PDS-600 的 Na₂CO₃ 溶液为吸收液时进口气体中 H₂S 浓度对 H₂S 脱除率的影响

▶ **图 5-35** 以添加 PDS-600 的 Na₂CO₃ 溶液为吸收液时气体流量对 H₂S 脱除率的影响

(a) 转速对H₂S脱除率的影响

(b) 模拟贫液流量对H₂S脱除率的影响

▶ **图 5-36** 以模拟贫液为吸收液时转速和模拟贫液流量对 H₂S 脱除率的影响

(a) 温度对H₂S脱除率的影响

(b) 气体流量对H₂S脱除率的影响

▶ **图 5-37** 以模拟贫液为吸收液时温度和气体流量对 H₂S 脱除率的影响

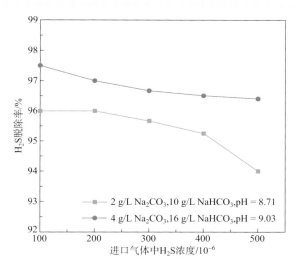

▶ **图 5-38** 以模拟贫液为吸收液时进口气体中 H₂S 浓度对 H₂S 脱除率的影响

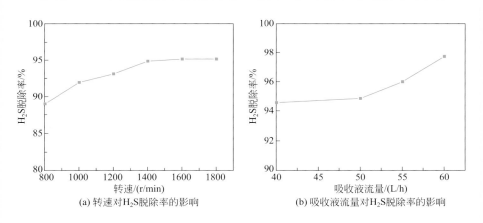

(a) 转速对 H₂S 脱除率的影响 　　　　　(b) 吸收液流量对 H₂S 脱除率的影响

▶ **图 5-39** 处理高 H₂S 含量气体时超重力反应器转速和吸收液流量
对 H₂S 脱除率的影响

注：进口气体中的硫化氢含量约为 15%。

实验结果表明：

① 在进口气体硫化氢含量高达 15% 的情况下，采用两级超重力脱硫的操作方案，处理后硫化氢含量可以降低到 15 mg/m³ 以下。

② 对于中低浓度硫化氢含量的气体，吸收液中硫化氢含量的影响非常明显，当采用新鲜吸收液时，即使在液气比为 5 L/m³ 的情况下，出口气体的硫化氢含量可以较容易达到 15 mg/m³ 以下；当以硫化氢含量为 0.5 g/L 的 30% MDEA 贫液为吸收液时，在液气比为 20 L/m³ 的情况下，出口气体的硫化氢含量可以达到 10 mg/m³。

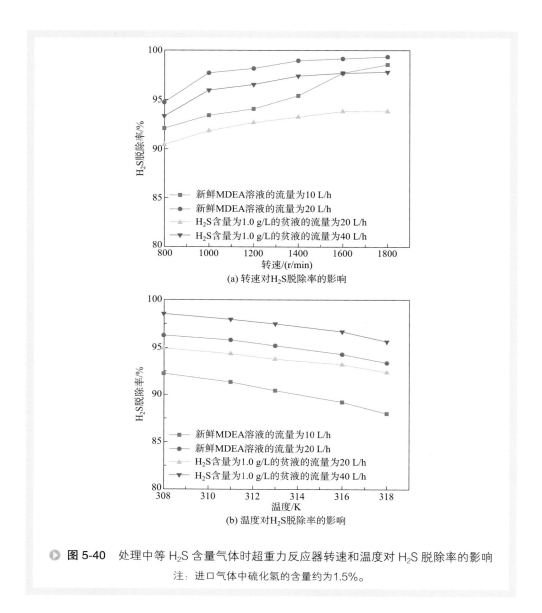

图 5-40　处理中等 H_2S 含量气体时超重力反应器转速和温度对 H_2S 脱除率的影响

注: 进口气体中硫化氢的含量约为1.5%。

5. 超重力脱 H_2S 技术的工业应用

北化超重力团队与中国石油化工股份有限公司北京化工研究院合作，成功将超重力技术用于催化干气的选择性脱硫（装置照片如图 5-43 所示），与原塔式脱硫工艺相比，在脱硫效果相当的情况下，超重力反应器的体积仅为塔的 1/10 左右，大幅度减小了设备占用空间和钢材用量，且二氧化碳的脱除率仅为塔的 1/9 左右，不仅降低了再生塔的运行负荷，而且提高了酸气中硫化氢的含量，可有效提高硫黄回收装置的硫回收效率 [61]。

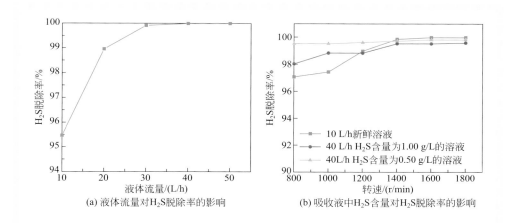

(a) 液体流量对H₂S脱除率的影响   (b) 吸收液中H₂S含量对H₂S脱除率的影响

▶ **图 5-41** 处理中等 H_2S 含量气体时液体流量和吸收液中 H_2S 含量
对 H_2S 脱除率的影响

注：进口气体中硫化氢的含量约为1.5%。

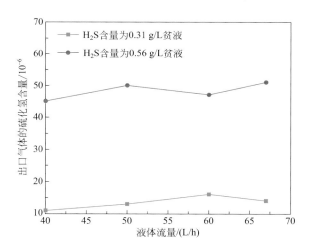

▶ **图 5-42** 处理低 H_2S 含量气体时液体流量对 H_2S 残余量的影响

注：进口气体中硫化氢的含量为0.5%。

北化超重力团队与中国寰球工程有限公司合作，开发了超重力深度脱除炼厂气 H_2S 技术[64]，成功将超重力技术用于中国石油独山子石化分公司的减压塔塔顶气的脱硫过程，在进口气体硫化氢含量高达 15% 且压力为微正压的情况下，以 MDEA 为吸收剂，通过两级超重力脱硫，成功将尾气中的硫化氢含量降低到 10 mg/m³ 以下，展现出良好的工业应用前景。

北化超重力团队与中国海洋石油集团有限公司等合作，在小试研究和工业放大规律研究基础上，成功将超重力络合铁法脱硫技术用于海洋平台天然气脱硫化氢工业过程（装置照片如图 5-44 所示），处理后天然气中 H_2S 含量可降至 4.5 mg/m³ 以下，效果显著。超重力脱硫反应器设备与传统塔相比，体积仅为塔的 1/10，因此在海洋工程中具有明显的竞争优势[48]。

▶ **图 5-43** 超重力反应器与传统脱硫塔的对比

▶ **图 5-44** 海洋平台天然气超重力脱硫化氢工业装置

三、超重力反应脱除 SO_2

SO_2 是大气主要污染物之一，是衡量大气是否遭到污染的重要标志。它对人体健康、环境等方面都有巨大的危害，是形成酸雨的主要原因。近几十年来，由于降雨的不断酸化，世界各国不得不采用脱硫技术来控制 SO_2 的排放。

中国是世界上少数几个以煤为主要能源的国家之一。大量的燃煤导致我国 SO_2 污染及由此引起的酸沉降污染十分严重，而且短期内我国能源结构中煤炭占较大比例的情况不会改变。所以，研究开发脱硫技术对于我国实施控制 SO_2 污染的战略具有十分重要的意义。

1. 烟气脱硫技术

在工业中，SO_2 的脱除主要包括三种技术：干法、半干法和湿法。

（1）干法脱硫技术

干法脱硫存在的历史较为悠久，其工艺也较为成熟，SO_2 脱除率在 70% 左右，最高可达到 95% 左右，在尾气排放 SO_2 达标的情况下，干法不失为一个好的选择。干法脱硫技术有着投资与运行成本较低、工艺流程简单易操作、维修相对简便等优点，但也存在着脱硫效率较低、设备体积庞大等诸多问题[65]。

（2）半干法脱硫技术

半干法脱硫是一种介于干湿法之间的脱硫技术，包括循环流化床法、半干半湿法和粉末 - 喷动床法等，半干法脱硫的优点是过程中没有固体废弃物和废液需要处理。但由于其大多数情况下得到的是浆液，极易造成设备的堵塞和腐蚀，因此如何持续有效的运行是目前半干法需要解决的首要问题[66]。

（3）湿法脱硫技术

与干法和半干法相比，湿法脱硫最突出的优势在于脱除率高、设备体积小。因此湿法脱硫在工业生产中的应用最为普遍。

① 氨法　氨法脱硫是 20 世纪 90 年代兴起的一种湿法脱硫方法，具有很高的脱除率，并且能够将产物进行有效利用。氨法脱硫是 $(NH_4)_2SO_3$ 与 NH_4HSO_3 的混合溶液进行 SO_2 脱除，并通过对废液的处理得到 $(NH_4)_2SO_4$ 等产物，具有较好的经济价值[67]。

② 镁法　氧化镁脱硫的研究距今已有 40 多年历史，镁法脱硫效率较高，脱硫用原料价格相对低廉，且副产物硫酸镁晶体具有较好的经济价值[68]。

③ 钙法　钙法脱硫技术是目前工业生产中应用范围最大、技术最成熟的湿法脱硫技术，钙法脱硫的吸收液是 $Ca(OH)_2$、$CaSO_3$ 和 $Ca(HSO_3)_2$ 的混合物。高脱硫率和低成本是钙法最重要的两个优点。钙法是企业最青睐的脱硫技术之一，然而，该法脱硫存在设备结垢问题。结垢会造成整个设备的阻力增加、阻碍气液的流动，造成效率的降低。另外，该法脱硫的产物脱硫石膏成分复杂，使其应用受到限制，多数产物堆积掩埋，形成固体废弃物污染[69,70]。

④ 钠法　目前部分精细化工厂在生产过程中会产生大量的废碱液，可将该废碱液用于处理 SO_2 尾气，这是钠法脱硫的来源。钠法脱硫的优势在于在 SO_2 脱除过程中不会产生结垢的问题，且处理效果极其出色，可以满足国家排放标准[71]。

⑤ 双碱法　双碱法是钠法的延伸方法，二者的区别在于双碱法的吸收液是循环使用的，吸收过程使用的是含钠离子的碱液，然后向吸收后的富液中加入石灰乳或石灰置换出体系中的钠离子，使吸收剂恢复成碱液，而得到的脱硫产物为石

膏。该方法的优势是，石灰的价格远远低于 NaOH 的价格，因此使用石灰使吸收液得到再生可以显著降低成本。然而，在生产过程中，由于双碱法的工艺较为复杂，所用到的反应器较多，因此维持整个反应体系的正常运转是目前正在优化的一个问题[72]。

⑥ 离子液体法　离子液体脱硫是一种新型的脱硫工艺，其脱硫效果好，且吸收剂可重复使用，具有很好的环保效益，因此是目前国内外正广泛研究的脱硫工艺。离子液体脱硫分为物理、物理-化学混合和化学三种吸收方法。离子液体的种类较多、价格较贵，且吸收原理较为复杂，目前主要集中在实验室的研究状态[73]。

2. 超重力脱 SO_2 工艺研究

郭奋[74]采用错流超重力反应器研究了氨法脱除尾气中 SO_2 的工艺过程，考察了不同工艺条件对脱硫效果的影响。在小试研究基础上，北化超重力团队与国内某硫酸厂合作，利用一台处理能力为 3000 m^3/h 的超重力脱硫设备，采用亚胺吸收法，将设备分别并联到该厂尾气处理的 1# 塔和 2# 塔（二塔是串联操作）进行工业侧线试验。工业侧线试验结果表明：①与 1# 塔并联时，经过超重力脱硫设备后尾气中二氧化硫的吸收率为 93.5%～95%，比厂方原有泡沫吸收塔的吸收率提高了约 25%；与 2# 塔并联时，经过超重力脱硫设备吸收后尾气中二氧化硫含量降至 100～300 mg/m^3。②将气液比由 300 增至 1100，二氧化硫吸收率没有明显变化。

王俊等[75]采用并流操作方式进行了超重力反应器脱 SO_2 的实验研究。其所使用的吸收剂有 Na_2SO_3、Na_2CO_3 等。研究表明 SO_2 的脱除率随着溶液 pH、溶液中 Na^+ 的浓度以及超重力反应器的转速提高而增大，随着入口 SO_2 浓度的增大而减小。

单从云[76]在并流超重力反应器中，使用空气-水体系对超重力反应器的湿床压降进行了研究，也通过氨法对 SO_2 的尾气脱除进行了研究实验。

柏顺等[77]采用逆流操作，进行了超重力反应器脱 SO_2 的实验研究，考察了以聚乙烯为填料时超重力反应器的压降特性，并拟合了关联式；同时采用氨法脱硫对 SO_2 的尾气脱除进行了研究，并将聚乙烯与整体式 SiC 进行了对比。

3. 超重力钠法脱硫工艺研究

王俊[78]以超重力设备为吸收设备，以亚硫酸钠溶液为吸收剂，采用并联操作方式，进行了超重力法脱除模拟烟气中 SO_2 的试验研究，考察了吸收剂中钠离子浓度、转速、气液比等操作条件对脱除率的影响，实验结果如图 5-45～图 5-47 所示。为超重力技术在烟气脱硫中的应用奠定了基础。

研究结果表明：SO_2 脱除率随着钠离子浓度、RPB 转速的增加而增大，随着气液比、SO_2 进口浓度的增加而减小；在同样的操作条件下 Na_2CO_3 溶液的脱硫效率优于 Na_2SO_3 溶液。从实验结果来看，超重力碱法脱硫的效率很高，能满足日益严格的排放标准。

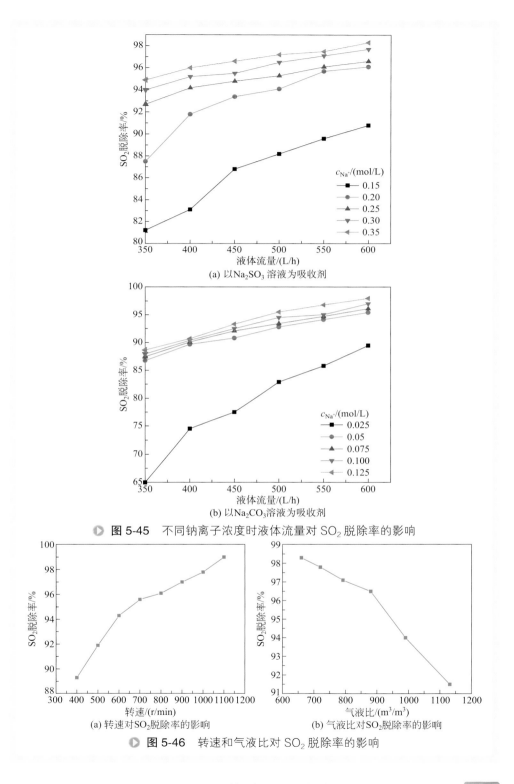

(a) 以Na$_2$SO$_3$溶液为吸收剂

(b) 以Na$_2$CO$_3$溶液为吸收剂

▶ **图 5-45** 不同钠离子浓度时液体流量对 SO$_2$ 脱除率的影响

(a) 转速对SO$_2$脱除率的影响

(b) 气液比对SO$_2$脱除率的影响

▶ **图 5-46** 转速和气液比对 SO$_2$ 脱除率的影响

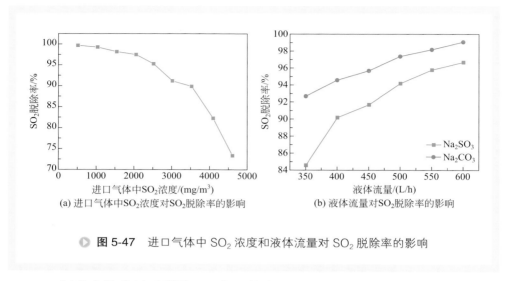

(a) 进口气体中SO₂浓度对SO₂脱除率的影响　(b) 液体流量对SO₂脱除率的影响

▶ 图 5-47　进口气体中 SO_2 浓度和液体流量对 SO_2 脱除率的影响

4. 超重力技术用于脱除 SO_2 方面的应用

在小试和工业侧线中试研究基础上，北化超重力团队结合工艺研究和上述超重力反应器放大方法，成功开发了超重力氨法脱 SO_2 工业化装置及其工艺技术，并在浙江巨化股份有限公司 20 万吨 / 年硫酸尾气脱硫工程中实现了首次工业化应用。SO_2 经反应吸收后转化成硫铵类产品，实现了资源化利用，平均脱硫率达到 97%以上。当地环境监测中心站的检测结果表明，处理后的工业尾气中 SO_2 浓度小于200 mg/m³，远低于国家新排放标准（400 mg/m³）。与传统填料塔技术相比，新技术具有脱硫效率高、设备小、运行成本低等优点。目前，已成功推广应用 20 多台 / 套，最大单台气体处理能力达 20×10^4 m³/h（装置照片如图 5-48 所示）[48]。

▶ 图 5-48　超重力氨法脱 SO_2 工业装置（单台处理能力 20×10^4 m³/h）

北化超重力团队与上海宝钢合作，成功将超重力碱法深度脱硫技术用于三期、四期硫酸尾气处理装置的环保升级改造，并于 2017 年 1 月一次调试成功（装置照片如图 5-49 所示）。运行后，尾气中 SO_2 浓度由入口的 $150\sim550$ mg/m³（标准状况，下同）降至 50 mg/m³ 以下，酸雾（SO_3）浓度由入口的 $50\sim350$ mg/m³ 降至 5 mg/m³ 以下，达到了超低排放标准，为生产装置的稳定运行提供了保障。

▶ **图 5-49**　超重力碱法脱 SO_2 工业装置

四、超重力反应脱除 NO_x

氮氧化物主要包括 NO、NO_2，以及不为人们熟知的 N_2O、N_2O_3 等，氮氧化物对人类健康的影响主要是损害呼吸道，包括增加呼吸系统疾病的死亡率、加重哮喘程度、增加呼吸系统疾病的传播以及延长传播时间、降低肺部功能等。氮氧化物对自然界的另一危害是造成"光化学烟雾"。光化学烟雾的形成是污染源排放到空气中的碳氢化合物以及氮氧化物等一次污染物在阳光的作用下发生反应生成二次污染物的过程，该过程中 NO 和 NO_2 在紫外线的照射下会生成大量的 O_3，该过程与空气温度以及初始 NO_x 和 CH 比例有很大关系，而空气中 O_3 比例的不断升高会对易感染人群在心脏以及呼吸系统方面产生极大危害。同时，氮氧化物也是形成 $PM_{2.5}$ 和 PM_{10} 的重要来源。近年来中国很多城市都出现了严重的雾霾天气，严重影响人类的生活和健康，而空气中的细小颗粒就是造成此类天气的罪魁祸首，他们会严重地影响空气质量和能见度。氮氧化物对生态系统的影响也很严重。氮氧化物可以形成酸雨，现已对我国的生态系统造成严重灾难，尤其是我国的华南地区，已经是继美国和欧洲之后全球第三大被酸雨覆盖的土地。另外，酸性液体的长期侵蚀也会大大缩短建筑物的使用年限[79]。

1. 烟气脱硝的方法

根据 NO_x 来源以及产生途径，可以将控制 NO_x 污染的方法分为三大类：燃料脱氮技术（也称为燃烧前脱氮技术）、低 NO_x 燃烧技术（也称为燃烧中脱氮技术）和烟气脱硝技术（也称为燃烧后脱氮技术）。从目前的研究状况和工业应用来看，烟气脱硝技术是氮氧化物排放控制最主要的手段[80]。

按照作用原理的不同，可将烟气脱硝技术分为催化还原、吸收和吸附三类；按照工作介质的不同，可分为干法烟气脱硝和湿法烟气脱硝两类。表 5-2 对 NO_x 治理方法进行了简要的介绍[79]。

表 5-2　NO_x 治理方法

脱硝方法		内容
催化还原法	非选择性催化还原法（NSCR）	用 CH_4、H_2 等其他燃气作为还原剂与 NO_x 进行催化还原反应
	选择性催化还原法（SCR）	用 NH_3 作为还原剂将 NO_x 催化还原为 N_2
液体吸收法	水吸收	以水为吸收剂对 NO_x 进行物理与化学吸收，吸收效果差，只能用于气体流量小、净化要求低的场合，主要用于 NO_2 的吸收，对 NO 的吸收效率很低
	硝酸吸收法	把稀硝酸作为吸收剂进行 NO_x 的脱除
	碱液吸收法	用 NaOH、Na_2SO_4 等碱液作为吸收剂对 NO_x 进行化学吸收，对于 NO 含量较高的烟气，吸收效果较差
	氧化-吸收法	对于 NO 含量较高的气体，用浓 HNO_3、O_3 等氧化剂将 NO 氧化为 NO_2，之后用碱液吸收，使吸收效果提升
	吸收-还原法	将 NO_x 吸收到液相后与 $(NH_4)_2SO_3$、NH_4HSO_3 等还原剂反应，将 NO_x 还原为 N_2，此方法比碱液吸收效果好
	络合吸收法	利用络合吸收剂 $FeSO_4$、Fe(Ⅱ)-EDTA 等直接与 NO 反应，生成 NO 螯合物，加热后重新释放 NO，使 NO 富集吸收
吸附法		利用具有吸附能力的材料吸附废气中的 NO_x，进而达到净化

总体上看，SCR 和 NSCR 的脱硝效率较高，但由于其使用温度较高，适合于新建工厂的脱硝过程，难以用于现有工厂脱硝工艺的改造。为满足日益严格的排放标准的要求，液体吸收法及相应脱硝工艺的研究受到科研人员的重视。

2. 超重力脱 NO_x 工艺研究

鱼潇[79]采用超重力反应器为脱硝工艺的核心反应器，首先进行了单级 RPB 尿素湿法脱硝实验研究，探讨了氧化剂种类、操作条件等参数对脱硝效率的影响规律，研究了磺化酞菁钴（cobalt sulfonated phthalocyanine，CoSPc）作为液相氧化催化剂应用于 RPB 脱硝的可行性，并进一步研究了超重力反应器和釜式反应器组合脱硝工艺中各参数对总脱硝效果的影响规律。

高文雷[80]以 NO 模拟烟气中的氮氧化物，用 O_3 提高其氧化度，分别以氢氧化钠和双氧水为吸收剂，在超重力反应器中进行气液吸收。研究了 O_3 与 NO_x 摩尔比、吸收剂浓度、RPB 转速、气液比、气相初始浓度、循环时间、pH 值以及添加剂等因素对吸收剂的脱硝能力的影响。并在此基础上，对反应体系的总体积传质系数（K_Ga）进行了推导，得到了其表达式，并研究了各项因素对 K_Ga 的影响规律。

刘有智等[81]对超重力反应器治理 NO_x 进行了一系列小试研究，分别以水、稀硝酸、氢氧化钠溶液、氢氧化钠/高锰酸钾溶液、尿素/添加剂溶液等为吸收剂，对进气流量、液气比、超重力水平、吸收剂的浓度、填料类型、气液接触方式等因素进行了考察，得出了某厂硝化车间适宜的吸收剂种类及操作参数，并在此基础上以尿素/添加剂为吸收剂进行了中试研究。

3. 超重力湿法氧化脱硝的研究

高文雷[80]以 NO 模拟烟气中的氮氧化物，用臭氧提高其氧化度，以氢氧化钠为吸收剂，在超重力反应器中进行气液吸收。研究了 O_3 与 NO_x 摩尔比、吸收剂浓度、RPB 转速、气液比等因素对吸收剂脱硝能力的影响，实验结果如图 5-50 和图 5-51 所示。

实验结果表明，脱硝率随着 O_3 与 NO_x 摩尔比、吸收剂浓度的增大而增大，但是在 O_3 与 NO_x 摩尔比高于 0.6 或者吸收剂浓度高于 0.05 mol/L 后脱硝率的提升已不明显，气液比的增大会导致脱硝率的降低，脱硝率随着 RPB 转速的增大先增大后减小。

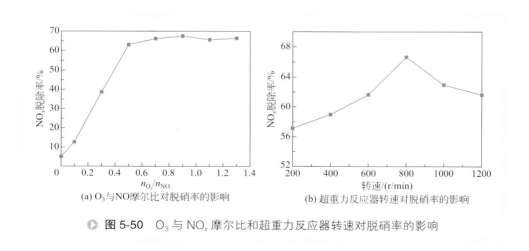

(a) O_3 与 NO 摩尔比对脱硝率的影响　　(b) 超重力反应器转速对脱硝率的影响

▶ 图 5-50　O_3 与 NO_x 摩尔比和超重力反应器转速对脱硝率的影响

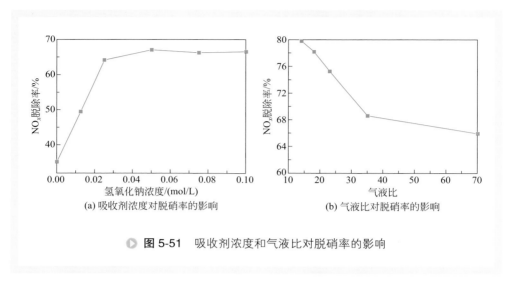

(a) 吸收剂浓度对脱硝率的影响

(b) 气液比对脱硝率的影响

▶ **图 5-51** 吸收剂浓度和气液比对脱硝率的影响

为了提高氢氧化钠溶液脱硝的效果，可以在吸收液中添加氧化剂与氢氧化钠溶液组成氧化型复合吸收剂，对氮氧化物废气进行脱除。这些添加剂包括高锰酸钾、双氧水等氧化剂，它们或可以促进原吸收反应的进行，或可以直接参与吸收反应，与溶解的氮氧化物直接反应。实验结果如图 5-52 所示。

从图 5-52（a）可以看到，添加氧化剂后，对纯 NO 废气的脱硝率有了一定上升，表明在液相中的氧化剂对 NO 有一定的氧化作用，并促进了其溶解，但是受制于 NO 的低溶解度，脱硝率的提升也非常有限。由图 5-52（b）可以看出，对于 $KMnO_4$ 和 H_2O_2 来说，添加后均能够有效提高吸收剂的脱硝率，而且随着添加剂浓度的增大，脱硝率也随之增长，但当添加剂浓度超过 0.01 mol/L 后，增长趋势变

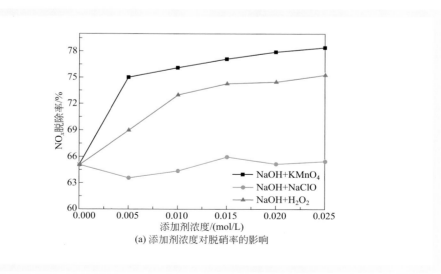

(a) 添加剂浓度对脱硝率的影响

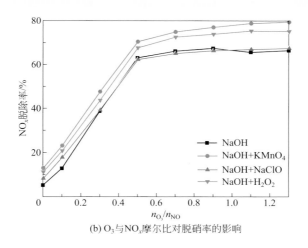

(b) O$_3$与NO$_x$摩尔比对脱硝率的影响

▶ **图 5-52** 添加剂浓度和 O$_3$ 与 NO$_x$ 摩尔比对氧化型复合吸收剂脱硝率的影响

缓。这是因为随着添加剂的量的增加，其对于氮氧化物和亚硝酸根的氧化反应能够更快速地进行，从而对整个脱硝系统的进程起到更大的促进作用。而当添加剂浓度增大到一定值后，系统中气相的溶解速率成为整个系统的限制因素，脱硝率不再明显增加。对于 NaClO 添加剂，添加量对于吸收剂脱硝效果影响不明显。

4. 超重力脱NO$_x$技术的工业应用

在工艺研究基础上，结合超重力脱硫和除尘方面的研究基础，根据工业需求，北化超重力团队进行了一体化脱硫、脱硝、除尘超重力反应器的工业放大，并在工业锅炉烟气一体化脱硫脱硝除尘方面获得成功应用（工业装置如图 5-53 所示）。处

▶ **图 5-53** "超重力 +"烟气一体化脱硫、脱硝、除尘工业装置

理后尾气出口中基本检测不到 SO_2，$NO_x<80$ mg/m³，尘含量可达 30 mg/m³ 以下，节能减排效果显著。

第三节 超重力反应分离耦合

反应分离过程耦合是指在一套设备中同时完成反应和分离两个过程。广义上也可理解为将一系列分离器与反应器集成于一个系统中操作，如反应精馏、反应吸收、反应萃取等[82,83]。反应分离过程耦合的特点是：①在反应过程中将对反应有抑制作用的产物分离，可提高总收率和处理能力；②可在反应过程中不断消除对反应特别是对催化剂有害的物质，维持高的反应速率；③利用反应热供分离所需，降低能耗；④简化产品后续分离流程，减少投资。基于超重力装备物料停留时间短、传质效率高的特点，研究人员将其用于一些伴随分离过程的快速反应过程，开发出相应的超重力反应分离耦合新工艺，并在次氯酸生产以及液化气脱硫碱液再生工艺中得到了成功应用。

一、超重力反应分离耦合技术生产次氯酸

次氯酸（HClO），是氯元素含氧酸中氧化性第二强的酸，有极强的漂白作用。次氯酸主要作为消毒剂使用，被广泛用于物体表面、织物、水、果蔬、餐具、室内空气、二次供水设备表面、手、皮肤和黏膜的消毒等。

次氯酸在工业上通常由氯气、四氯化碳、水与氧化汞震荡后蒸馏而得，与其相比，液碱氯化法有更强的实用性，在生产实际中应用较广。液碱氯化法以氯气和氢氧化钠为原料生产次氯酸的反应如式（5-36）和式（5-37）所示。

$$Cl_2 + NaOH \Longrightarrow HClO + NaCl \qquad （5-36）$$

$$HClO + NaOH \Longrightarrow NaClO + H_2O \qquad （5-37）$$

氯气与氢氧化钠水溶液接触，反应生成次氯酸和氯化钠。但是，生成的次氯酸如果停留在氢氧化钠水溶液中将进一步与氢氧化钠发生反应生成次氯酸钠和水，从而降低目标产物次氯酸的产率。为了提高次氯酸的产率，就必须在次氯酸生成的同时使其尽快脱离氢氧化钠溶液。

2001 年，在北化超重力团队的合作下，美国 Dow Chemical 公司的科学家们成功地将超重力技术应用于次氯酸的生产中，利用超重力机传质效率高和物料停留时间短的特点，把反应和分离结合起来，在一台超重力设备中完成反应和分离两种操作，大幅度提高了次氯酸的产率。其生产过程如下：

氯气和氢氧化钠水溶液分别作为气相和液相进料进入超重力机，二者在填料中接触发生反应生成次氯酸和氯化钠，在适当的操作温度下，生成的次氯酸立即被过量的氯气解吸，随氯气离开超重力机，而生成的氯化钠则留在水中作为液相出料。

采用超重力技术取代传统的喷雾塔式反应器，次氯酸产率从 80% 提高到 95% 以上，氯气循环量减少 50%，操作费用节省 30% 且氢氧化钠消耗量降低，应用这一技术的另一个好处在于节省了大量耐腐蚀材料。采用超重力技术后，原先高 30 多米、直径 6 米的钛材反应塔被高 3 米、直径 3 米的超重力机所取代，节省设备投资达 70% 以上。该

图 5-54　美国道化学公司超重力法生产次氯酸装置

工艺的工业生产装置如图 5-54 所示。道化学公司建立了含有 3 台 RPB、每台处理能力为 50 t/h 的超重力反应分离耦合法制备次氯酸的工业生产线，处理能力达 1 Mt/a。这一技术的成功开发，为超重力机的应用提供了一个极好的工业化范例。类似的过程将成为超重力技术应用的发展方向 [84,85]。

二、超重力反应分离耦合技术在液化气脱硫醇中的应用

液化气是生产甲基叔丁基醚（MTBE）、聚丙烯和烷基化油等产品的重要原料，然而，液化气中除含有 H_2S、CO_2、CS_x 等酸性组分外，还有硫醇、硫醚等有机硫，特别是其中的硫醇由于高剧毒、具有挥发性、腐蚀性和恶臭，对环境造成了极大的污染，因此必须进行脱硫。传统脱硫技术采用"胺法"脱硫化氢和"碱法"脱硫醇（约占液化气脱硫醇装置的 90%）。然而，"碱法"脱硫醇过程存在以下难题：一方面，现有生产工艺中废碱液氧化生成的二硫化物无法高效从碱液中分离，随循环碱液进入液化气；另一方面，由于碱液再生不完全，需要频繁更换新碱，产生大量废碱渣，企业运行成本高、环保压力大，成为"碱法"脱硫醇的技术瓶颈。随着高含硫原油加工比例的上升以及液化气产量和综合利用率的提高，液化气脱硫醇的难度增加，存在脱硫质量控制与污染排放（主要是碱渣和尾气排放）之间的矛盾。由于含硫醇钠的碱渣处理费用高并释放出大量恶臭气体，污水中的 COD 含量很高，给环保带来较大压力并增加了装置操作成本 [86,87]。

目前，液化气脱硫技术研究分为两个方向：一是提高脱硫醇效果；二是减少碱渣排放 [88]。

碱液脱除液化气中硫醇的反应式如下

$$RSH+NaOH \longrightarrow NaSR+H_2O \qquad (5-38)$$

碱液氧化再生反应式

$$2\text{NaSR}+\text{H}_2\text{O}+\frac{1}{2}\text{O}_2 \longrightarrow \text{RSSR}+2\text{NaOH} \tag{5-39}$$

液化气脱硫醇工艺包括脱硫醇和碱液氧化再生两部分。经过混合器预碱洗后的液化气进入抽提塔，与碱液（带有磺化酞氰钴催化剂的碱液）在填料塔中逆流接触，完成脱硫醇；再经过水洗、砂滤塔脱除大部分碱液和游离水分后出装置。脱硫醇后的预碱洗碱液不再生，一般 3～5 天更换一次，碱液进碱渣处理装置抽提再生后循环使用。常规工艺采用空气加温氧化方法，碱液升温到 55～65 ℃后，进入氧化塔塔底，与空气并流接触。硫醇钠在催化剂磺化酞氰钴作用下，与氧气反应，部分转化生成氢氧化钠和二硫化物。混合物从塔顶排出，进入到二硫化物分离罐，完成气液分离，二硫化物随尾气进入焚烧炉进行燃烧处理。碱液从分离罐底排出，冷却后泵送到抽提塔循环使用。

气 - 液反应过程的宏观反应速率取决于其中速率最慢的一步，即控制步骤。研究表明，RS^- 与 O_2 间的反应为快速反应过程，宏观反应速率主要取决于传质速率，该反应为扩散控制过程，由于氧气是难溶性气体，因此反应为液膜控制。超重力技术的优势之一是可以极大地强化气 - 液两相间的传质速率，对于传质过程阻力在总反应阻力中占有显著份额的反应过程非常有利，这是超重力技术应用于碱液再生过程中硫醇钠深度氧化的理论依据。因此，将超重力技术应用于碱液再生过程中硫醇钠氧化及二硫化物分离的耦合过程，可在提高氧化反应深度的同时使产物二硫化物解吸至气相，强化反应产物的分离，将反应和分离结合起来，在一台反应器中完成反应和分离两种操作。北化超重力团队与中国石油石油化工研究院合作，以超重力机为氧化再生反应器，以钴盐为催化剂，进行了脱硫醇废碱液深度氧化反应与分离耦合的新工艺技术开发。小试和中试的研究结果表明，采用超重力技术，废碱液中硫醇钠氧化转化率高于 95%，再生后碱液中二硫化物含量低于 20 μg/g。在此基础上，北化超重力团队与中国石油（石油化工研究院、庆阳石化、东北炼化工程公司葫芦岛设计院）合作，在庆阳石化公司开发建成了 30 万吨／年液化气深度脱硫醇 -超重力法碱液循环再生工业装置，数年的连续工业运行结果表明：新技术既能满足油品升级对高品质 MTBE 的生产需求，又可实现碱渣近零排放，为液化气深加工产业减轻环保压力，具有广阔的市场推广前景[86,89]。

第四节　超重力氧化反应

根据氧化剂和氧化工艺的不同，氧化反应主要分为空气（氧气）氧化和化学试剂氧化，分为无机氧化剂和有机氧化剂，无机氧化剂包括高价金属氧化物、高价金属盐、硝酸、硫酸、氯酸钠、臭氧、过氧化氢等；有机氧化剂一般是缓和的氧化剂，包括硝基物、亚硝基物、过氧酸以及无机氧化物形成的复合氧化剂等。

一、超重力氧化环己烷制备环己酮

环己酮（cyclohexanone）是一种重要的有机化工产品，是制备己内酰胺和己二醇的主要中间体，也是重要的有机化工原料和工业溶剂，用于医药、油漆、涂料、橡胶及农药等工业，另外在印刷和塑料的回收方面也有很大的用量。

目前，世界上环己酮的工业生产工艺主要有苯酚加氢法、环己烷液相氧化法、环己烯水合法等，其中90%以上的环己酮的生产工艺采用环己烷氧化法。工业生产中环己烷液相氧化法主要有以下三条氧化工艺路线，以钴盐为催化剂的催化氧化工艺，以硼酸或偏硼酸为催化剂的催化氧化工艺和无催化氧化工艺[90,91]。

目前国内外关于环己酮生产工艺的研究主要有两方面，一是针对现有生产装置所采用的技术，通过对环己烷氧化和环己基过氧化氢分解反应的工艺条件进行优化，在小投入的基础上，降低环己酮的能耗和物耗。在此方面，人们已做了大量的工作，但所取得的成效较低。二是从环己烷或苯生产环己酮的工艺过程中所采用的催化剂出发，开发出新的催化剂和工艺，提高催化剂的选择性和原料的转化率，降低环己酮的能耗和物耗。提高环己烷转化率及醇酮选择性、降低原料成本、降低能耗、减少环境污染是环己烷氧化技术发展的方向。

研究表明，气-液传质对醇酮过（环己醇、环己酮和环己基过氧化氢）的选择性也具有较强的影响，即气-液传质效果好，有利于环己烷向醇酮过转化。因此，超重力技术在提高环己烷转化率及醇酮选择性、降低原料成本、降低能耗、减少环境污染等方面具有潜在的价值[92]。

陈建峰、辛虎等[92,93]以环己烷氧化制备环己酮（以环己烷为原料、空气为氧源）为工作体系，研究了超重力氧化反应新工艺，包括无催化氧化、钴盐催化氧化和仿生催化氧化工艺，探讨了气液比、超重力反应器转子转速等工艺参数对氧化反应过程的影响。结果表明，在较佳的工艺条件下，无催化氧化的环己烷转化率达到3.8%，醇酮的选择性达到86%，副产物环己基过氧化氢（CHHP）的选择性为0.4%；钴盐催化氧化的环己烷转化率达到4.3%，醇酮的选择性达到87%，CHHP的选择性为1%；金属卟啉仿生催化氧化的环己烷转化率达到4.1%，醇酮的选择性达到87%，CHHP的选择性为2.5%。从实验结果来看，与常规串联釜式反应工艺相比，采用超重力氧化反应工艺，产品中副产物CHHP的选择性显著下降，可以大幅度降低在催化剂存在下过氧化物的碱分解反应产生的大量废碱液的排放，在降低生产成本的同时具有良好的环境效益，是一种绿色环保新工艺。该研究为超重力氧化反应工艺的开发及应用奠定了基础。

二、超重力高级氧化技术

水是人类最宝贵的自然资源之一，作为构成环境的基本要素，水环境是人类社会赖以生存和发展的基本条件，也是其他生物生存繁衍的重要场所。然而，随着工业的迅猛发展以及人民生活水平的大幅度提高，越来越多的污染物被排入水体，尤其是高浓度有机污染物的排放，更是对水资源和生物健康造成了威胁，水环境也已成为受到人类活动干扰和破坏最为严重的领域。目前常见的废水处理技术有物理处理法、化学处理法、生物处理法及其组合工艺等，但是由于有机污染物化学性质稳定、可生化性差、毒性强、难降解、处理难度高等特点，传统污水处理方法难以将其去除干净。因此，作为目前废水处理的难点之一，研究开发其他水处理工艺是形势所趋。

1987 年，Glaze 首次在化学氧化法的基础上提出了高级氧化法（advanced oxidation processes，简称 AOPs），即能够产生足量羟基自由基（·OH）来净化水质。AOPs 是指在一定温度和压力下，通过化学或物理化学（光、声、电、磁等）的方法，以具有高反应活性的 ·OH 作为主要氧化剂（具有亲电子性和电负性），通过加成、取代、电子转移等方式，破坏有机分子中的共轭体系结构，将待处理水体中的有机污染物氧化分解，直至分解的最终产物为 CO_2、H_2O 及其他无机物，或者可利用生物技术降解小分子物质，并降低废水中的化学需氧量（COD），从而实现零污染排放。

主要的 AOPs 包括 O_3/Fe^{2+} 均相催化氧化法、O_3/H_2O_2 氧化法、O_3/Fenton 氧化法、电化学氧化法和电化学 /Fenton 氧化法，但是目前对其研究仍处于探索阶段，理论基础还不完善，在设备、工艺与经济上仍然存在许多亟待解决的问题，诸如处理过程过于繁杂、反应条件严苛、价格偏高、氧化剂和催化剂消耗大等，这使得 AOPs 与工业化应用还有一定距离。解决上述问题的途径之一，就是开发与超重力联合的技术，强化吸收传质过程，提高处理效率，降低处理成本 [94-97]。

（1）O_3/Fe^{2+} 均相催化氧化法

O_3 具有较强的氧化能力，其在水中的氧化还原电位为 2.07 V[98]，可以氧化分解水中的有机污染物，在水处理中对除臭、脱色、杀菌等具有显著效果。臭氧高级氧化技术作为 AOPs 中的一类，其主要反应在较低 pH 时为直接反应，即 O_3 直接分解氧化；而在碱存在的情况下为间接反应，即 O_3 可加速分解产生活泼的 ·OH 与有机物污染物进行反应，最终生成小分子有机酸、醛、CO_2 等，从而达到彻底降解有机物和消毒脱色的目的 [95,99]。

O_3/Fe^{2+} 均相催化氧化法一般是通过引入溶液中的 Fe^{2+} 作为催化剂来实现的，这种方法可以使 O_3 充分反应，促进其产生大量的活性自由基，强化了 O_3 的氧化分解能力，提高了 O_3 的利用率，从而达到有效去除有机物的目的 [100]。

（2）O₃/H₂O₂氧化法

O₃/H₂O₂氧化法是指部分 H_2O_2 解离产生的 HO_2^- 与 O_3 发生反应，产生·OH，从而将有机物降解成无机物，在此过程中 O_3 与非解离态的 H_2O_2 所发生的反应可以忽略不计。

O₃/H₂O₂氧化法利用 O_3 和 H_2O_2 之间的耦合作用，氧化机理是两种氧化剂的协同作用，能高效快速地将废水中多种有机物氧化分解，其反应速率主要取决于 O_3 和 H_2O_2 的初始浓度[101,102]。

（3）O₃/Fenton 氧化法

Fenton 氧化法是指在酸性条件下，利用 Fe^{2+} 催化氧化 H_2O_2，由于 H_2O_2 的分解活化能较低，能够产生高反应活性的·OH，可以用来降解污染物，同时，在反应过程中也形成了 Fe^{3+}，可以通过混凝沉淀的方法来去除污染物[103]，后来一般将 Fe^{2+} 和 H_2O_2 组成的体系称为 Fenton 体系。

在此基础上改进的 O₃/Fenton 氧化法是将 O_3 引入 Fenton 体系，与 Fe^{2+} 一起将 H_2O_2 氧化，极大地强化了氧化效果，氧化速率快，COD 和色度的脱除率均较高，适用范围广，可以氧化破坏多种有机物，而且反应条件温和，所用设备简单，既可以在废水处理中段提高废水的可生化性，也可以在系统末段进行废水的深度处理。

（4）电化学氧化法和电化学/Fenton 氧化法

电化学氧化法是指通过电极电位作用（石墨电极、金刚石电极、金属及金属氧化物电极），在阳极表面的分子空穴（$MO_x[\cdot]$）与吸附在阳极上的水反应，产生大量的超氧自由基、H_2O_2、·OH 等活性基团，从而降解去除污染物[104]。

而电化学/Fenton 氧化法是指向体系中引入 Fenton 试剂，Fe^{2+} 加入后可以在阴极持续再生，铁源得以重复利用，减少了二次污染，且产生电流的效率相对较高，进一步促进了·OH 的产生，提高了对有机物废水的降解效率。

（5）超重力强化 AOPs 耦合技术

现阶段对 AOPs 去除有机物的反应机理和途径还缺乏足够的认识，其氧化能力也不足以将所有有机污染物氧化分解，同时还存在着能量利用率低、能耗较大、设备和操作费用高等问题，这就需要借助其他手段来进一步提高反应处理效果。由于超重力技术对气液两相反应有着极大的强化作用，将超重力技术与 AOPs 相结合，可以有效提高适用范围和氧化效能，解决传质效率的问题，减少试剂的用量和二次污染，从而提高氧化效率，降低处理成本，对治理难降解有机污染物和中水回用等都有着重要的意义和潜在价值。影响超重力强化 AOPs 耦合技术的因素众多，包括转速、pH 值、气体流量及浓度、液体流量、试剂浓度和电流密度等。

曾泽泉等[101,102]将超重力强化 O₃/Fe²⁺ 均相催化氧化、O₃/H₂O₂ 氧化和 O₃/Fenton 氧化技术引入苯酚废水的处理过程中。实验结果表明，当超重力环境从 $2g$ 增加到 $175g$（g 为地球重力加速度）时，O₃/Fe²⁺ 均相催化体系中传质系数和苯酚的降解率分别增加了 1 倍和 0.7 倍，而从 8g 增加到 200g 时，O_3/H_2O_2 体系 COD 和苯酚的降解速率常数分别增加了 1 倍和 0.6 倍，O_3/Fenton 体系中苯酚的降解率增加了 0.3 倍。

魏清[105] 在对 O_3/Fe^{2+} 均相催化体系、O_3/H_2O_2 体系和 O_3/Fenton 体系焦化废水主要污染物（COD、氨氮化合物、苯酚、苯胺和喹啉）的降解研究中发现，随着超重力反应器转速的增加，主要污染物的脱除率均有一定的提高，当转速达到 1000 r/min 时脱除率最大，此时，氨氮化合物几乎全部脱除，COD 的最高脱除率为 34.37%，苯酚的最高脱除率为 90.9%，苯胺的最高脱除率为 97.68%，喹啉的最高脱除率为 89.05%，然而随着转速的继续增加，所有污染物的脱除率均有所下降。

王丹等[106] 发现在 O_3/Fenton 体系中，彩涂废水在超重力反应器转速为 1000 r/min 时，COD 的脱除率可达到 99.7%，然而当转速大于或小于 1000 r/min 时，脱除率有所下降，其最高 COD 脱除率超出同条件非超重力 O_3/Fenton 体系约 60%。

刘引娣等[107,108] 和高璟[109] 均以 Ti/IrO_2-Ta_2O_5 为阳极材料，采用不同超重力多级同心圆筒式电解反应装置的超重力强化电化学 /Fenton 氧化技术，来实现对含酚废水的降解，探究不同超重力水平对降解效果的影响。实验结果表明，两种装置的影响结果趋势相同，即随着超重力水平的增加，废水中苯酚和 COD 的脱除率均先增加再减小，而且在最适宜的超重力操作条件下，两种装置苯酚和 COD 的脱除率分别为重力环境下的 1.4 倍和 1.15 倍。

对于 O_3/Fe^{2+} 均相催化体系、O_3/H_2O_2 体系和 O_3/Fenton 体系来说，当转速增加时，液体在转子的内缘受到床内填料的作用，被强大的离心力推向转子的外缘，液体在这个过程中被填料分散，液滴尺寸和液膜厚度的减小增强了 O_3 与液体间的传质过程，另外，由于加快了气液界面的更新速率，也强化了分子混合，提升了·OH 的生成速率，使得氧化分解有机污染物的进程加快，但是当转速过快时，溶液在超重力反应器中的停留时间缩短，这样就会减少 O_3 与待处理废液的接触时间，脱除效果反而降低[102,105]。对于电化学 /Fenton 体系来说，整个反应的前期控制步骤为超重力强化传质过程，而后期会变为电化学反应传质过程。Fenton 氧化法的引入协同了电化学氧化法，在短时间内使超重力强化传质过程的效果达到最大。当超重力水平从零逐渐增加时，液体与电极表面间的界面层浓差极化减小，气泡形核半径随之减小，致使气泡与电极间的相间滑移速率较大，附着在电极表面的气泡脱落，电极活性增强，传质效率提高，电极表面快速更新，因而促进整个体系的电化学反应传质过程。当超重力水平超过最佳条件数值时，由于液体停留时间过短，导致液体与电极表面接触减少，液体中的有机污染物无法得到充分反应，进而导致其脱除率的降低。因此，超重力装置转速是影响废水处理效率的主要因素之一，可在一定程度上强化废水的处理过程。

参考文献

[1] 姜信真. 气液反应器理论及应用基础[M]. 北京：烃加工出版社, 1989.

[2] Onda K, Sada E, Murase Y. Liquid-side mass transfer coefficients in packed towers[J]. AIChE Journal, 1959, 5(3): 235-239.

[3] Vivian J E, Brian P L T, Krukonis V J. The influence of gravitational force on gas absorption in a packed column[J]. AIChE Journal, 1965, 11(6): 1088-1091.

[4] Munjal S, Duduković M P, Ramachandran P. Mass-transfer in rotating packed beds—Ⅱ. Experimental results and comparison with theory and gravity flow[J]. Chemical Engineering Science, 1989, 44(10): 2257-2268.

[5] Munjal S, Duduković M P, Ramachandran P. Mass-transfer in rotating packed beds—Ⅰ. Development of gas-liquid and liquid-solid mass-transfer correlations[J]. Chemical Engineering Science, 1989, 44(10): 2245-2256.

[6] Chen Y H, Chang C Y, Su W L, et al. Modeling ozone contacting process in a rotating packed bed[J]. Industrial & Engineering Chemistry Research, 2004, 43(1): 228-236.

[7] 张政, 张军, 郑冲. 旋转床填料空间液体的液相传质分析[J]. 工程热物理学报, 1998, 1: 86-89.

[8] 竺洁松, 郭锴, 冯元鼎, 等. 旋转床填料中的传质及其模型化[J]. 高校化学工程学报, 1998, 3: 12-18.

[9] 许明, 张建文, 陈建峰, 等. 超重力旋转床中水脱氧过程的模型化研究[J]. 高校化学工程学报, 2005, 3: 309-314.

[10] Keyvani M. Operating characteristics of rotating beds[J]. Chemical Engineering Progress, 1989, 85(9): 48-52.

[11] 陈海辉, 简弃非, 邓先和. 化学吸收法测定旋转填料床有效相界面积[J]. 华南理工大学学报：自然科学版, 1999, 7: 33-39.

[12] 钱智, 徐联宾, 李振虎, 等. 旋转填充床中伴有可逆反应的气液传质[J]. 化工学报, 2010, 61(4): 832-838.

[13] Whitman W G. Preliminary experimental confirmation of the two-film theory of gas absorption[J]. Chem Metal Eng, 1923, 29: 146-148.

[14] Higbie R. The rate of absorption of a pure gas into a still liquid during short periods of exposure[J]. AIChE, 1935, 31: 365-389.

[15] Danckwerts P V. Promotion of CO_2 mass-transfer in carbonate solutions[J]. Chemical Engineering Science, 1981, 36(10): 1741-1742.

[16] Yi F, Zou H K, Chu G W, et al. Modeling and experimental studies on absorption of CO_2 by benfield solution in rotating packed bed[J]. Chem Eng J, 2009, 145(3): 377-384.

[17] Zhang L L, Wang J X, Xiang Y, et al. Absorption of carbon dioxide with ionic liquid in novel rotating packed bed contactor: Mass transfer study[J]. Ind Eng Chem Res, 2011, 11: 6957-6964.

[18] Burns J R, Jamil J N, Ramshaw C. Process intensification: Operating characteristics of rotating packed beds—determination of liquid hold-up for a high-voidage structured packing[J]. Chem Eng Sci, 2000, 13: 2401-2415.

[19] Li W Y, Wu W, Zou H K, et al. A mass transfer model for devolatilization of highly viscous media in rotating packed bed[J]. Chin J Chem Eng, 2010, 2: 194-201.

[20] 李沃源. 旋转填充床内高黏聚合物脱挥的实验、理论及应用研究[D]. 北京: 北京化工大学, 2009.

[21] 孙润林. 旋转填充床流体流动观测与 CFD 模拟[D]. 北京: 北京化工大学, 2012.

[22] Wuebbles D J, Jain A K. Concerns about climate change and the role of fossil fuel use[J]. Fuel Processing Technology, 2000, 71(1): 99-119.

[23] 王协琴. 温室效应和温室气体减排分析[J]. 天然气技术, 2008, 6: 53-58, 79-80.

[24] Stewart C, Hessami M A. A study of methods of carbon dioxide capture and sequestration—the sustainability of a photosynthetic bioreactor approach[J]. Energy Conversion & Management, 2005, 46(3): 403-420.

[25] 国家发展和改革委员会应对气候变化司. 中华人民共和国气候变化第二次国家信息通报[M]. 北京: 中国经济出版社, 2013.

[26] 国家统计局, 生态环境部. 2018 中国环境统计年鉴[M]. 北京: 中国统计出版社, 2018.

[27] 吴妍. 国家发展改革委发布国家应对气候变化规划[J]. 福建轻纺, 2014, 11: 3.

[28] Rochelle G T. Amine scrubbing for CO_2 capture[J]. Science, 2009, 325(5948): 1652-1654.

[29] Spigarelli B P, Kawatra S K. Opportunities and challenges in carbon dioxide capture[J]. Journal of CO_2 Utilization, 2013, 1: 69-87.

[30] Rochelle G, Chen E, Freeman S, et al. Aqueous piperazine as the new standard for CO_2 capture technology[J]. Chemical Engineering Journal, 2011, 171(3): 725-733.

[31] Lin C H, Liu A, Tan C. Removal of carbon dioxide by absorption in a rotating packed bed[J]. Industrial & Engineering Chemistry Research, 2003, 42(11): 2381-2386.

[32] Jassim M, Rochelle G, Eimer D A, et al. Carbon dioxide absorption and desorption in aqueous monoethanolamine solutions in a rotating packed bed[J]. Industrial & Engineering Chemistry Research, 2007, 46(9): 2823-2833.

[33] Sun B C, Zou H K, Chu G W, et al. Determination of mass-transfer coefficient of CO_2 in NH_3 and CO_2 absorption by materials balance in a rotating packed bed[J]. Industrial & Engineering Chemistry Research, 2012, 51(33): 10949-10954.

[34] 李幸辉. 超重力技术用于脱除变换气中二氧化碳的实验研究[D]. 北京: 北京化工大学, 2008.

[35] Qian Z, Xu L, Cao H, et al. Modeling study on absorption of CO_2 by aqueous solutions of N-methyldiethanolamine in rotating packed bed[J]. Industrial & Engineering Chemistry Research, 2009, 48(20): 9261-9267.

[36] Cheng H H, Tan C S. Removal of CO_2 from indoor air by alkanolamine in a rotating packed bed[J]. Separation & Purification Technology, 2011, 82(1): 156-166.

[37] Zhang L L, Wang J X, Liu Z P, et al. Efficient capture of carbon dioxide with novel mass-transfer intensification device using ionic liquids[J]. AIChE Journal, 2013, 59(8): 2957-2965.

[38] Caplow M. Kinetics of carbamate formation and breakdown[J]. Journal of the American Chemical Society, 1968, 90(24): 6795-6803.

[39] Danckwerts P V. The reaction of CO_2 with ethanolamines[J]. Chemical Engineering Science, 1979, 34(4): 443-446.

[40] Crooks J E, Donnellan J P. Cheminform abstract: Kinetics and mechanism of the reaction between carbon dioxide and amines in aqueous solution[J]. Cheminform, 1989, 20(28): 331-333.

[41] Silva E F D, Svendsen H F. Ab initio study of the reaction of carbamate formation from CO_2 and alkanolamines[J]. Industrial & Engineering Chemistry Research, 2004, 43(13): 3413-3418.

[42] Donaldson T L, Nguyen Y N. Carbon dioxide reaction kinetics and transport in aqueous amine membranes[J]. Industrial & Engineering Chemistry Fundamentals, 1980, 19(3): 260-266.

[43] Yu W C, Astarita G, Savage D W. Kinetics of carbon dioxide absorption in solutions of methyldiethanolamine[J]. Chemical Engineering Science, 1985, 40(8): 1585-1590.

[44] 谢冠伦. 新型结构旋转床吸收混合气中二氧化碳的研究[D]. 北京：北京化工大学, 2010.

[45] 盛淼蓬. 二氧化碳复配吸收剂的开发和脱碳工艺研究[D]. 北京：北京化工大学, 2015.

[46] 吴舒莹. 超重力旋转床强化有机胺吸收剂的 CO_2 捕集性能研究[D]. 北京：北京化工大学, 2018.

[47] 陈建峰, 初广文, 邹海魁. 一种超重力旋转床装置及在二氧化碳捕集纯化工艺的应用[P]. CN 101549274A. 2009-10-07.

[48] 邹海魁, 初广文, 赵宏, 等. 面向环境应用的超重力反应器强化技术：从理论到工业化[J]. 中国科学：化学, 2014, 44(9): 1413-1422.

[49] Elsayed Y, Seredych M, Dallas A, et al. Desulfurization of air at high and low H_2S concentrations[J]. Chemical Engineering Journal, 2009, 155(3): 594-602.

[50] 颜杰, 李红, 刘科财, 等. 干法脱除硫化氢技术研究进展[J]. 四川化工, 2011, 5: 27-31.

[51] 贺英群. 焦炉煤气脱硫工艺的研究[J]. 鞍钢技术, 1997, 6: 6-13.

[52] 任传岭, 窦智, 周军建. 888 脱硫剂在焦炉气脱硫中的应用[J]. 化肥设计, 2006, 6: 49-51.

[53] 黄子衍 . 栲胶法脱硫在化肥厂应用的概述[J]. 化肥工业 , 2002, 4: 22-25, 60.

[54] 王润叶 . AS 循环洗涤法的应用[J]. 同煤科技 , 2003, 2: 28-29.

[55] 白巧枝 , 舒世则 , 白守明 . 焦炉煤气用真空碳酸盐法的脱硫技术[J]. 燃料与化工 , 2002, 3: 135-138.

[56] 许国强 . 环丁砜及其广泛用途[J]. 辽宁化工 , 1986, 5: 31-35.

[57] 冷继斌 , 于召洋 , 李振虎 , 等 . 超重力氧化还原法用于天然气脱硫的探索性研究[J]. 化工进展 , 2007, 7: 1023-1027.

[58] 曹会博 , 李振虎 , 郝国均 , 等 . 超重力络合铁法脱除石油伴生气中 H_2S 的中试研究[J]. 石油化工 , 2009, 9: 971-974.

[59] 李华 . 超重力吸收法脱除 H_2S 的实验研究[D]. 北京 : 北京化工大学 , 2010.

[60] 丁子豪 . 超重力法脱除焦炉煤气中硫化氢气体的实验研究[D]. 北京 : 北京化工大学 , 2014.

[61] 钱智 . 超重力环境下 MDEA 吸收 CO_2 及选择性脱除 H_2S 的研究[D]. 北京 : 北京化工大学 , 2010.

[62] 孙晓飞 . 超重力法深度脱除气体中硫化氢的研究与应用[D]. 北京 : 北京化工大学 , 2017.

[63] 马凯 . 超重力胺法脱除减顶气中硫化氢的实验研究以及脱硫工艺流程初步设计[D]. 北京 : 北京化工大学 , 2016.

[64] 吴双清 , 陈建峰 , 叶凌 , 等 . 一种炼厂气体中硫化氢的脱除工艺[P]. CN 109966889A. 2019-07-05.

[65] 王志才 . 对干法烟气脱硫技术应用的探讨[J]. 内蒙古科技与经济 , 2008, 14: 208-209.

[66] 赵卷 , 张少峰 , 张占锋 . 半干法烟气脱硫技术研究新进展[J]. 河北工业大学学报 , 2003, 5: 81-86.

[67] 葛能强 , 邵永春 . 湿式氨法脱硫工艺及应用[J]. 硫酸工业 , 2006, 6: 10-15.

[68] 宋宝华 . 湿式镁法烟气脱硫技术发展综述[J]. 中国环保产业 , 2009, 8: 28-30, 34.

[69] 蒋欣 , 黄玲 , 武秀文 , 等 . 烟气脱硫技术的应用研究[J]. 环境污染治理技术与设备 , 2003, 3: 82-84.

[70] 黄丽娜 , 缪明烽 , 陈茂兵 , 等 . 石灰石 - 石膏法与氨法脱硫技术比较[J]. 电力科技与环保 , 2011, 5: 26-28.

[71] 蒋利桥 , 赵黛青 , 陈恩鉴 . 亚硫酸钠循环法烟气脱硫工艺实验研究[J]. 热能动力工程 , 2005, 4: 384-386, 401.

[72] 曾健琴 , 周世嘉 . 钠 - 钙双碱法工艺在高温烟气脱硫中的应用[J]. 绿色科技 , 2013, 5: 211-213.

[73] 林燕 , 王芳 , 张志庆 , 等 . 离子液体绿色脱硫机理及应用进展[J]. 化工进展 , 2013, 3: 549-557.

[74] 郭奋 . 错流旋转床内流体力学与传质特性的研究[D]. 北京 : 北京化工大学 , 1996.

[75] 王俊 , 邹海魁 , 初广文 , 等 . 超重力烟气脱硫的实验研究[J]. 高校化学工程学报 , 2011, 1:

168-171.

[76] 单从云 . 新型并流旋转填充床压降特性及脱硫性能研究[D]. 北京 : 北京化工大学 , 2013.

[77] Bai S, Chu G W, Li S C, et al. SO_2 removal in a pilot scale rotating packed bed[J]. Environmental Engineering Science, 2015, 32(9): 806-815

[78] 王俊 . 超重力烟气脱硫工艺研究[D]. 北京 : 北京化工大学 , 2009.

[79] 鱼潇 . 旋转填充床湿法脱硝新工艺研究[D]. 北京 : 北京化工大学 , 2015.

[80] 高文雷 . 旋转填充床中湿法氧化脱硝的研究[D]. 北京 : 北京化工大学 , 2013.

[81] 刘有智 , 李鹏 , 李裕 , 等 . 超重力法处理高浓度氮氧化物废气中试研究[J]. 化工进展 , 2007, 7: 1058-1061.

[82] Jiang H, Meng L, Chen R Z, et al. Advances in process intensification technology of catalytic reaction coupling membrane separation processes[J]. Chemical Reaction Engineering and Technology, 2013, 29(3): 199-207.

[83] Chen J F, Zhang P Y, Chu G W, et al. Reactive distillation apparatus for a multistage counter-current rotating bed and its application[P]. US 8551295B2. 2013-10-08.

[84] Trent D, Tirtowidjojo D. Commercial operation of a rotating packed bed (RPB) and other applications of RPB technology[C]. Proceedings of the 4th International Conference on Process Intensification for the Chemical Industry, Brugge, 2001.

[85] 陈建峰 . 超重力技术及应用 : 新一代反应与分离技术[M]. 北京 : 化学工业出版社 , 2003.

[86] 邹海魁 , 初广文 , 向阳 , 等 . 超重力反应强化技术最新进展[J]. 化工学报 , 2015, 66(8): 2805-2809.

[87] 周建华 , 王新军 . 液化气脱硫醇工艺完善及节能减排要素分析[J]. 石油炼制与化工 , 2008, 39(03): 51-57.

[88] 曹晶 , 郭瑞生 . 液化气脱硫醇装置提高碱液利用率研究[J]. 化工设计通讯 , 2017, 11: 104, 122.

[89] 李玮 . 超重力技术应用于催化汽油脱硫醇碱液再生过程强化的研究[D]. 北京 : 北京化工大学 , 2015.

[90] 谢文莲 , 李玲 , 郭灿城 . 环己烷氧化制环己酮工艺技术进展[J]. 精细化工中间体 , 2003, 1: 8-10, 58.

[91] 刘平乐 , 罗和安 , 王良芥 . 环己烷液相氧化工艺研究进展[J]. 合成纤维工业 , 2003, 5: 37-39.

[92] 辛虎 . 环己烷氧化制备环己酮超重力反应新工艺的研究[D]. 北京 : 北京化工大学 , 2006.

[93] 陈建峰 , 辛虎 , 邹海魁 , 等 . 环己烷液相氧化制备环己酮的工艺方法[P]. CN 100503541C. 2009-06-24.

[94] Glaze W H. Drinking-water treatment with ozone[J]. Environmental Science & Technology, 2002, 21(3): 224-230.

[95] 高欣 , 宫艳萍 , 尹文利 , 等 . 高级氧化法在污水处理中的应用[J]. 中国高新技术企业 ,

2014, 5: 92-93.

[96] 刘晶冰，燕磊，白文荣，等 . 高级氧化技术在水处理的研究进展[J]. 水处理技术，2011, 3: 11-17.

[97] 石谷金 . 高级氧化技术在水处理中的应用[J]. 中国资源综合利用，2018, 3: 58-60.

[98] 左泽浩，杨维本，杨朕，等 . 臭氧高级氧化法处理化工废水的进展研究[J]. 环境科学与管理，2017, 6: 113-117.

[99] 卢徐节，刘琼玉，刘延湘，等 . 高级氧化技术在印染废水处理中的应用[J]. 印染助剂，2011, 28(5): 7-11.

[100] Haginiwa J, Higuchi Y, Hirose M. Oxidation of ferrous ions by ozone in acidic solutions[J]. Inorganic Chemistry, 1992, 23(48): 459-522.

[101] 曾泽泉 . 超重力强化臭氧高级氧化技术处理模拟苯酚废水的研究[D]. 北京：北京化工大学，2013.

[102] Zeng Z, Zou H, Li X, et al. Ozonation of phenol with $O_3/Fe(II)$ in acidic environment in a rotating packed bed[J]. Indengchemres, 2012, 51(31): 10509-10516.

[103] 方景礼 . 废水处理的实用高级氧化技术 第一部分：各类高级氧化技术的原理、特性和优缺点[J]. 电镀与涂饰，2014, 8: 350-355.

[104] 周明华，吴祖成，汪大翚 . 电化学高级氧化工艺降解有毒难生化有机废水[J]. 化学反应工程与工艺，2001, 3: 263-271.

[105] 魏清 . RPB 强化臭氧高级氧化技术处理模拟焦化废水的研究[D]. 北京：北京化工大学，2015.

[106] 王丹，单明军，王伟，等 . 超重力 -O_3-Fenton 氧化法深度处理彩涂废水[J]. 化工环保，2016, 5: 527-531.

[107] 刘引娣，刘有智，高璟，等 . 超重力 - 电催化耦合法降解含酚废水[J]. 化工进展，2015, 7: 2070-2074.

[108] 刘引娣 . 超重力环境下 Ti/IrO_2-Ta_2O_5 电极电催化降解含酚废水的研究[D]. 太原：中北大学，2015.

[109] 高璟 . 超重力技术强化电化学法处理含酚废水的研究[D]. 太原：太原理工大学，2013.

第六章

气 - 固体系超重力反应工程

气 - 固催化反应在化学工业中应用十分广泛，如煤制油工艺中的费托合成反应、氨的合成、一氧化碳变换、甲醇合成、乙苯脱氢制苯乙烯、炼油工艺中催化裂化和催化重整等，均属此类反应。

气 - 固催化反应属于非均相反应，反应物从气相主体扩散到固体催化剂颗粒外表面，经催化剂颗粒内的微孔扩散到内表面的活性中心进行催化反应，生成的产物再经微孔扩散到催化剂颗粒外表面返回气流主体。此过程包括外扩散、内扩散和表面反应三个步骤，其中阻力大的步骤为整个反应过程的控制步骤。

总体来讲，气 - 固催化过程涵盖了包括传递、传质、传热以及化学反应的"三传一反"过程。

第一节　超重力反应器内气-固多相体系流体力学特性可视化研究

对反应器而言，充分认识反应器内的流体流动规律，可为研究传质、传热与反应过程奠定基础，并为反应器的结构设计提供优化方案。针对超重力反应器内气 - 固多相体系，由于催化剂多为固定负载状态，因此，气相的流体力学特性对反应过程至关重要。流动可视化技术[1]是一种分析流动特性的有效手段，也可为流动过程的数值计算提供重要的实验验证。

一、超重力反应器内气-固多相体系流体流动可视化观测

1. 可视化测试技术

随着电子科技与信息技术的进步，流体流动的测量方法也有了长足的发展，从最初的单点测速法逐步发展为全场测速法[2]。单点测速法主要是采用各种仪器和手段测量容器内某个点的速度，而全场测速可以通过仪器捕捉一定范围内的速度场数据。全场测速法主要包括影像拍摄法（imaging）、红外热像仪法（thermography）、X射线断层扫描技术（X-ray computerized tomography scanner）和粒子图像测速技术（particle image velocimetry, PIV）等。

影像拍摄法是采用摄像机来捕捉流体的流动状态以及流型的变化。但是影像拍摄无法观测到非透明物内部的流体流动形态，使其应用受到一定限制。红外热像仪法通过非接触测量探测红外能量，生成热图像，并将其转换成电信号，进行温度值计算。当与主体流体温度不同的流体加入后，流动状态的变化会引起温度的变化，通过相应的温度计算来反映流动参数的变化。X射线断层扫描技术（X-ray CT）最早应用在医学领域，利用X射线沿某一断层层面进行照射，将透过的射线强度值转换为数字信号传入计算机进行处理，从而显示出该层面的"切片"图。X-ray CT技术目前主要针对液、固两相，尚未应用于气相流动的研究。

PIV是将计算机技术、光学技术以及图像分析技术融合于一体的最新流动测试手段[3]。它能在同一瞬态记录大量空间点上的速度分布信息，并可实现二维、三维等空间结构内的流体流动测量。PIV的突出优点在于：①突破单点测量技术局限，获得全流场瞬态流动信息；②实现非侵入式、无干扰测量；③在全场速度分布的基础上，得到涡量场、湍动场等物理信息。因此，该技术广泛应用于航空[4,5]、水利[6,7]、化工[8,9]等领域的流体流动测量。

2. PIV技术原理及应用

PIV技术是利用示踪粒子和它们的图像进行速度场测量的一种方法，其测速原理如图6-1所示。首先在待测流场中播撒示踪粒子，然后利用激光器发射的双脉冲激光照亮待测区域上的示踪粒子，与此同时，CCD相机拍摄记录双脉冲发射时（t_1，t_2）示踪粒子的图像，通过后处理系统分析示踪粒子在极小的两个时间间隔内（$\Delta t = t_2 - t_1$）的位移，进而得到流体的运动速度[10]。

3. 超重力反应器内气-固多相体系流体流动PIV观测

高雪颖[10]采用PIV可视化技术对RPB反应器填料层内的气相流动行为进行了观测。图6-2为RPB内气相流场可视化测试的实验流程图。整个流程主要分为两部分：气路系统和PIV测试系统。气路系统由气源、手阀、压力表、转子流量计、发烟箱、旋转台和待测区构成，由压缩机房提供连续而且稳定的空气源，打开手阀，

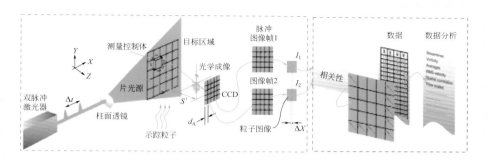

图 6-1 2D PIV 系统测速原理示意图

(a) 拍摄图

(b) 设计图

图 6-2 RPB 内气相 PIV 实验流程

1—气源；2—手阀；3—压力表；4—转子流量计；5—发烟箱；6—旋转台；7— RPB；
8—激光器；9—CCD相机；10—相机控制器；11—DAVIS系统；12—脉冲开关；13—铝箔纸；
14—智能转速表

气体经压力表和转子流量计后流入发烟箱，携带点燃的艾草或烛香发出的烟颗粒流入旋转台中心轴腔，从有机玻璃转子的内空腔进入，径向流至外空腔，最后从外空腔出口排出。PIV 系统主要包括激光器、CCD 相机、同步器和数据后处理系统。激光器发射激光照亮待测区域，CCD 相机将两束激光脉冲时间间隔内示踪粒子的位置记录下来，在同步器的作用下同步传输到数据处理系统，得到整个测试区域内的速度矢量图，进而进行其他物理量，如涡量、湍动能等参数的分析。

研究所用的 RPB 如图 6-3 所示，设备壳体和转子为透明度较高的有机玻璃（聚甲基丙烯酸甲酯，PMMA）。气相由内空腔进入旋转填料区，由内而外，经外空腔的出口流出。参考前人 PIV 实验的研究结果[11-15]，选取直径为 16～25 mm（对应的床-球径比为 3.12～4.875）的玻璃球作为填料。为使旋转过程中球与转子的位置保持相对静止，在转子区设置了四块挡板，并在每块挡板上开有 5 个 ϕ10 mm 的孔，以保证气相可以穿过挡板进行周向流动。

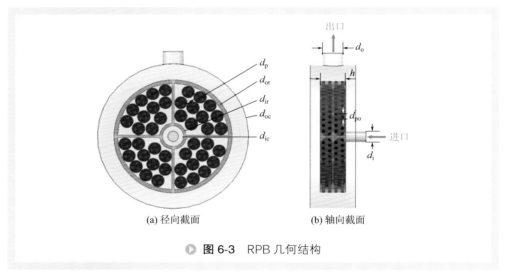

(a) 径向截面   (b) 轴向截面

▶ **图 6-3** RPB 几何结构

旋转填充床的主要设备尺寸如表 6-1 所示，转子内、外径尺寸分别为 50 mm、206 mm，采用了球径为 25 mm、20 mm 和 16 mm 三种尺寸的玻璃球作为填料，进行了气相流动可视化研究。

表 6-1 RPB的结构尺寸

结构参数	符号	数值	单位	结构参数	符号	数值	单位
气相进口直径	d_i	20	mm	转子外径	d_{or}	206	mm
内空腔直径	d_{ic}	40	mm	转子高度	h	50	mm
转子内径	d_{ir}	50	mm	外空腔直径	d_{oc}	300	mm

続表

结构参数	符号	数值	单位	结构参数	符号	数值	单位
气相出口直径	d_o	40	mm	转子外壁开孔率	ζ_o	21	%
转子壁孔径	d_{po}	6	mm	球填料直径	d_p	25, 20, 16	mm
转子内壁开孔率	ζ_i	16	%	床层空隙率	ε	0.517, 0.496, 0.494	—

4. 后处理方法

在对拍摄到的示踪粒子图像进行后处理时，PIV 需要对连续获得的两帧粒子图像进行粒子的判别和方向的确定。采用互相关的方法可以自动判别问询域中的粒子速度方向。经过反复比对，问询域的大小设置为 32 像素 ×32 像素，50% 的问询域重叠，这样得出的速度矢量分辨率为 0.5 mm，效果最佳。

为了减小实验测得的气相平均速度的随机误差，采用时均速度［式（6-1）］，即多张图像中对应的问询域的速度平均值作为速度场的分析基准。采用拍摄 200 张图像进行后处理所得的时均速度作为进一步分析流场的依据，数据误差值在 2% 以内。

$$v_{avg} = \frac{1}{n_i}\sum_{n_i=1}^{200} v_{n_i} \qquad (6\text{-}1)$$

式中　n_i——图像张数，无量纲；

v_{n_i}——每张图像的瞬时速度，m/s；

v_{avg}——所有拍摄图像的平均速度，m/s。

气相在旋转填充床填料层中出现湍流流动，其中的一个衡量湍动强度的重要参数就是湍动能 k，定义式为

$$k = \frac{1}{2}\left(\overline{v_x'^2} + \overline{v_y'^2} + \overline{v_z'^2}\right) \qquad (6\text{-}2)$$

然而，2D PIV 系统只能得到测试面 x、y 方向上的脉动速度，z 方向的脉动速度不能直接测出，依据拟各向同性假设，计算出的湍动能为

$$k = \frac{3}{4}\left(\overline{v_x'^2} + \overline{v_y'^2}\right) \qquad (6\text{-}3)$$

二、气相流场的可视化分析

1. 速度

图 6-4 为 PIV 系统拍摄到的 RPB 内 1/4 床层区域的球间隙粒子图像，为了更清晰地分析速度的分布情况，选取了沿径向分布的典型区域 1~4 与沿周向分布的典型区域 3、5、6 进行分析。

图 6-5 展示了不同转速和气体流量下的速度矢量图。当转速 $N=0$ 时［见图 6-5（a）］，气体在球间隙间的速度分布不一，在突扩处速度变小，突缩处速度变大，在球的后面区域易形成死区，速度降为 0，而且速度在径向上和周向上分布

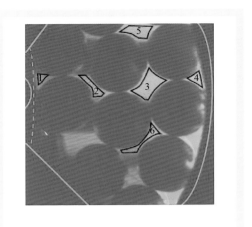

▶ **图 6-4** PIV 拍摄图像

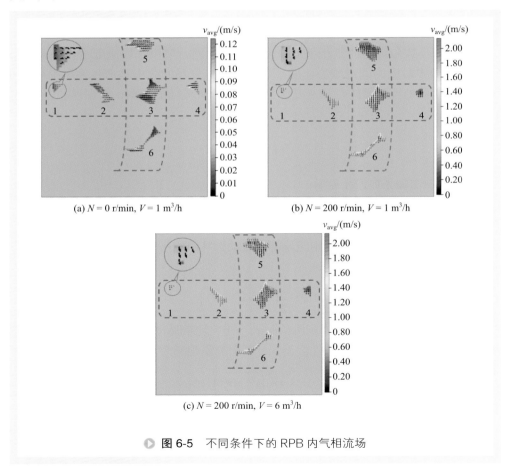

(a) $N=0$ r/min, $V=1$ m³/h   (b) $N=200$ r/min, $V=1$ m³/h

(c) $N=200$ r/min, $V=6$ m³/h

▶ **图 6-5** 不同条件下的 RPB 内气相流场

都不均匀，但总体上气体的速度方向是沿着径向流出的。从图 6-5（b）和图 6-5（c）可以看到，气体受到离心力与科氏力的旋转剪切作用，速度方向发生变化，呈近似周向运动。在主体区域，周向上的速度值大小基本相同，这说明周向上的分速度占据主导地位，同时速度值沿着径向方向呈增大趋势。比较图 6-5（b）与图 6-5（c）可以看出，气相进口区域的径向速度随着气体流量的增大而增加，且存在明显的射流区域。

2. 湍动能

图 6-6（a）和图 6-6（b）给出了不同情况下 RPB 球床内的湍动能图。从图中可以发现，当球床静止时，整体的湍动能都很低，主体区的湍动能在 $5 \times 10^{-5} \sim 1 \times 10^{-4} \, \mathrm{m^2/s^2}$ 范围内。入口区湍动能略大，在 $2 \times 10^{-4} \sim 5 \times 10^{-4} \, \mathrm{m^2/s^2}$ 范围内。旋转后受

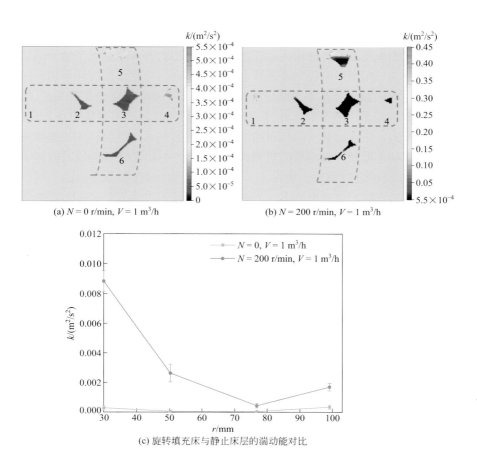

(a) $N = 0$ r/min, $V = 1$ m³/h

(b) $N = 200$ r/min, $V = 1$ m³/h

(c) 旋转填充床与静止床层的湍动能对比

▶ 图 6-6　不同操作条件下的湍动场

离心力和科氏力的作用，湍动能增加了2～3个数量级，进口区（区域1）最为明显，因为此区域气相与转子内球填料的相对速度最大，碰撞非常剧烈，引起脉动速度的明显增加。主体区域（区域2和3）湍动能在 $0.1\ \mathrm{m^2/s^2}$ 以下，相对较低，主要因为气相在此区域获取了与转子相近的切向速度，导致气相的合速度与转子的相对速度减小。对比图6-6（c）看出，旋转后床层的湍动能明显高于静止床层的湍动能，表明旋转对气相湍动有促进作用，且较高的湍动强度可减小球颗粒表面的湍动边界层厚度，从而改善气侧的传质效果，同时也可降低气-固催化反应过程中的外扩散阻力，有利于反应的进行。

三、气相流场的影响因素的实验结果分析

1. 转速

图6-7展示了转速对气相速度与湍动能的影响规律。从图中可以看出，随着转速的增加，气相速度近似线性增大，在入口区域气相的真实速度大于转子的切向速度，因为此区域气相进口的径向速度较大。在主体区，气相速度与转子切向速度十分相近，表明此区域气相基本与转子同步运动，切向速度在合速度中占主导地位。这与前人的研究结果一致[16,17]。此外，转速对湍动能的影响主要集中在入口区域，随着转速的增大，气速与转子的相对速度增大，导致气体与球填料间的碰撞更为剧烈，产生的脉动速度使得湍动能明显增大，刘易等[18]采用CFD手段对内装丝网填料的RPB气相流动进行模拟，也得出了相似的结论。但在主体区域由于气相与转子速度同步，二者的相对速度很小，从而使得此区域的湍动能受转速影响较小。

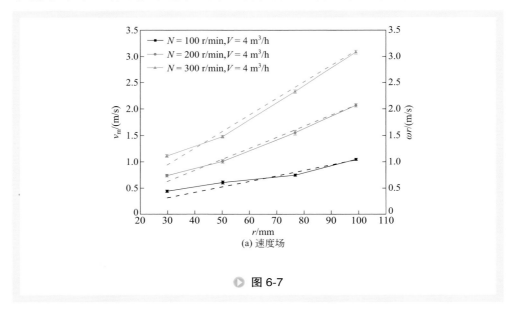

(a) 速度场

▶ 图6-7

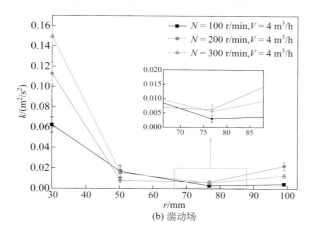

(b) 湍动场

图 6-7 不同转速下速度场和湍动场的分布

2. 气体流量

图 6-8 展示了气体流量对气相速度与湍动能的影响规律。由图可知，气体流量对气速的影响可忽略，对主体区的湍动能影响较小，但对入口区域的湍动能影响较大。气速主要取决于转子的切向速度，而气体流量大小直接影响气相的进口径向速度，只在入口区域有一定影响，随着径向距离的增大影响越来越微弱。因此在相同转速下，不同气体流量对气速的影响不大。随着气体流量的增大，气相的径向速度与转子的相对速度增大，导致气体与球填料的碰撞更剧烈，使得湍动能增加。

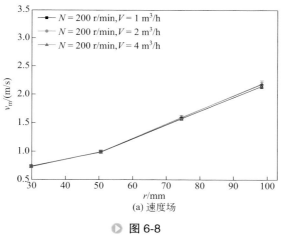

(a) 速度场

图 6-8

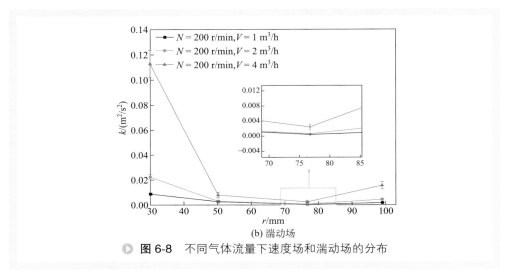

(b) 湍动场

▶ 图 6-8　不同气体流量下速度场和湍动场的分布

3. 填料尺寸

图 6-9 为装有 25 mm、20 mm 和 16 mm 三种不同直径球填料的 RPB 床层的气相速度和湍动能分布图。由图可知，在三种床层内各处的平均气速相近，但湍动能相差较大，16 mm 球床明显比 25 mm 球床的湍动能大，由于小球床层的壁面较多，使得流道曲折、脉动速度较大，导致相应的湍动能增加。

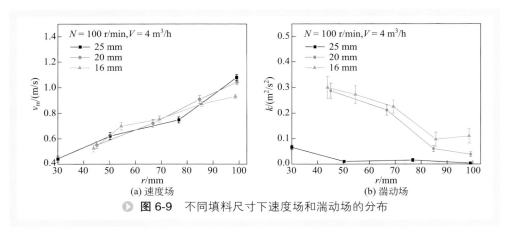

(a) 速度场　　　　　　　　　　　(b) 湍动场

▶ 图 6-9　不同填料尺寸下速度场和湍动场的分布

4. 气相湍动端效应区

Duduković 等[19]在研究 RPB 内液相流动时，通过计算气液相界面积发现在液相进入转子内缘附近的区域存在端效应区。郭锴[20]在研究 RPB 中气液流动与传质过程时发现，当液体从内空腔沿径向喷射入转子区后，在转子内缘 7～10 mm 的床层内获得周向的速度，并且采用水脱氧这一物理吸收体系测得了 RPB 床层内的液相传质系数，发现液相端效应区的传质系数是主体区的3～4倍，表明此区域的气-液传质效率明显高于主体区。刘易等[18]采用 CFD 方法研究单气相从外空腔进入转子区的过程，发现气体入口区域的湍动能明显高于主体丝网填料区域，认为气相也存在与液相类似的端效应区。

高雪颖[10]通过分析 RPB 床层各区域（区域1～4）沿径向的湍动能图，对气-固催化反应的 RPB 球床是否存在端效应区进行了研究。首先提出了两个与设备结构和参数相关的无量纲雷诺数 Re_G、Re_ω，计算公式如下

$$Re_G = \frac{d_{pb}u_0\rho}{\mu} \tag{6-4}$$

$$Re_\omega = \frac{\omega \bar{R}^2 \rho}{\mu} \tag{6-5}$$

式中　Re_G——表征的是惯性力的大小，与进气流量和填料结构有关，无量纲；

　　　d_{pb}——填料（玻璃球）直径，m；

　　　u_0——表观气速，m/s；

　　　ρ——气体密度，kg/m^3；

　　　μ——空气黏度，$Pa \cdot s$；

　　　Re_ω——表征的是旋转剪切力的大小，与转速和转子尺寸有关，无量纲；

　　　ω——转子角速度，rad/s；

　　　$\bar{R}$——床层的当量半径，m。

u_0 计算公式为

$$u_0 = \frac{V}{2\pi R_1 h} \tag{6-6}$$

式中　V——气体流量，m^3/s；

　　　R_1——填料床层内半径，m；

　　　h——填料床层高度，m。

$\bar{R}$ 与床层内、外半径的关系式为

$$\bar{R} = \sqrt{\frac{R_1^2 + R_2^2}{2}} \tag{6-7}$$

图 6-10 展示了操作范围内 RPB 床层各区域（测试区1～4）沿径向的湍动能图，从图中可以看出，大部分工况下入口区域的湍动能明显大于主体区的湍动能，这是由进口处径向速度与周向转动速度的巨大差异导致的，这说明在 RPB 床层入口区域同样存在着气相端效应区。在 Re_ω 低于 8050 时，Re_G 对湍动能的影响比较明显，随着 Re_G 的增加湍动能明显增大；当 Re_ω 高于 8050 时，Re_G 对湍动能的影响不再明显。在 $Re_G > 121$ 且 $Re_\omega > 8050$ 的操作范围内，湍动能值较大，说明此操作条件可能会增大气相端效应区的厚度，影响气-固传质和反应过程。受限于 PIV 实验操作条件，无法对更广操作范围内的端效应区长度进行深入研究，后续将采用 CFD 手段对此现象进行详细的探讨。

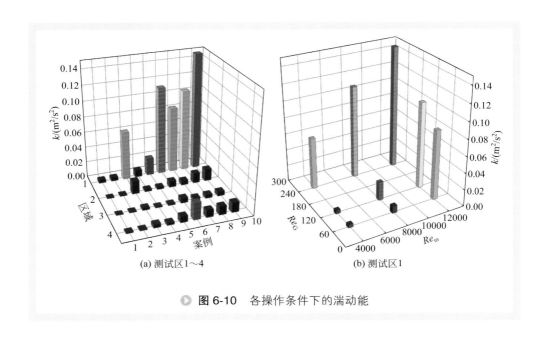

(a) 测试区1～4   (b) 测试区1

▶ 图 6-10   各操作条件下的湍动能

第二节   旋转填充床内气相流动的CFD模拟研究

CFD 方法被广泛应用于航天航空、机械设备设计、化工设备优化等各个领域。其中将 CFD 应用于反应器内单相或多相流动的研究受到普遍重视。Shi 和 Yang 等 [17,21] 采用 CFD 方法对旋转填充床内的液相流动进行了模拟研究，并考察了转速、进口流速等因素对液相流速、流动形态以及平均停留时间的影响，Yang 等 [22] 通过改进结构来改变液相的分布，得到了最优的转子结构。在气 - 固催化反应过程中，气相的流动特性会直接影响反应的进行，同时受到床层内球颗粒形成的曲折流道和旋转的影响，气相在旋转填充内的停留时间会有差异，导致物料之间的返混，因此研究 RPB 中气相流动特性和气相停留时间分布规律具有重要的意义。

高雪颖 [10] 采用 CFD 方法建立了装填球形颗粒填料的旋转填充床三维模型，对床层内部气相流场进行了详细的研究，考察了各操作参数对气相流动特性的影响规律，进而探讨了气相在 RPB 反应器内的停留时间分布规律。

一、旋转填充床内气相流动模型的建立

1. 物理模型的建立

首先建立了旋转填充床内气相流动的三维 CFD 模型，并通过本章第一节

PIV 测试数据进行验证。在 PIV 实验的基础上，运用 CFD 方法建立了球径较宽（8～20 mm）、床 - 球径比较高（3.9～9.8）的几何模型，详细尺寸如表 6-2 所示。

表 6-2　RPB 结构尺寸

结构参数	符号	数值	单位	结构参数	符号	数值	单位
气相进口直径	d_i	20	mm	转子壁孔径	d_{po}	6	mm
内空腔直径	d_{ic}	40	mm	转子内壁开孔率	ζ_i	16	%
外空腔直径	d_{oc}	300	mm	转子外壁开孔率	ζ_o	21	%
转子内径	d_{ir}	50	mm	球填料直径	d_p	8～20	mm
转子外径	d_{or}	206	mm	床 - 球径比	w	3.9～9.8	—
转子高度	h	50	mm	床层空隙率	ε	0.487～0.567	
气相出口直径	d_o	20	mm				

在几何模型的基础上，应用商业软件 ICEM 对整个床层结构进行了网格划分，如图 6-11（b）所示。为了满足后续计算的需要，首先将整个结构划分为进口区、转子区和出口区三个计算域，除转子区为旋转区域外，其他区为静止区域。然后，采用了非结构化四面体网格对复杂的床层结构进行网格划分，并对球颗粒表面进行了加密。以球径为 8 mm 的模型为例，经过网格无关性验证得出，全局最大尺寸为 4 mm，球颗粒表面最大尺寸控制在 0.6 mm，得到的网格总数为 45358332 个。最后将划分好的网格文件导出以备后续计算使用。

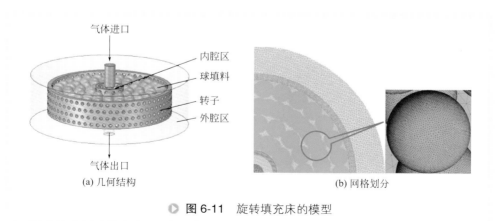

(a) 几何结构　　　　　　　　　　　(b) 网格划分

◉ 图 6-11　旋转填充床的模型

2. 数学模型的建立

在考察旋转填充球床内气相的流动行为时，由于不涉及温度的变化以及组分的传递，计算方程主要涉及连续性方程和动量方程。同时假设反应器内流动达到稳定时，各参数不随时间变化，故采用稳态方法进行计算，即各参数对时间的求导为0。由于旋转填充床结构复杂，涉及静止与旋转两个区域，下面将分别讨论这两个区域的计算方程。

（1）静止区域

连续性方程为

$$\nabla \cdot \left(\rho \vec{u} \right) = S_{\mathrm{m}} \qquad (6\text{-}8)$$

由于没有源相输入，S_{m} 为 0。

动量守恒方程如下

$$\nabla \left(\rho \vec{u} \vec{u} \right) = -\nabla p + \nabla \left(\overline{\overline{\tau}} \right) + \vec{F} \qquad (6\text{-}9)$$

式中　$\overline{\overline{\tau}}$——应力张量。

$$\overline{\overline{\tau}} = \mu \left[\left(\nabla \vec{u} + \nabla \vec{u}^{\mathrm{T}} \right) - \frac{2}{3} \nabla \vec{u} I \right] \qquad (6\text{-}10)$$

式中　μ——分子黏度；

　　　I——单位张量。

（2）旋转区域

对于转子区，采用 MRF 方程模拟旋转区域，其主要变化是把动量守恒方程中的速度参数 u 进行了如下的修正

$$u_{\mathrm{r}} = u - v_{\mathrm{r}} \qquad (6\text{-}11)$$

式中　v_{r} 代表移动旋转的速度。

$$v_{\mathrm{r}} = v_{\mathrm{t}} + \omega r \qquad (6\text{-}12)$$

式中 v_{t} 代表移动区域的平移速度，由于本模拟中无平移过程，$v_{\mathrm{t}}=0$，而 ω 为 RPB 的旋转速度。把修正后的速度 u_{r} 代入到连续性方程式（6-8）和动量守恒方程式（6-9）中即可得到旋转区域的连续性方程和动量方程

$$\nabla \left(\rho \vec{u}_{\mathrm{r}} \right) = 0 \qquad (6\text{-}13)$$

$$\nabla \left(\rho \vec{u}_{\mathrm{r}} \vec{u}_{\mathrm{r}} \right) + \rho \left(2 \vec{\omega} \vec{u}_{\mathrm{r}} + \vec{\omega} \vec{\omega} \vec{r} \right) = -\nabla p + \nabla \left(\overline{\overline{\tau}}_{\mathrm{r}} \right) + \vec{F} \qquad (6\text{-}14)$$

对于方程的求解可采用直接数值计算方法，但由于需要耗费巨大的计算资源，只能求解低雷诺数的简单湍流问题，而对于结构复杂的高雷诺数湍流问题，一般采用非直接数值模拟方法，其中应用最广的为雷诺平均法。

雷诺平均法是将湍流情况下任意一点处的瞬时量分解为时均量和脉动量之和

$$u_i = U_i + u_i' \tag{6-15}$$

$$p = P + p' \tag{6-16}$$

代入式（6-8）和式（6-9）可得

$$\frac{\partial \rho U_i}{\partial x_i} = 0 \tag{6-17}$$

$$\frac{\partial \rho U_i U_j}{\partial x_j} = -\frac{\partial p}{\partial x_i} + \mu \frac{\partial^2 U_i}{\partial x_j \partial x_j} + \frac{\partial \left(-\rho \overline{u_i' u_j'}\right)}{\partial x_j} + \rho S_i \tag{6-18}$$

其中 $-\rho \overline{u_i' u_j'}$ 为湍流脉动量，也称为雷诺应力项，对于这项的求解一般分为两大类：湍流涡黏模型和雷诺应力模型。前者采用 Boussinesq 的假设进行求解，认为雷诺应力与时均速度成正比，可由式（6-19）得出

$$-\rho \overline{u_i' u_j'} = \mu_t \left(\frac{\partial U_i}{\partial x_j} + \frac{\partial U_j}{\partial x_i}\right) - \frac{2}{3}\rho \delta_{ij} k \tag{6-19}$$

式中 δ_{ij} 为 Kronecker 符号，其数值为

$$\delta_{ij} = \begin{cases} 1, & i = k \\ 0, & i \neq k \end{cases} \tag{6-20}$$

式中，k 为湍动能，可表示为

$$k = \frac{1}{2}\left(\overline{u_x'^2} + \overline{u_y'^2} + \overline{u_z'^2}\right) = \frac{1}{2}\left(\overline{u_i' u_j'}\right) \tag{6-21}$$

μ_t 为湍流黏度，与湍流运动状态有关。此假设主要包括零方程、一方程和两方程模型。另一种求解方法是直接求解 $\overline{u_i' u_j'}$ 的微分方程的二阶湍流模型，但需要较高的计算资源，对于求解方法的选择视具体情况而定。

采用两方程中的 Realizable k-ε 模型进行流动的模拟计算，使用新的湍流黏度公式，修正了系数 C_μ。此外，对 ε 方程的模型化也作了较大的变更，使其更好地应用于射流、混合流、分离流、边界层流动等复杂流动中。

3. 边界条件与求解方法

（1）气体进口

气体进口设为速度入口，湍动参数选用常用的湍动强度与水力直径。湍动强度的计算公式为

$$I = 0.16\left(Re_{D_{\text{H}}}\right)^{-\frac{1}{8}} \tag{6-22}$$

式中，D_H 为水力直径，进口直径为 20 mm 时，计算出不同进气流量下的湍动强度。

（2）气体出口

气体出口设为压力出口，湍动强度、水力直径与进口相同。

（3）壁面

将旋转填充床的进、出口管壁，内外孔壁，以及球壁设置为无滑移壁面。

（4）旋转区与静止区的交界面

由于旋转填充球床存在静止与旋转两个区域，将交界面处设置为内部面，以保证气体能顺利流入或流出这两个区域。

采用当前广泛使用的 CFD 商业软件——FLUENT 14.5 进行模拟计算。控制方程采用有限体积法进行离散求解，压力-速度耦合方法选择 SIMPLE 算法，压力求解采用 Standard 方法，动量方程采用二阶迎风求解，湍动能 k 和耗散率 ε 采用一阶迎风求解。当连续性、湍动能、湍动能耗散率以及各方向速度的残差值都达到 10^{-4} 以下，并且当监测的转子进、出口压力都稳定后视为收敛，停止计算。

4. CFD 模型验证

图 6-12（a）和（b）为 $N=200$ r/min、$V=6$ m³/h 的条件下，PIV 测试与 CFD 模拟所得速度矢量分布对比图。从图上可以看到，两种方法所得结果类似，气相速度方向沿周向分布，切向速度在合速度中占主导，速度沿径向呈现增大的趋势。图 6-12（c）和（d）从定量的角度展示了速度与湍动能沿径向的变化趋势，可以看出速度均沿径向增加，湍动能沿径向呈现降低趋势，并且 CFD 模拟的速度及湍动能与 PIV 实验结果的误差分别在 ±20% 和 ±25% 范围内，表明选用的 Realizable k-ε 湍动模型与 PIV 实验数据吻合较好，能很好地描述旋转填充球床内的气相流动行为。

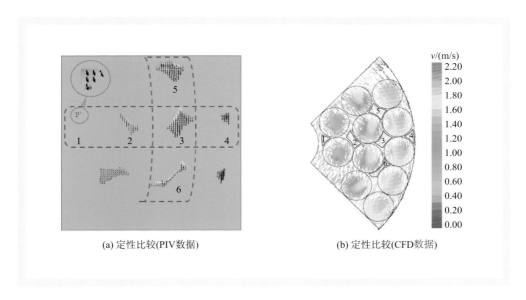

(a) 定性比较(PIV数据)　　　　　　(b) 定性比较(CFD数据)

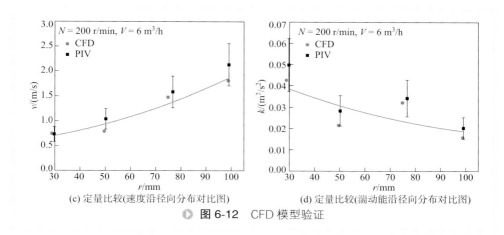

(c) 定量比较(速度沿径向分布对比图)　　　　(d) 定量比较(湍动能沿径向分布对比图)

▶ 图 6-12　CFD 模型验证

二、旋转填充床内气相流场CFD模拟

1. 速度

图 6-13 展示了在气体流量为 2 m³/h、转速为 200 r/min 下 RPB 球填料床层的径向截面和轴向截面上的速度分布云图。从图中可以看出，内空腔主体中的速度沿径向分布均匀，接近转子内缘处的速度明显降低，主要由从进口到内空腔区气体流动通道突然扩大导致。在转子区内缘附近处，速度沿周向和轴向分布不均，出现射流与短路的现象，下部进口更为明显，主要由该处径向初速度较高所致。在主体区域沿周向和轴向分布均匀，速度沿径向呈现增加趋势，此结果与采用 PIV 技术拍摄的结果一致。气相进入外空腔后，由于突然失去离心力的作用，仅依靠惯性力进入一个较大的空腔区域，所以靠近转子外缘处的速度与转子区内速度相比明显降低，而外空腔的主体中气速降至更低。

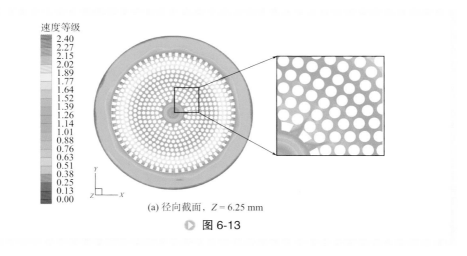

(a) 径向截面，$Z = 6.25$ mm

▶ 图 6-13

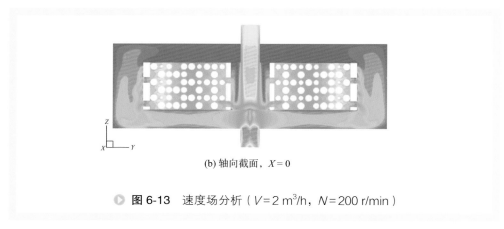

(b) 轴向截面，$X = 0$

图 6-13 速度场分析（$V = 2 \ m^3/h$，$N = 200 \ r/min$）

2. 压力

图 6-14 展示了在气体流量为 2 m^3/h、转速为 200 r/min 下 RPB 球填料床层中径向和轴向的静压分布云图。从图中可以看出，压力沿径向由内到外呈现逐渐增大的趋势，在轴向上压力相近，这与常规的气液逆流旋转填充床内的压力分布状况不同。常规旋转填充床内，气体从填料外缘经旋转填料进入填料内缘，其流动方向与离心力的方向相反，克服离心力做功，需要一定的压差来保证气体在反应器内的正常流动。而本研究中旋转填充床气相从填料内缘进入外缘离开，气体在旋转填料内受离心力的作用被做功，机械能增加，因此在填料层上观测到静压沿径向逐渐上升；进入外空腔区后，气速突然下降，动能转化为静压能，导致外空腔内的静压陡升。杨宇成等[23]运用 CFD 方法，采用多孔介质模型对 RPB 内装丝网填料气相流场进行了模拟，发现床层内总压沿径向从内缘到外缘逐渐升高，得到了相似的结论。

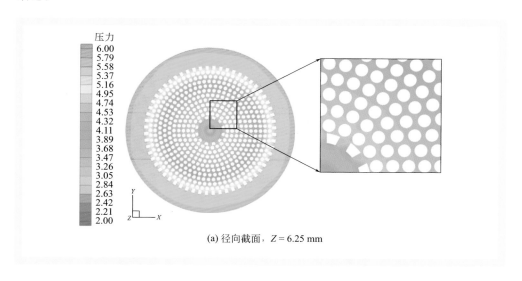

(a) 径向截面，$Z = 6.25 \ mm$

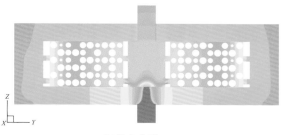

(b) 轴向截面，$X = 0$

▶ **图 6-14**　压力场分析（$V = 2\ \text{m}^3/\text{h}$，$N = 200\ \text{r/min}$）

3. 湍动能

图 6-15 展示了在气体流量为 2 m³/h、转速为 200 r/min 下 RPB 球填料床层中径向和轴向的湍动能分布云图。从图中可以看出，在转子区内缘附近区域，湍动能沿周向和轴向分布不均，转子进口孔附近湍动能值较高，主要是由于该处速度较高出现射流现象。这一区域径向速度与周向速度的相对速度最大，产生脉动速度的可能性最高，将这一区域视为气相端效应区。在主体区域湍动能沿径向和轴向分布均匀，而且除了球壁面（由于存在边界层）湍动能值较高外，球间隙气体湍动能很低（主要由于主体区气相随转子一起旋转，相对速度很小，使得产生脉动速度的机会减小），整体上湍动能沿径向呈现降低趋势。这与 PIV 可视化测试得到的结论相似。气体进入外空腔后，由于速度突然降低，导致靠近转子外缘处的湍动能较高，而其他外空腔区湍动能较低。

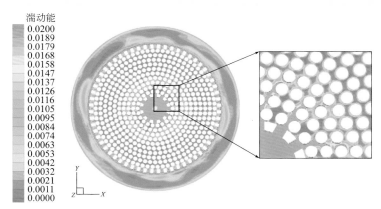

(a) 径向截面，$Z = 6.25\ \text{mm}$

▶ **图 6-15**

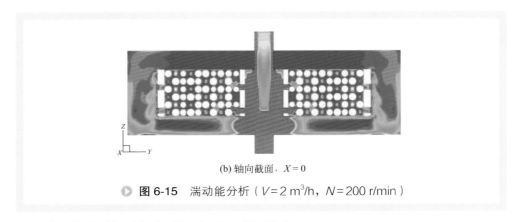

(b) 轴向截面，$X = 0$

▶ **图 6-15**　湍动能分析（$V = 2\ \text{m}^3/\text{h}$，$N = 200\ \text{r/min}$）

三、操作参数对气相流动特征的影响

1. 速度

从图 6-13 的速度分布云图可以看出，气速沿径向截面从转子内缘到外缘逐渐增大，为了更真实地描述转子区内速度场的分布规律，将填料区沿径向等间隔地划分为 10 个圆环柱体域（如图 6-16 所示，$\Delta r = 8\ \text{mm}$，$h = 50\ \text{mm}$），计算出每个区域的速度平均值来分析整个床层内的速度分布。

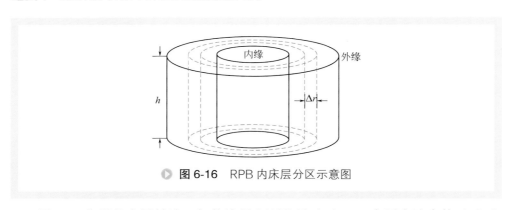

▶ **图 6-16**　RPB 内床层分区示意图

图 6-17 分别给出了转速、气体流量和颗粒尺寸对 RPB 床层内速度值（v）和径向与切向速度比值（v_r/v_t）的影响规律。可以看到，各区域的气相速度随转速升高近似呈线性增大，气体流量对各区速度值的影响可忽略。在低转速、高气体流量下，气速随颗粒直径的减小而增大，而在高转速、低气体流量下，颗粒直径对速度的影响不大。从图 6-17（b）、图 6-17（d）、图 6-17（f）、图 6-17（h）可以看出，径向、切向速度比 v_r/v_t 随转速的增加而降低，进口区域的降低尤为明显，当转速升高到一定程度时，在转子内缘附近很小的一个区域内切向速度在合速度中占据主导地位，也就是说气相与转子的相对速度很小，接近与转子同步运动。随着进气流量

的增加，气相的径向速度增大，v_r/v_t 值也随之增大，但以转子内缘附近区域增加较多，主体区域比值接近于 0。颗粒直径对 v_r/v_t 值的影响较复杂，在低转速、高气体流量时，颗粒直径在转子内缘附近影响明显，当颗粒直径减小时，v_r/v_t 变为负值，说明此处出现了径向回流现象。在高转速、低气体流量时，颗粒直径对床层内各区域的 v_r/v_t 基本没有影响。

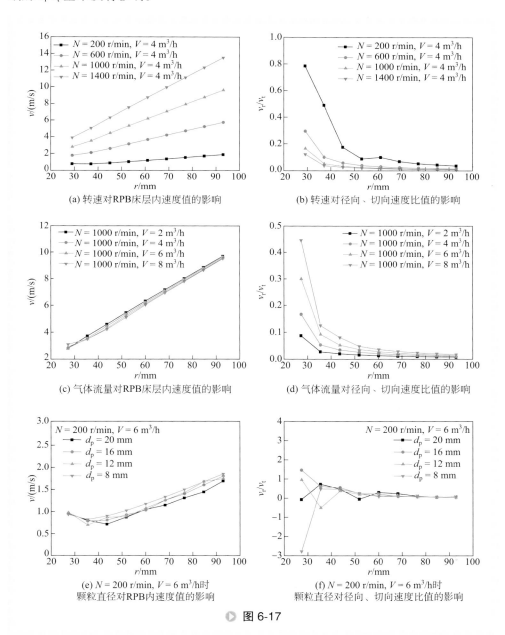

(a) 转速对RPB床层内速度值的影响

(b) 转速对径向、切向速度比值的影响

(c) 气体流量对RPB床层内速度值的影响

(d) 气体流量对径向、切向速度比值的影响

(e) N = 200 r/min, V = 6 m³/h时
颗粒直径对RPB内速度值的影响

(f) N = 200 r/min, V = 6 m³/h时
颗粒直径对径向、切向速度比值的影响

▶ 图 6-17

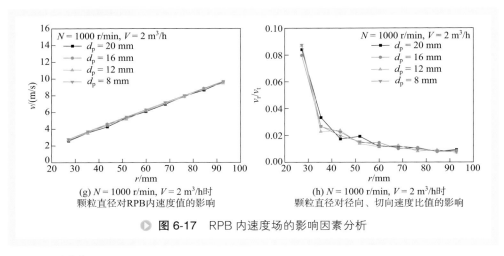

(g) $N = 1000$ r/min, $V = 2$ m³/h时
颗粒直径对RPB内速度值的影响

(h) $N = 1000$ r/min, $V = 2$ m³/h时
颗粒直径对径向、切向速度比值的影响

▶ **图 6-17** RPB 内速度场的影响因素分析

2. 压降

对于反应器的结构设计来讲，压降是重要参数之一。图 6-18 分别展示了转速、气体流量和颗粒尺寸对 RPB 内球填料床层压降的影响规律。由图可知，在模拟参数范围内，大部分压降为负值，主要是由于气体在离心力作用下获得机械能，使得转子区外缘的压力高于内缘压力，沿径向呈现逆压梯度（如图 6-14 所示）。在高、低气体流量下整个床层的进、出口压降的绝对值均随转速的升高而增大，如图 6-18（a）所示，表明提高转速使得离心力的作用增强，气体离开 RPB 压力升高。图 6-18（b）表明在高、低转速下，气体流量对床层的压降影响不大；在较高转速（$N = 1000$ r/min）下，压降随气体流量的增加而增大的趋势较为明显。图 6-18（c）展现了高、低转速和高、低气体流量下颗粒直径对床层压降的影响规律，由图可知，颗粒直径对床层压降的影响不明显；在较高转速和气体流量下，颗粒直径由 20 mm 降到 16 mm 时，空隙率从 0.567 降低到 0.487，导致压降绝对值明显增大，颗粒直径再减小，压降变化不明显。

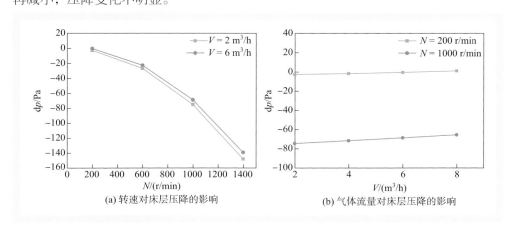

(a) 转速对床层压降的影响

(b) 气体流量对床层压降的影响

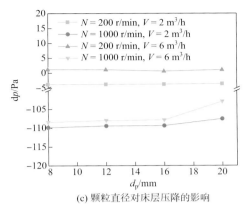

(c) 颗粒直径对床层压降的影响

▶ **图 6-18** RPB 内床层压降的影响因素分析

3. 湍动能

图 6-19 展示了转速、气体流量和颗粒直径对 RPB 床层内湍动能的影响规律。从图中可以看出，湍动能随着转速增加而增大，提高转速使气相与转子的切向相对速度增大，导致球填料对气相流动的扰动程度增大。较低转速下，转子内缘附近的湍动能明显高于其他区域；当转速增大到一定程度后，转子主体区域的湍动能沿径向明显增大，转子外缘附近的湍动能接近于内缘附近的水平。随气体流量增加，转子内缘附近的湍动能明显增大，说明由于进气流量增加内缘处的 v_r/v_t 值增大，加剧了气相与转子内球颗粒的碰撞程度，导致脉动速度增加。气体流量对主体区的湍动能几乎没有影响，主要由于此区域气体随转子同步运动，相对速度较小，脉动速度低，湍动能也很小。在高气体流量、低转速下，转子内缘处的湍动能受颗粒直径的影响较明显，颗粒直径对此区域气相流动的扰动程度不同，主体区湍动能基本不受颗粒直径影响。在低气体流量、高转速下，转子内缘附近的湍动能基本不受颗粒直径影响，高转速使得气相速度在离内缘很小的距离内被周向化，受到颗粒直径的影响小，主体区湍动能随颗粒直径的降低而降低，主要原因为气相通过小颗粒表面绕流时的速度梯度较小，导致脉动速度和湍动能较低。

4. 气相端效应区的研究

前人的研究表明，流体在转子内缘附近区域存在速度大小和方向的突变，使得此处流体与流体、流体与填料产生激烈碰撞，获得较高的传质性能。在此区域由于径向速度与切向速度存在较大的相对速度，使得产生脉动速度的可能性增大，湍动能较高。对于气-固催化反应而言，当转子内缘的径向-切向速度比很高时，会出现气体射流的现象，使得内缘附近流动出现短路，导致气体无法流入短路部分的催化剂颗粒，造成催化剂资源的浪费，不利于提高反应的转化率。同时造成较高的湍

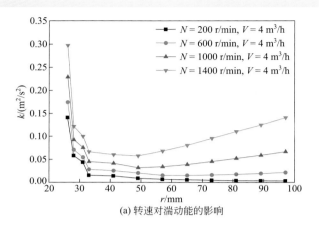
(a) 转速对湍动能的影响

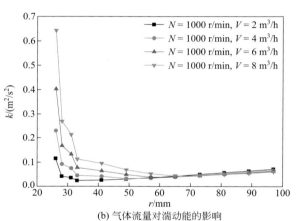
(b) 气体流量对湍动能的影响

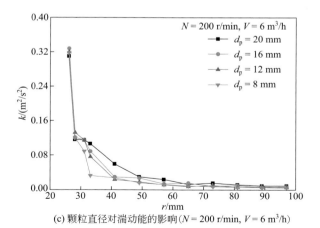
(c) 颗粒直径对湍动能的影响($N = 200$ r/min，$V = 6$ m³/h)

图 6-19

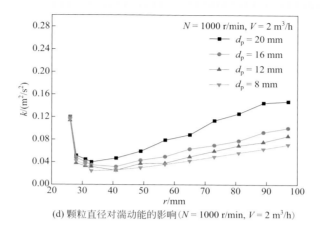

(d) 颗粒直径对湍动能的影响($N = 1000$ r/min, $V = 2$ m³/h)

▶ 图 6-19　RPB 内湍动能的影响因素分析

动能，能量损失加大。从这个角度考虑，需要对不同工况下的气相端效应区进行深入探讨。图 6-20（a）为各操作条件下的无量纲湍动能值，假设以无量纲湍动能 $k/k_{avg} = 2$ 为基准，将 $k/k_{avg} > 2$ 的区域定义为端效应区。可以看出，在相同转速情况下，气体流量越大，端效应区的范围越大；而在相同气体流量情况下，随着转速的增大，端效应区的范围越来越小。总的来看，端效应区的长度约为 3～4 mm，小于郭锴[20] 测得的液相端效应区的长度（7～10 mm），说明气相相对于液相周向化更迅速。

根据各操作条件的无量纲湍动能分析，可以大致划分出气相端效应区存在的操作范围，如图 6-20（b）中粉色填充区域。结果表明，当 $Re_{\omega} / Re_G \geqslant 980.4$ 时，存在气相端效应区，即高气体流量、低转速的条件更容易导致气相端效应区的形成。

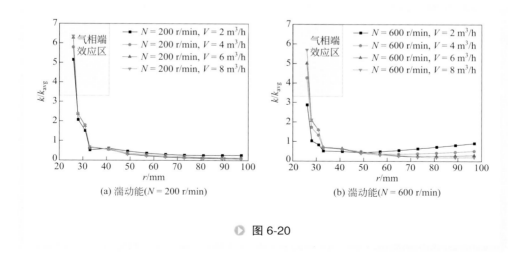

(a) 湍动能($N = 200$ r/min)　　　　(b) 湍动能($N = 600$ r/min)

▶ 图 6-20

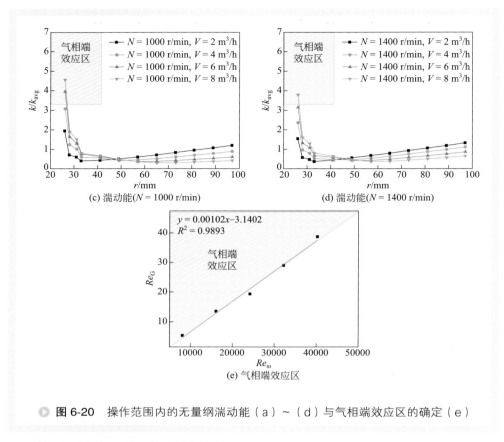

▶ **图6-20** 操作范围内的无量纲湍动能（a）~（d）与气相端效应区的确定（e）

四、气相停留时间分布的模拟

上述研究表明，在某些操作条件下（如高气体流量和低转速），RPB反应器的进口区域存在气相射流现象，导致气流短路而未充分与催化剂颗粒接触，从而降低此区域催化反应效率。由于进口区域的径向速度与切向速度存在较大差异，使得此处的脉动速度较高，湍动能较大，导致物料的返混程度高。度量返混程度最简单、最有效的方法就是确定物料在反应器内的停留时间分布（residence time distribution，RTD）规律。通常造成返混的主要原因有以下几点[24]：

① 物料与流向不一致，如搅拌反应器中物料倒流、错流；

② 速度不均匀分布，如黏性流体在管式反应器壁的层流；

③ 反应器结构导致的死角、短路、沟流等。

对于球填料填充的旋转填充床反应器，由于其结构的复杂性，流体流经反应器的停留时间很可能存在差异，从而导致返混程度较高。反应物停留时间的长短通常对产物选择性有很大的影响，因此探索RTD规律可从宏观上了解反应器内流体的混合情况，对反应器结构设计与优化具有重要意义。

1. 气相停留时间的计算策略

借鉴前人对其他反应器内流体停留时间分布的计算方法，应用 CFD 技术商业软件 FLUENT 对 RPB 反应器内气相停留时间的分布规律进行了探讨。具体计算策略为：在通过连续性方程和动量方程（Realizable $k\text{-}\varepsilon$ 湍动模型）计算出稳态气相流场的基础上，采取脉冲注入法将示踪剂在一个极短的计算时间步（0.0001 s）内瞬间注入 RPB 反应器入口，计算反应器床层内以及出口示踪粒子浓度随时间的变化情况。

在获得各个时间 RPB 反应器床层内和进、出口处的示踪剂浓度后，通过停留时间分布函数 $F(t)$ 和分布密度函数 $E(t)$，以及平均停留时间 τ 和方差 σ_t^2 两个特征值来研究 RPB 反应器内气相停留时间分布的规律。由于模拟是采用有限个时间点进行计算和监测的，其计算方程如下

$$F\left(t\right) = \frac{\sum\limits_{0}^{t} c}{\sum\limits_{0}^{\infty} c} \qquad (6\text{-}23)$$

$$E\left(t\right) = \frac{c}{\Delta t \sum\limits_{0}^{\infty} c} \qquad (6\text{-}24)$$

$$\tau = \frac{\sum\limits_{0}^{\infty} tc}{\sum\limits_{0}^{\infty} c} \qquad (6\text{-}25)$$

$$\sigma_t^2 = \frac{\sum\limits_{0}^{\infty} t^2 c}{\sum\limits_{0}^{\infty} c} - \tau^2 \qquad (6\text{-}26)$$

为比较不同工况下的停留时间分布规律，引入无量纲停留时间 θ，以及无量纲停留时间分布密度函数 $E(\theta)$ 和无量纲方差 σ^2，计算公式如下

$$\theta = \frac{t}{t} \qquad (6\text{-}27)$$

$$E\left(\theta\right) = \tau E\left(t\right) \qquad (6\text{-}28)$$

$$\sigma^2 = \frac{\sigma_t^2}{\tau^2} \qquad (6\text{-}29)$$

采用此计算策略对前述操作范围内的气相停留时间进行模拟计算。

2. 示踪剂浓度分布

采用脉冲注入技术在 $t=0$ 时刻将示踪剂一次性注入反应器进口，示踪剂浓度随着时间的变化有所不同。图 6-21 展示的是不同时刻（$t=0.08$ s、0.2 s、0.4 s、0.8 s）床层内（$Z=6.25$ mm）的示踪剂浓度分布。由图可知，示踪剂从转子内缘（进口）到转子外缘（出口）沿径向呈现由高到低的浓度梯度，并随着时间的推移，大量示踪剂逐渐向转子外缘运动，最终流出转子区域。通过监测 RPB 填料层各处的示踪剂浓度，可获得示踪剂的停留时间分布规律。

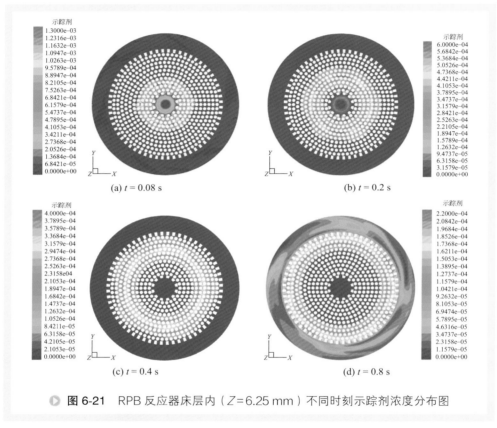

🔵 图 6-21　RPB 反应器床层内（$Z=6.25$ mm）不同时刻示踪剂浓度分布图

3. 气相停留时间分布

从图 6-21 的示踪剂浓度随时间的分布图可以看出，大量示踪粒子并没有同时从床层中的同一位置流出。借助 CFD 方法的优势，可获得反应器床层内任意位置的停留时间分布状况。由于建立了三维真实 RPB 球床反应器的物理模型，故以沿径向创建的一系列间距相等（$\Delta r=5$ mm）的圆柱面为监测对象，从而获得整个床层内各圆柱截面以及床层进、出口上的平均停留时间以及停留时间分布。

图 6-22 为 $N=1000$ r/min、$V=4$ m³/h 下气相在 RPB 反应器床层内的平均停留时

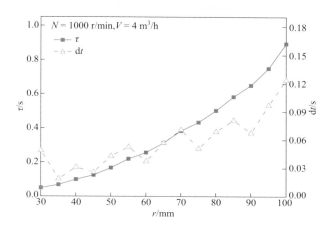

● **图 6-22** RPB 反应器内气相平均停留时间

间。从图中可以看出，气相平均停留时间沿径向呈现增加的趋势，总的停留时间小于 1 s；通过对相等径向间距（$\Delta r = 5$ mm）的平均停留时间（图中蓝色虚线）进行比较，发现在 5 mm 的径向距离内，气相平均停留时间整体上在 $0.03 \sim 0.1$ s 内，在转子外缘气相出口附近平均停留时间明显变长（$dt = 0.12$ s），可能是由转子外壁对气相流动的干扰导致的。

　　流体在反应器内的流动形式分为三类：平推流（同一时刻进入的流体微元在相同时刻流出反应器）、全混流（进入反应器的流体微元与其他微元立即完全混合流出反应器）和非理想流动（同一时刻进入的流体微元在不同时刻流出反应器，包括短路流和死区）。其中短路流的平均停留时间几乎为 0，大大降低反应器的效率；死区处流体的平均停留时间远远大于理论平均停留时间，降低了反应器的利用率。通过无量纲停留时间分布密度 $E(\theta)$ 曲线可以判断流体在反应器内的流型。其中 $E(\theta)$ 曲线的宽度可以最直观地判断流型。平推流的 $E(\theta)$ 曲线宽度最窄（宽度为零），全混流的 $E(\theta)$ 曲线宽度最宽。图 6-23（a）为管式反应器[25]内流体流动的无量纲停留时间分布曲线，当 $E(\theta)$ 曲线出峰时间早于平均停留时间时说明有死区的存在；当 $E(\theta)$ 曲线出现双峰现象时说明有沟流存在；当 $E(\theta)$ 曲线出峰时间接近于 1 时，无死区、沟流现象，更接近于理想平推流。图 6-23（b）为 RPB 反应器床层内 $r = 30$ mm、55 mm、80 mm、100 mm 处的停留时间分布曲线图。从图中可以看出转子内缘附近（$r = 30$ mm）出峰较早，而且有拖尾现象，可能存在短路流或死区。随着半径的增大，出峰位置向 $\theta = 1$ 偏移，表明在转子的主体区域气相流动十分接近理想平推流，但接近转子外缘处（$r = 100$ mm）出峰位置又偏离了 $\theta = 1$，故此区域的气相流动又偏向于非理想流动。以上研究结果表明，在 $N = 1000$ r/min、$V = 4$ m^3/h 的工况条件下，在 RPB 转子内缘附近气相的流动更偏向于非理想流动，导致的返混最严重，主体区域气相流动接近于理想平推流，转子外缘附近由于受到反应器器壁的阻碍，略偏向于非理想流动，返混程度增大。

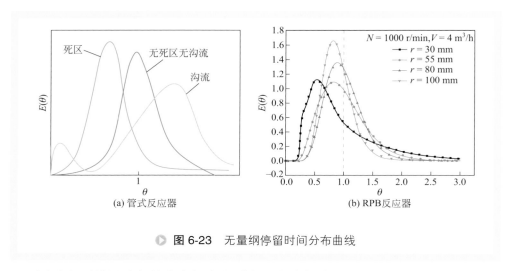

图 6-23   无量纲停留时间分布曲线

同时也可以通过方差来表征实际反应器内流体流动与理想反应器内流体流动存在的偏差，其中平推流反应器的方差最小（$\sigma^2=0$），全混流反应器的方差最大（$\sigma^2=1$）。图 6-24 展示了 $N=1000$ r/min、$V=4$ m³/h 工况下气相在 RPB 反应器床层内沿径向的方差。从图中可以看出，方差沿径向总体呈现下降趋势，在接近转子外缘处，由于孔壁的影响，方差有所增大，表明在转子内缘附近气相入口处的返混最大，主体区返混最小，因此应重点从气相入口的流动状况去改善 RPB 床层内的流动情况。此外，整体上看 RPB 床层内的方差值都低于 0.5，可以说 RPB 在流动上更接近平推流，在传质与反应方面更具有优势。

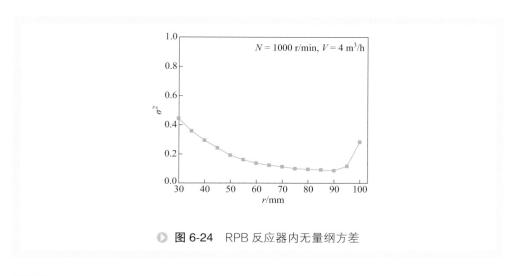

图 6-24   RPB 反应器内无量纲方差

4. 气相停留时间分布的影响因素

（1）转速

图 6-25 展示了转速对 RPB 床层内气相平均停留时间以及无量纲方差的影响。从图 6-25（a）和图 6-25（b）可以看出，在转速和气体流量固定的条件下，气相在床层内的平均停留时间沿径向呈现增加趋势，同时旋转后的平均停留时间比静止状态下有所减小，但减小幅度不大。随转速增加，气相在床层大部分区域（30 mm ≤ r ≤ 65 mm）的平均停留时间略有减小，在接近床层外缘区域的平均停留时间略有增加，可能的原因是气相流动到床层外缘附近区域的运动路径变长［见图 6-25（c）和图 6-25（d）］。总体来讲，转速对气相平均停留时间影响不大。图 6-25（e）给出了无量纲方差与转速的关系图，发现旋转后的 σ^2 值明显比静止状态时低，说明旋转

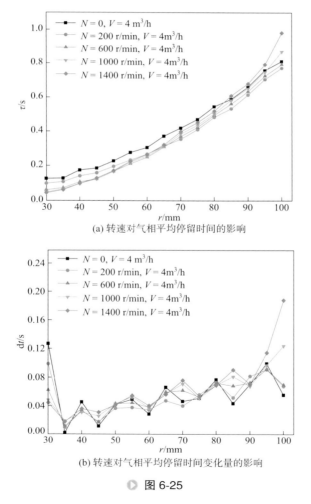

(a) 转速对气相平均停留时间的影响

(b) 转速对气相平均停留时间变化量的影响

▶ 图 6-25

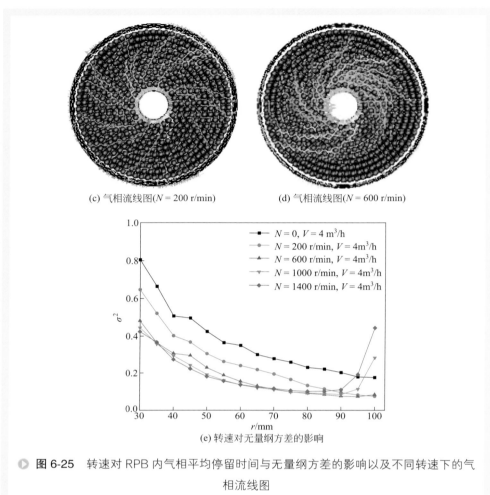

(c) 气相流线图 (N = 200 r/min)   (d) 气相流线图 (N = 600 r/min)

(e) 转速对无量纲方差的影响

图 6-25 转速对 RPB 内气相平均停留时间与无量纲方差的影响以及不同转速下的气相流线图

使得气相流动变得均匀，降低了返混的程度。当转速升高至 600 r/min 以上时，除了床层外缘附近区域，床层内 σ^2 值变化不大，返混程度基本不受转速影响。

（2）气体流量

图 6-26 展示了气体流量对 RPB 床层内气相平均停留时间以及无量纲方差的影响。从图 6-26（a）可以看出，随气体流量的增大，平均停留时间明显变短。气体流量从 2 m³/h 增大到 8 m³/h 后，床层出口处的平均停留时间从 1.7 s 降低至 0.4 s。当气体流量大于 6 m³/h 时，整个床层内的气相平均停留时间下降幅度不明显。总体而言，气体流量对气相平均停留时间的影响程度高于转速，原因可能是提高转速主要增加了气相的切向速度，当气速在床层进口区迅速周向化时，在主体区域气相的切向相对速度很小。而进气流量增大时，气相在进口附近的径向速度增加，使得合速度与径向速度的夹角变小，气相的位移变短，从而导致床层内的平均停

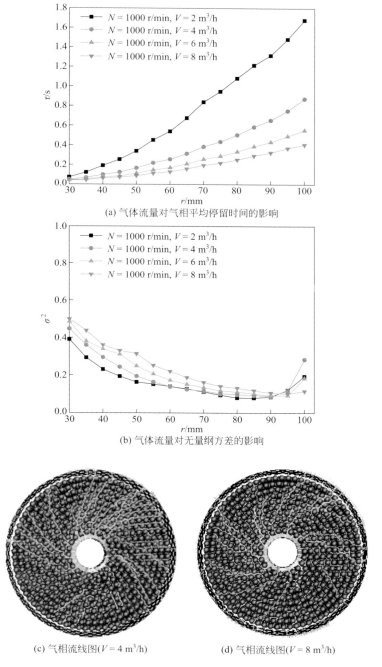

(a) 气体流量对气相平均停留时间的影响

(b) 气体流量对无量纲方差的影响

(c) 气相流线图($V = 4$ m³/h)　　　　(d) 气相流线图($V = 8$ m³/h)

▶ **图 6-26**　气体流量对 RPB 内气相平均停留时间与无量纲方差的影响以及不同气体流量下的气相流线图

留时间变短。图 6-26（b）表明无量纲方差与气体流量在床层绝大部分区域呈正相关，气体流量的增大导致气相与球填料的碰撞更剧烈，速度方向发生变化，在床层内的流动路径更曲折，增加了气相的返混程度。

（3）填料尺寸

图 6-27 为气相平均停留时间与颗粒直径的关系图。由图可知，随颗粒直径减小，停留时间稍有减小，但当颗粒直径小于 16 mm 时，颗粒尺寸对平均停留时间基本无影响。对应的无量纲方差随着颗粒直径的减小明显降低，表明小颗粒、低空隙的填料层内气相的返混程度低。需要指出的是，工业应用中固定床床层中的颗粒直径一般在 3～5 mm 左右，可以预测其停留时间与 d_p=8 mm 的填料床层更接近，返混程度会更低，有利于传质与反应过程。

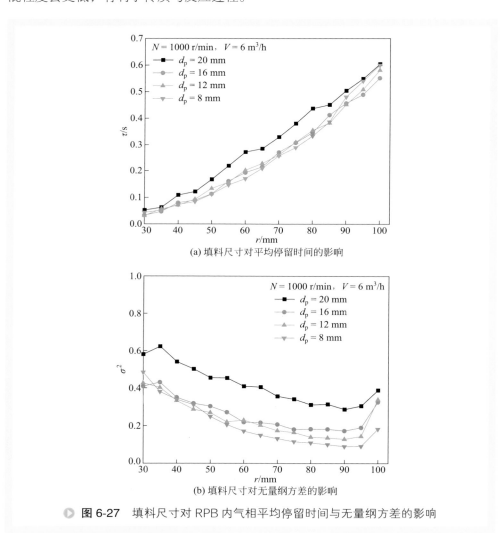

(a) 填料尺寸对平均停留时间的影响

(b) 填料尺寸对无量纲方差的影响

▶ 图 6-27 填料尺寸对 RPB 内气相平均停留时间与无量纲方差的影响

第三节 气-固多相体系超重力催化反应的研究及应用

目前关于 RPB 反应器应用于气 - 固催化反应的研究较少，陈建峰、刘意等 [26,27] 采用实验手段对 RPB 内的费托合成反应过程进行了初步探究，发现可以通过调节超重力加速度来调控费托合成产物分布，如图 6-28 所示。

从图 6-28 可以看到，固定床的产物分布范围很宽，RPB 对于 CO 转化率的影响不明显，但对产物分布影响较大。在超重力加速度较低时，主要产物为柴油，含量是固定床的近 2 倍；超重力加速度较高时，主要产物为低碳烃，选择性达 60.1%，

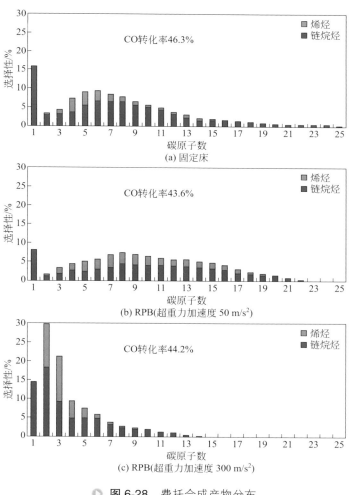

图 6-28 费托合成产物分布

其中 $C_2 \sim C_4$ 烯烃选择性达到 27.5%，为固定床低碳烯烃选择性的 5 倍以上。因此，通过提高超重力加速度可以提高低碳烯烃的选择性。

根据上述研究结果，高雪颖[10]采用 CFD 方法建立了旋转填充床的三维物理模型，采用多孔介质模型来构建贴近真实催化剂床层的结构，应用改进的链增长反应动力学模型，对旋转填充床反应器内的费托合成反应进行初步研究，并用实验数据进行模型验证。该研究预测了操作条件对反应物转化率以及产物选择性的影响，为 RPB 在气-固催化领域的应用提供了基础。

一、旋转填充床内气-固催化反应模型的建立

1. 物理模型

参考旋转填充床内费托合成反应的实验研究[27]，应用 ANSYS 14.5 ICEM 软件建立相应的物理模型（见图 6-29，包括整体结构和三维视图），尺寸如表 6-3 所示。

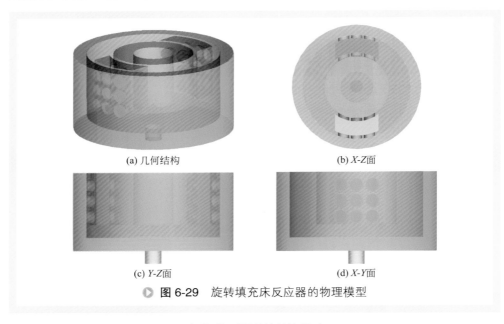

(a) 几何结构　　　　　　　　　　　　(b) X-Z面

(c) Y-Z面　　　　　　　　　　　　(d) X-Y面

▶ **图 6-29** 旋转填充床反应器的物理模型

表 6-3 RPB的结构尺寸

结构参数	符号	数值	单位	结构参数	符号	数值	单位
内空腔直径	d_{ic}	30	mm	外空腔直径	d_{oc}	60	mm
转子内径	d_{ir}	32	mm	气相出口直径	d_o	6	mm
转子外径	d_{or}	48	mm	转子壁孔径	d_{po}	5	mm
转子高度	h	20	mm				

由于旋转填充床结构复杂，所以采用非结构四面体网格对所建立的物理模型进行划分，并进行了网格无关性验证，得到全局最大尺寸为 1 mm，转子内外壁的开孔处进行网格加密后最大尺寸为 0.5 mm，网格总数为 918206 个（如图 6-30 所示），将此模型导入到 FLUENT 软件进行离散化计算。

2. 数学模型

结合旋转填充床中气相在旋转区域与静止区域内流动的连续性方程、动量方程、传质与反应的能量方程、组分输运方程以及多孔介质模型方程，考察旋转填充床反应器内气相流动与反应特性。同时，假设反应器内流动与反应达到稳定时，各参数不再随时间变化，采用稳态方法进行计算。

▶ **图 6-30** 旋转填充床反应器的网格划分

3. 反应动力学模型

首先采用相同动力学模型对旋转填充床内不同转速下的费托合成反应进行了模拟计算，发现随着转速的升高，CO 转化率下降明显，与实验结果差别较大。为了解决此问题，采用链增长机理模型[28]进行计算。

链引发
$$(\quad)^* + CO + 2H_2 \longrightarrow (CH_2)^* + H_2O \qquad (6\text{-}30)$$

链增长
$$(CH_2)_n^* + CO + 2H_2 \longrightarrow (CH_2)_{n+1}^* + H_2O \qquad (6\text{-}31)$$

生成链烷烃
$$(CH_2)_n^* + H_2 \longrightarrow C_nH_{2n+2} \qquad (6\text{-}32)$$

生成烯烃
$$(CH_2)_n^* \longrightarrow C_nH_{2n} \qquad (6\text{-}33)$$

（1）链引发速率

通过实验方法对钴基催化剂上的费托合成反应动力学进行研究，得到总的消耗速率表达式为[29]

$$r_{FT} = \frac{K_{FT}c_{CO}c_{H_2}}{\left(1 + K_1 c_{CO}\right)^2} \qquad (6\text{-}34)$$

$$K_{FT} = K_0 e^{\frac{-E}{RT}} \qquad (6\text{-}35)$$

式中　　K_{FT}——指前因子，遵循阿伦尼乌斯定律；

c_{CO}、c_{H_2}——CO、H_2的浓度值；

K_1——吸附因子。

式（6-34）中分子为反应项，分母为吸附项。由于实验数据有限，无法考虑所有参数，故在构建反应动力学模型时忽略吸附项，仅考虑反应项。

（2）链增长和链终止速率

如式（6-31）～式（6-34）所示，链增长与链终止模式如图6-31所示。图6-31中N_n^*和$\dot{N}_n$分别为碳数为n的链增长和链终止反应速率，α_n为链增长因子。

链增长速率　　　　　　　$N_n^* = r_{p,n} = N_{n-1}^* \alpha_n \qquad (6\text{-}36)$

链终止速率　　　　　　　$\dot{N}_n = r_{T,n} = N_{n-1}^* \left(1 - \alpha_n\right) \qquad (6\text{-}37)$

链增长因子　　　　　　　$\alpha_n = \dfrac{r_{p,n}}{r_{p,n} + r_{T,n}} \qquad (6\text{-}38)$

如果产物分布遵循理想的 Anderson-Schulz-Flory（ASF）分布，可得$\alpha_n = \alpha_{n-1} = \alpha$。

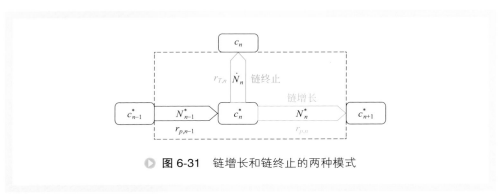

图6-31　链增长和链终止的两种模式

图6-32给出了RPB反应器内费托合成实验所得的产物分布。通过不同碳数的摩尔分数分布可以看出，在高、低超重力加速度下RPB的产物分布均与理想的ASF分布差别较大。因此提出新的解决方案，考虑α值的不同，通过实验数据来回归不同碳数的α值。

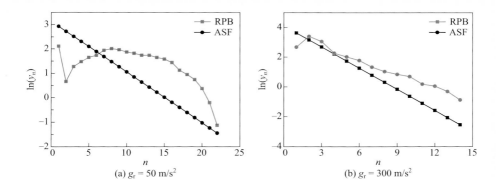

(a) $g_r = 50$ m/s² 　　　　　　(b) $g_r = 300$ m/s²

▶ **图 6-32**　RPB 反应器内不同超重力加速度下的产物分布（摩尔分数）

研究发现随着超重力加速度的提高，CO_2 选择性变得很低（<2%），C_5 以上的产物较少，因此将所有产物简化为：C_1、$C_2 \sim C_4$ 烯烃、烷烃，以及 C_{5+}（以 $C_{6.05}H_{14.1}$ 计算）[30] 等物质，各产物的生成速率方程为

$$r_1 = r_{FT}(1 - \alpha_1) \tag{6-39}$$

$$r_{2,o} = r_{FT}\alpha_1(1 - \alpha_2)\varphi_2 \tag{6-40}$$

$$r_{2,p} = r_{FT}\alpha_1(1 - \alpha_2)(1 - \varphi_2) \tag{6-41}$$

$$r_{3,o} = r_{FT}\alpha_1\alpha_2(1 - \alpha_3)\varphi_3 \tag{6-42}$$

$$r_{3,p} = r_{FT}\alpha_1\alpha_2(1 - \alpha_3)(1 - \varphi_3) \tag{6-43}$$

$$r_{4,o} = r_{FT}\alpha_1\alpha_2\alpha_3(1 - \alpha_4)\varphi_4 \tag{6-44}$$

$$r_{4,p} = r_{FT}\alpha_1\alpha_2\alpha_3(1 - \alpha_4)(1 - \varphi_4) \tag{6-45}$$

$$r_{5+} = r_{FT} - r_1 - r_2 - r_3 - r_4 \tag{6-46}$$

式中　$r_{n,o}$、$r_{n,p}$——碳数为 n 的烯烃生成速率与烷烃生成速率；

　　　　α_n——碳数为 n 的链增长因子；

　　　　φ_n——碳数为 n 的烯烃所占比例。

CO 转化率的计算方法为

$$X_{CO} = \frac{n(CO)_{in} - n(CO)_{out}}{n(CO)_{in}} \times 100\% \tag{6-47}$$

产物选择性的计算方法是以 C 原子为基准的，如式（6-48）和式（6-49）所示。

$$S_{C_n} = \frac{n \times n(C_n)_{out}}{n(CO)_{in} - n(CO)_{out}} \times 100\% \qquad (n = 1 \sim 4) \qquad (6\text{-}48)$$

$$S_{C_{5+}} = 100\% - \sum_{n=1}^{4} S_{C_n} \qquad (n \geqslant 5) \qquad (6\text{-}49)$$

由于 CFD 软件 FLUENT 中内嵌的反应方程只有幂级数型动力学方程，不能分析反应中产物的分布情况，而 RPB 的主要优势在于可以调控产物分布，因此采用 UDF 自定义编程的方法，将复杂的改进链增长机理模型应用于整个反应过程的计算。

4. 边界条件与求解方法

FLUENT 中计算 RPB 反应器内流动与反应的模型和物性方法如表 6-4 所示。

表 6-4 RPB 反应器内的计算模型与物性方法

湍动模型	密度	比热容	热导率	黏度	扩散系数	源相
Realizable $k\text{-}\varepsilon$	不可压缩理想气体	混合定律	质量加权混合定律	质量加权混合定律	动力学理论	UDF

（1）边界条件

采用湍流模型对气相在 RPB 床层中的流动与反应进行模拟，涉及的边界条件如下：气相进口采用 mass flow rate 条件，可根据操作空速来设置相应的质量流量，同时需要确定反应温度、反应物的摩尔比；气相出口、旋转区与静止区交界面等边界条件的设置方法参照本章第二节；多孔介质区域的设置方法参照参考文献 [10]。

（2）求解方法

采用有限体积法进行离散求解，应用 SIMPLE 算法进行压力 - 速度耦合，Standard 方法进行压力计算，采用精度较高的二阶迎风方法求解连续性方程、动量方程、能量方程及组分输运方程。当所有方程的残差值都达到 10^{-4} 以下，床层进、出口反应物和生成物的质量分数都达到稳定后，视为收敛，停止计算。

5. 模拟工况

钴基催化费托合成反应的条件：温度范围为 200～250 ℃，进料中 H_2 与 CO 摩尔比为 1∶1～3∶1。质量流速参照刘意[27]采用的空速（单位体积催化剂在单位时间内的气体处理量，gas hourly space velocity，GHSV）设为 $3 \times 10^{-6} \sim 7 \times 10^{-6}$ kg/s（对应的 GHSV 范围为 1550～3615 h^{-1}）。考察的因素包括空速、反应温度、H_2 与 CO 摩尔比、超重力水平、床层空隙率和催化剂颗粒尺寸等。具体模拟条件如表 6-5 所示。

表6-5 RPB内反应模拟条件

序号	超重力水平	空速 /h^{-1}	反应温度 /K	H$_2$ 与 CO 摩尔比
1	5~52	2500	513	2:1
2	5	1500~3700	513	2:1
3	5	2500	483~523	2:1
4	5	2500	513	1:1~3:1

二、旋转填充床内气-固催化反应特性

1. 反应动力学参数回归与模型验证

参照 RPB 反应器内费托合成反应的实验研究，采用两个不同超重力水平（分别为 50、300）下的 CO 转化率与产物分布来回归反应方程模型参数，主要涉及指前因子、链增长因子、相同碳数烯烃的摩尔分率等参数，结果如表 6-6 所示。

表6-6 模型参数回归

变量	实验值		方程形式	回归参数	
	50	300		x	y
K_0	1.809×10^8	7.8×10^8		4.793×10^7	0.8156
α_1	0.6670	0.659		0.6744	− 0.0067
α_2	0.9333	0.481	$\alpha = x\beta^y$	1.7021	− 0.3695
α_3	0.9348	0.487		1.6882	− 0.3635
α_4	0.9365	0.604		1.3938	− 0.2445
φ_2	0.3329	0.3857		0.2914	0.0820
φ_3	0.4089	0.5457	$\varphi = x\beta^y$	0.3147	0.1609
φ_4	0.3699	0.4565		0.3057	0.1173

通过模拟计算得出反应物转化率与产物选择性结果如图 6-33 所示，可知反应物转化率与产物选择性的误差分别为 ± 5%、± 10%，说明 CFD 模拟结果与实验数据吻合较好，可以应用此模型参数进一步预测不同反应条件的反应速率。

2. 旋转填充床内气-固催化反应特性

采用 CFD 方法与修正的链增长反应动力学模型对旋转填充床内费托合成气-固催化反应进行了模拟计算，反应条件为：$\beta = 5$、GHSV $= 2500$ h^{-1}、$T = 513$ K、

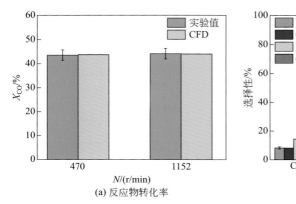

(a) 反应物转化率

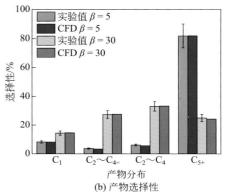

(b) 产物选择性

● 图 6-33　CFD 模型的实验验证

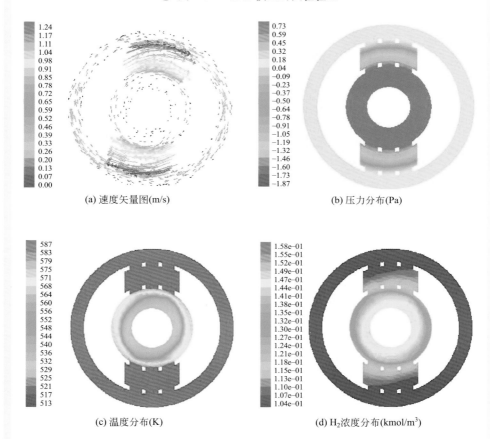

(a) 速度矢量图(m/s)

(b) 压力分布(Pa)

(c) 温度分布(K)

(d) H₂浓度分布(kmol/m³)

● 图 6-34

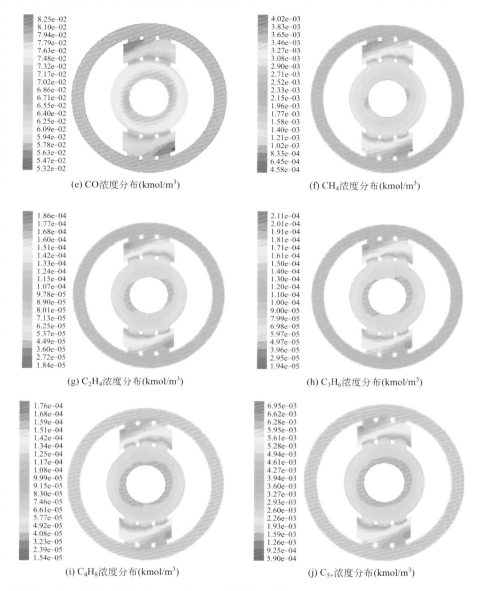

(e) CO浓度分布(kmol/m³)

(f) CH₄浓度分布(kmol/m³)

(g) C₂H₄浓度分布(kmol/m³)

(h) C₃H₆浓度分布(kmol/m³)

(i) C₄H₈浓度分布(kmol/m³)

(j) C₅₊浓度分布(kmol/m³)

▶ **图 6-34** RPB 反应器内（ $y=20\,\mathrm{mm}$ ）速度矢量图、压力分布、温度分布与浓度分布

$p=1\,\mathrm{MPa}$，结果如图6-34所示。可以看出，旋转填充床内的气速主要沿切向、压力沿床层径向逐渐增大，这与旋转球床内的气相流动特性相似。由于反应主要发生在催化剂床层内，而且是放热反应，所以床层内温度明显升高，但由于多孔介质模型的热量计算是基于整体床层的热平衡的，故假设床层内温度基本相同。反应物浓度沿径向床层逐渐减小，至外空腔后降至最低；生成物浓度沿径向床层逐渐增大。反

应物与生成物浓度在径向上分布不均，分析原因主要是受转子结构的影响，只考察了约 60° 角范围的转子区域，侧壁的阻力使得气相各组分在逆转子方向的侧壁附近扩散较慢，尤其是生成物浓度较高，导致径向分布不均，为转子结构的进一步优化提供了可能。

3. 旋转填充床内气-固催化反应影响因素预测

（1）超重力水平

超重力水平是旋转填充床区别于传统反应器的重要参数，当转子尺寸确定后，与转速呈正相关。从图 6-35（a）中可以看出超重力水平对转化率影响不明显，可能由于转速的升高对气相反应物和产物的平均停留时间影响不大。然而，超重力水平的提高对产物的分布影响很大，β 从 5 增至 52，C_1 选择性提高了 1 倍，$C_2\sim C_4$ 烯烃的选择性提高了近 9 倍，$C_2\sim C_4$ 烷烃的选择性提高了 6 倍，C_{5+} 选择性下降了 81%，可能由于旋转加强产生更大的离心力，加快了产物的传质速率，尤其是较重组分的外扩散得到明显强化，进而抑制了后续产物二次反应的发生，提高了低碳烃的选择性。

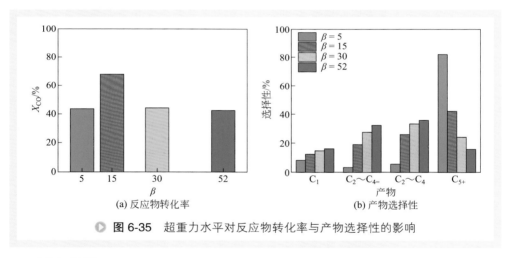

▶ **图 6-35** 超重力水平对反应物转化率与产物选择性的影响

（2）空速

从图 6-36（a）中可以看出，随着空速的增加，转化率呈现减小趋势，主要由于空速增大，即气体流量增加会使平均停留时间明显减小，进而导致反应物 CO 的转化率下降。但由图 6-36（b）可知，空速的增大对产物分布的影响不明显。

（3）温度

图 6-37 展示了温度对反应过程的影响，可以看出，随着温度的升高，CO 转化率呈现上升趋势，这与固定床内温度对 CO 转化率的影响规律[29]一致，但旋转填充床内温度对转化率的影响更为明显，这需要在催化床层内设计适宜的传热元件，

将反应放出的热量及时移走，以防止飞温的发生。但温度对产物的选择性基本无影响，又与固定床内低碳烃的选择性随温度的增加而增大不同，需要通过实验来进一步探索温度对产物选择性的影响。

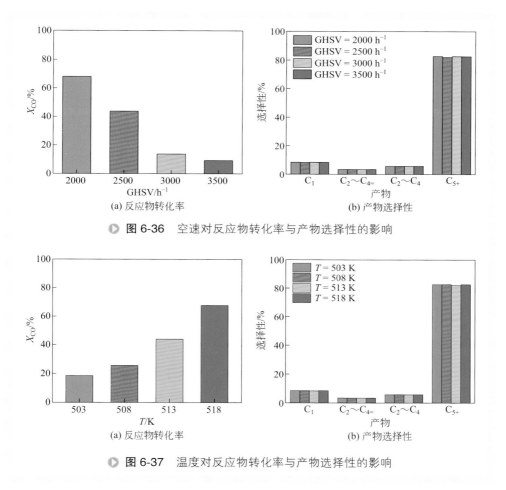

▶ **图 6-36** 空速对反应物转化率与产物选择性的影响

▶ **图 6-37** 温度对反应物转化率与产物选择性的影响

（4）H₂与CO摩尔比

图 6-38 为 H_2 与 CO 摩尔比对反应过程的影响结果，可知 CO 转化率随 H_2 与 CO 摩尔比的增大先增大后减小，最佳摩尔比为 2。该摩尔比对产物选择性的影响不大。Miroliaei[31] 和 Todic[32] 等分别研究了固定床钴基催化床层内、搅拌浆态床铁基催化床层内反应条件对产物分布的影响，发现了共同的规律：当 H_2 与 CO 摩尔比为 0.67～3 时，低碳烃的选择性随摩尔比增大而增加。但旋转填充床反应器内 H_2、CO 在离心力的作用下扩散速率均会不同程度地加快，可能导致 H_2 与 CO 摩尔比的影响不明显，此预测结果仍需进一步实验验证。

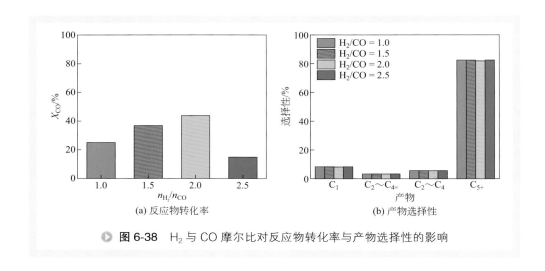

图6-38 H₂与CO摩尔比对反应物转化率与产物选择性的影响

参考文献

[1] 陈富新，罗鹏，巴德纯 . 流动可视化实验技术的最新进展及应用[J]. 风机技术，2005, 4: 43-46.

[2] Mavros P. Flow visualization in stirred vessels: A review of experimental techniques[J]. Chem Eng Res Des, 2001, 79(2): 113-127.

[3] 许联峰，陈刚，李建中，等 . 粒子图像测速技术研究进展[J]. 力学进展，2003, 33(4): 533-540.

[4] 杨可，蒋为民，熊健，等 . 飞翼模型高速风洞 PIV 试验研究[J]. 空气动力学学报，2015, 33(3): 313-318.

[5] 袁锋，竺晓程，杜朝辉 . 旋转对气冷涡轮内部流场影响的 PIV 测量[J]. 热能动力工程，2007, 22(2): 120-123.

[6] 赵峰，张军，徐洁，等 . 尾附体与主体连接形式对尾流场不均匀度影响的 PIV 测试评估[J]. 船舶力学，2001, 5(5): 6-14.

[7] 卢强 . PIV 水流量实验装置的研究设计与应用[D]. 天津：天津大学，2013.

[8] 潘春妹 . 双层桨搅拌槽内流动场的 PIV 研究[D]. 北京：北京化工大学，2008.

[9] 王振南，张扬，吴玉新，等 . PIV 对射流煤粉火焰流场特性的分析[J]. 工程热物理学报，2015, 36(6): 1356-1359.

[10] 高雪颖 . 旋转填充床内气相流动与气固催化反应的研究[D]. 北京：北京化工大学，2017.

[11] Patil V A, Liburdy J A. Flow characterization using PIV measurements in a low aspect ratio randomly packed porous bed[J]. Exp Fluids, 2013, 54(4): 1497-1515.

[12] 王凯剑 . 多孔介质流动特征实验研究 - 水晶玻璃球填充床[D]. 包头：内蒙古科技大学，

2014.

[13] 张兵. 玻璃球（20 mm）叉排多孔介质流态特征实验研究[D]. 包头：内蒙古科技大学，2015.

[14] Meinicke S, Möller C, Dietrich B, et al. Experimental and numerical investigation of single-phase hydrodynamics in glass sponges by means of combined μPIV measurements and CFD simulation[J]. Chem Eng Sci, 2017, 160: 131-143.

[15] Li Z P, Bao Y Y, Gao Z M. PIV experiments and large eddy simulations of single-loop flow fields in rushton turbine stirred tanks[J]. Chem Eng Sci, 2011, 66(6): 1219-1231.

[16] 杨旷，初广文，邹海魁，等. 旋转床内流体微观流动 PIV 研究[J]. 北京化工大学学报，2011, 38(2): 7-11.

[17] Shi X, Xiang Y, Wen L X, et al. CFD analysis of liquid phase flow in a rotating packed bed reactor[J]. Chem Eng J, 2013, 228: 1040-1049.

[18] Liu Y, Luo Y, Chu G W, et al. 3D numerical simulation of a rotating packed bed with structured stainless steel wire mesh packing[J]. Chem Eng Sci, 2017, 170: 365-377.

[19] Munjal S, Duduković M P, Ramachandran P. Mass-transfer in rotating packed beds—Ⅱ. Experimental results and comparison with theory and gravity flow[J]. Chem Eng Sci, 1989, 44(10): 2257-2268.

[20] 郭锴. 超重机转子填料内液体流动的观测与研究[D]. 北京：北京化工大学，1996.

[21] Yang W J, Wang Y D, Chen J F, et al. Computational fluid dynamic simulation of fluid flow in a rotating packed bed[J]. Chem Eng J, 2010, 156: 582-587.

[22] Yang Y C, Xiang Y, Chu G W, et al. CFD modeling of gas-liquid mass transfer process in a rotating packed bed[J]. Chem Eng J, 2016, 294: 111-121.

[23] Yang Y C, Xiang Y, Li Y G, et al. 3D CFD modelling and optimization of single-phase flow in rotating packed beds[J]. Can J Chem Eng, 2015, 93: 1138-1148.

[24] 朱炳辰. 化学反应工程[M]. 第 5 版. 北京：化学工业出版社，2012.

[25] 曹晓畅. 管式搅拌反应器流动特性与混合特性的 CFD 数值模拟[D]. 沈阳：东北大学，2009.

[26] Chen J F, Liu Y, Zhang Y. Control of product distribution of Fischer-Tropsch synthesis with a novel rotating packed-bed reactor: From diesel to light olefins[J]. Ind Eng Chem Res, 2012, 51: 8700-8703.

[27] 刘意. 调控费托合成产物分布高效合成低碳烯烃的研究[D]. 北京：北京化工大学，2015.

[28] Förtsch D, Pabst K, Groß-hardt E. The product distribution in Fischer-Tropsch synthesis : An extension of the ASF model to describe common deviations[J]. Chem Eng Sci, 2015, 138: 333-346.

[29] Yates I C, Satterfield C N. Intrinsic kinetics of the Fischer-Tropsch synthesis on a cobalt catalyst[J]. Energy Fuels, 1991, 5(1): 168-173.

[30] Park N, Kim J, Yoo Y, et al. Modeling of a pilot-scale fixed-bed reactor for iron-based Fischer-Tropsch synthesis : Two-dimensional approach for optimal tube diameter[J]. Fuel, 2014, 122: 229-235.

[31] Miroliaei A R, Shahraki F, Atashi H, et al. Comparison of CFD results and experimental data in a fixed bed Fischer-Tropsch synthesis reactor[J]. J Ind Eng Chem, 2012, 18(6): 1912-1920.

[32] Todic B, Nowicki L, Nikacevic N, et al. Fischer-Tropsch synthesis product selectivity over an industrial iron-based catalyst: Effect of process conditions[J]. Catal Today, 2015, 261: 28-39.

第七章

气 - 液 - 固体系超重力反应工程

气体、液体和固体同时存在的过程，称为气 - 液 - 固多相过程。气 - 液 - 固多相体系在化工生产中非常普遍，广泛存在于化工、食品、能源、环保以及制药等生产过程中。气 - 液 - 固三相过程可以分为三类：①气 - 液 - 固三相同时参与反应，如氯化镁吸收氨气和二氧化碳生成氧化镁；②气 - 液两相参与反应，固体不参加反应，如诸多催化反应；③气 - 液 - 固三相中，其中一相为惰性材料不参与反应，但从化工的角度考虑仍属于三相反应的范畴内，如合成甲醇时，反应过程中放出大量的热，因此添加不参与反应的液相来移热，从而缓和操作条件、延长催化剂的使用寿命等。

随着现代流程工业的发展，产品不断更新，环保要求日益提高，建设生态经济和实现可持续发展的要求更为迫切。因此，人们力图灵活应用化学工程的原理和方法，研发新的过程强化技术以提高多相反应或分离过程的效率。

由于超重力反应器内的相间传质速率比传统塔器可提高 1～3 个数量级，极大地强化了分子混合和传质过程，可以有效促进多相分离及反应过程，因此有望在气 - 液 - 固多相体系的反应和分离过程获得应用[1,2]。

第一节　超重力反应器中有机相强化K_2CO_3/$KHCO_3$溶液吸收CO_2

CO_2 气体是引起温室效应的主要气体之一，如何减少 CO_2 的排放，是目前环保领域的主要研究方向之一[3]。

王亚楠[4]以有机相+K_2CO_3/$KHCO_3$溶液为吸收体系吸收 CO_2，采用 NaClO 溶液为促进剂，选择对 CO_2 溶解度较高，扩散系数较大的苯、正庚烷、正辛醇为有机相，以定 - 转子超重力反应器（rotor-stator reactor, RSR）为吸收设备，进行了超重力脱碳工艺的研究，考察了苯、正庚烷、正辛醇三种有机相的体积分数、超重力反应器转速、气体流量、液体流量、温度、NaClO 浓度等操作条件对 CO_2 吸收率的影响，确定了较为适宜的操作工艺条件，建立了 CO_2 吸收率与实验操作变量之间的关联式，并比较了三种有机相对 CO_2 吸收率和吸收速率的促进作用大小。定 - 转子超重力反应器[5,6]是一种新型的超重力设备，其产生的超重力环境能够有效地强化分子混合和传质过程。RSR 内强大的剪切力能够有效地提高液 - 液两相的混合程度，避免有机相黏附在靠近反应器的液面上方，从而促进 CO_2 的吸收。此外，RSR 的剪切作用能够将液相切割为尺寸较小的微元，有效地提高了相间的接触面积，从而促进 CO_2 的吸收，实验流程如图 7-1 所示。

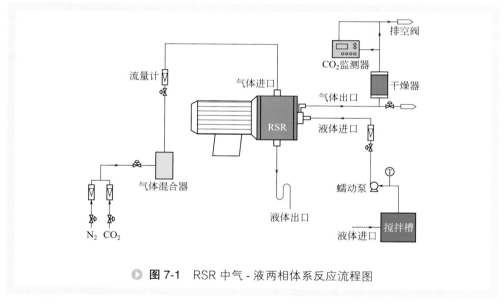

图 7-1 RSR 中气 - 液两相体系反应流程图

一、苯体积分数、转速的影响

1. 有机相苯体积分数对 CO_2 吸收率的影响

图 7-2 给出了有机相苯体积分数对 CO_2 吸收率的影响，从图中可以看到，CO_2 吸收率随苯体积分数的增加先增大后逐渐减小。苯的加入降低了混合液相的界面张力，使得吸收过程的传质阻力减小，推动力增大；同时由于较高的 CO_2 溶解度，随苯体积分数的增加，更多的 CO_2 通过苯传递给水相，有利于吸收。然而，混合液黏度及有机相微元的尺寸会随苯体积分数增加而增大，使得传质阻力增大。当苯体积

分数大于 1.63%，黏度和阻力增大的作用开始变得显著，CO_2 吸收率随苯体积分数增加会逐渐减小，确定该实验的适宜条件为苯体积分数 1.63%。同时，与不加 NaClO 相比，少量 NaClO 促进了反应 $CO_2 + H_2O \rightleftharpoons HCO_3^- + H^+$ 正向进行，CO_2 吸收率增加明显，说明促进剂 NaClO 的加入有效地促进了 CO_2 的吸收。

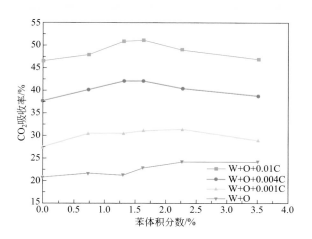

● **图 7-2** 有机相苯体积分数对 CO_2 吸收率的影响

2. 转速对 CO_2 吸收率的影响

图 7-3 给出了超重力反应器转速对 CO_2 吸收率的影响。可以看到，CO_2 吸收率随转速的增加而增大。体系内湍动程度随转速的增加而增强，且表面更新速率也随之加快，使得传质速率增大；同时液滴直径与液膜厚度会随着转速的增加而减小，从而导致 CO_2 与混合液相间的接触面积大幅提高。当转速大于 800 r/min 后，停留

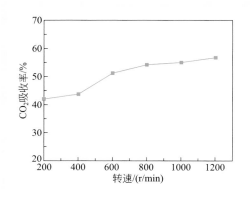

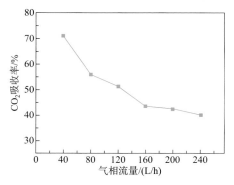

● **图 7-3** 转速对 CO_2 吸收率的影响　　● **图 7-4** 气相流量对 CO_2 吸收率的影响

时间及接触时间的缩短对 CO_2 吸收的不利影响开始变得显著，抵消了传质速率增加和接触面积增大对 CO_2 吸收的促进作用，导致 CO_2 吸收的变化趋于稳定。

二、气相与液相流量的影响

1. 气相流量对 CO_2 吸收率的影响

图 7-4 给出了气相流量对 CO_2 吸收率的影响。可以看到，增加气相流量，CO_2 吸收率逐渐减小。气相流量增加，气相的湍动强度增加，气相侧传质速率增加。CO_2 吸收的传质阻力主要集中于液相侧，使得气相侧传质速率增加对 CO_2 吸收影响不大。此外，CO_2 在 RSR 内的停留时间会随气相流量增加而逐渐缩短，从而导致 CO_2 吸收率减小。

2. 液相流量对 CO_2 吸收率的影响

图 7-5 给出了液相流量对 CO_2 吸收率的影响。可以看到，液相流量的增加使 CO_2 吸收率增加。液相流量增加，RSR 内持液量增大，单位体积内苯和水相微元的数量增多，碰撞概率增加，促进了 CO_2 吸收，同时有效传质比表面积也随之增加。此外，液相流量增加，液相中 CO_2 浓度随之降低，传质推动力得以增大，对 CO_2 吸收过程有利，这几种因素共同作用使得 CO_2 吸收率随液相流量的增加而增大。

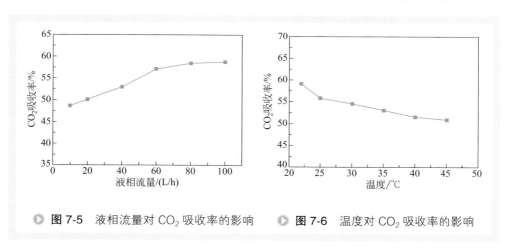

▶ 图 7-5　液相流量对 CO_2 吸收率的影响　　▶ 图 7-6　温度对 CO_2 吸收率的影响

三、温度、NaClO 浓度的影响

1. 温度对 CO_2 吸收率的影响

图 7-6 给出了温度对 CO_2 吸收率的影响。可以看到，当温度在 22~45 ℃的范围内变化时，CO_2 吸收率由 58.82% 逐渐减小到 50.75%。温度升高，化学反应速率

增加，有利于 CO_2 吸收。K_2CO_3 溶液与 CO_2 的反应为放热反应，温度升高不利于反应正向进行，且 CO_2 溶解度随温度升高而减小，故升高温度不利于 CO_2 的吸收；$NaClO$ 溶液在高温下易分解，以上多种因素的共同作用大于反应速率增加的影响。因此，随着温度的升高，CO_2 吸收率逐渐减小。

2. NaClO 浓度对 CO_2 吸收率的影响

图 7-7 给出了 NaClO 浓度对 CO_2 吸收率的影响。可以看到，CO_2 吸收率随着 NaClO 浓度的增加而逐渐增大，当 NaClO 浓度达到 0.03 mol/L 后，CO_2 吸收率的变化趋于平缓。说明促进剂 NaClO 浓度过大会破坏体系内的酸碱平衡，对 CO_2 吸收的促进作用减弱。

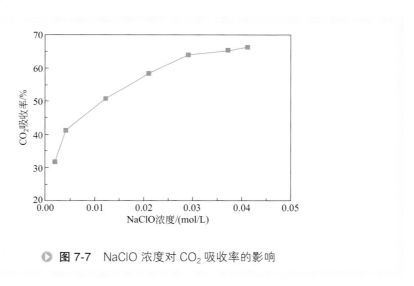

▶ **图 7-7** NaClO 浓度对 CO_2 吸收率的影响

四、关联式建立

以上研究结果发现，CO_2 吸收率与有机相体积分数、转速、气液相流量、NaClO 浓度、温度等因素相关，为此建立了 CO_2 吸收率与各因素之间的关联式，表达式如下

$$\xi_1 = A_1 \mu_L^{n_1} C^{n_2} \omega^{n_3} V^{n_4} L^{n_5} T^{n_6} \tag{7-1}$$

利用非线性回归得到如下关联式

$$\xi_1 = e^{14.12} \mu_L^{1.17} C^{0.15} \omega^{0.13} V^{-0.29} L^{0.05} T^{-1.63} \tag{7-2}$$

式中　A_1——指前因子，无量纲；

μ_L——有机相体积分数，无量纲；

C——NaClO 浓度，mol/L；

ω——转子角速度，rad/min；

V——气体流量，L/h；

L——液体流量，L/h；

T——温度，K。

显著性水平（α）取 0.05%，可求得临界相关系数为 0.8054，总体相关系数为 0.858，大于临界相关系数，因此所得关联式具有统计学显著性，如图 7-8 所示。

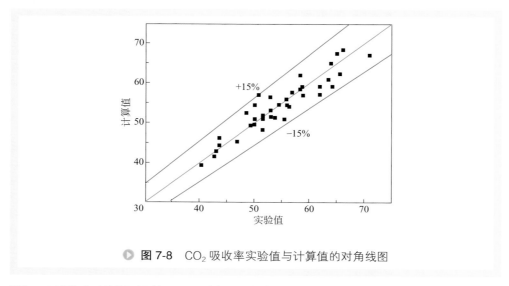

▶ **图 7-8** CO_2 吸收率实验值与计算值的对角线图

五、三种有机相吸收 CO_2 效果对比

图 7-9 给出了三种有机相体积分数对 CO_2 吸收率的影响。可以看到，CO_2 吸收率随有机相体积分数的增加先增大后逐渐减小，体积分数在 0.1% ～ 2.7% 之间变化时，有机相对 CO_2 吸收率的强化顺序为苯＞正庚烷＞正辛醇，体积分数超过 2.7% 后，三种有机相对 CO_2 吸收率的促进作用区别不明显。分析原因，当体积分数较小时，有机相对 CO_2 的溶解能力大小为苯＞正庚烷＞正辛醇，有机相对 CO_2 的溶解度越大，强化吸收能力越强。但当有机相体积分数继续增加时，混合液黏度增大导致传质阻力增加，同时有机相微元尺寸也会随体积分数增加而增大，使得有机相体积分数大于 2.7% 后，传质阻力增大的作用逐渐显现。

图 7-10 给出了 CO_2 吸收率随时间的变化规律。可以看到，加入不同的有机相对吸收率随时间变化的影响程度不同。三种有机相对 CO_2 吸收速率影响的顺序为苯＞正庚烷＞正辛醇，且吸收速率几乎都大于纯水相溶液的吸收速率。在 80～100 s 内吸收速率随时间的变化曲线斜率出现最大值，大约在 2 min 反应达到终点。三种有机相中苯和正庚烷对 CO_2 的相对溶解度较大（苯＞正庚烷），分别为 1.769 和 1.583，且 CO_2 在庚烷中的扩散系数较高，因此相同时间内通过苯和正庚烷传递到水相的 CO_2 较多，吸收速率较大。与苯和正庚烷相比，正辛醇对 CO_2 的相对溶解度

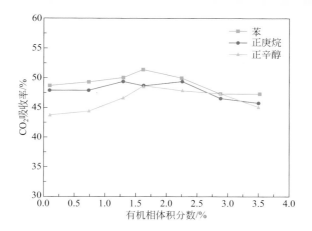

▶ 图 7-9 有机相体积分数对 CO_2 吸收率的影响

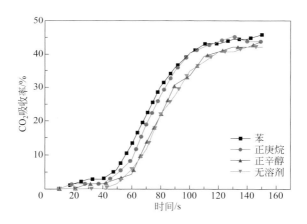

▶ 图 7-10 CO_2 吸收率随时间的变化

（1.565）较小，使得传质阻力增加较明显，导致吸收速率相对较小。

第二节 超重力催化 α-甲基苯乙烯加氢

    化工等行业的加氢脱硫、氧化反应通常采用流化床作为反应器，由于这些反应器的传质效率相对较低，导致设备体积庞大[7-9]。以加氢脱硫为例，为了满足日趋严格的排放标准，需要对真空气油进行"深度"加氢脱硫，每天的吞吐量在

$430 \sim 600 \mathrm{~m^3}$ 之间，通常使用特殊的填料来达到减小设备体积的目的。

现有 α-甲基苯乙烯的加氢技术采用流化床镍基催化剂催化加氢工艺，该法需要两个蒸馏塔、移热系统、加压系统以及复杂的配套设备。此外，Reney 镍系催化剂存在过度加氢和催化剂损失量大的缺点，从而导致副产物多、操作成本大等问题。常规的固定床加氢技术加氢效果往往取决于气液两相在整个床层填料表面的分布状态，一旦床层长度过长，很容易形成流体的沟流、短路等。因此，开发高效的加氢反应器以强化气液两相充分接触是关键。Dhiman 等[10]以金属泡沫为催化剂载体、以钯为催化剂在旋转滴流床中进行了 α-甲基苯乙烯的加氢实验。结果表明，与传统滴流床反应器[11]相比，旋转滴流床反应器中 α-甲基苯乙烯加氢反应的反应速率能强化 $33 \sim 39$ 倍。

北化超重力团队分别以氧化铝粒子和泡沫金属镍为催化剂，研究了超重力技术在催化 α-甲基苯乙烯加氢反应上的应用。α-甲基苯乙烯加氢反应转化率的结果如图7-11所示。可见，使用带有气液预混合装置的超重力反应器，α-甲基苯乙烯的转化率高于传统浆态床反应器、固定床反应器和鼓泡塔内的转化率。

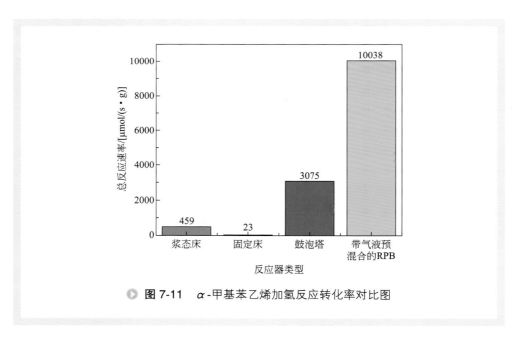

● **图 7-11** α-甲基苯乙烯加氢反应转化率对比图

图7-12给出了旋转填充床中氧化铝基催化剂催化加氢时反应速率随各参数的变化关系。从图中可以看到，反应速率随着氧化铝粒子尺寸的增加而减小。α-甲基苯乙烯在 Pd 上加氢得到异丙苯的反应是不可逆反应，该过程催化剂表面的氢转移是控制步骤[12]。催化剂颗粒越小，其比表面积越大，氢转移速率越快，从而使细颗粒催化剂催化反应速率更大。另外，加氢反应速率随着液体薄膜的减小、离心力和液

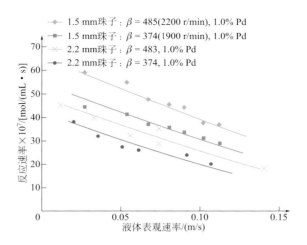

图 7-12 γ-Al₂O₃ 上的反应速率

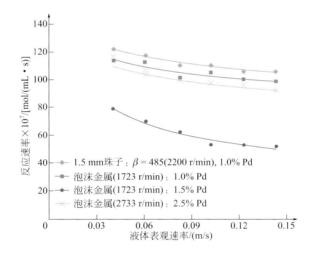

图 7-13 超重力水平为 360 时泡沫金属上的反应速率

体流速的增大而提高。图 7-13 显示了泡沫金属催化 α- 甲基苯乙烯的加氢过程的反应速率随各参数的变化关系。由图可见，随着超重力水平的增加和液膜变薄，反应速率不断增加。Munjal 等[13]研究发现球形颗粒旋转床的气液界面面积可能小于填料比表面积的一半，可能是由于旋转床内催化填料未完全润湿所致。因此，反应器的初始进料状态及液体进口的分布仍需进一步优化，以强化填料的润湿性进而强化反应效果。

双氧水制备方法包括电解法、异丙醇法和蒽醌法等。电解法电耗高、铂电极因损耗需要补充，设备单元生产能力低；异丙醇法在生产过程中会产生副产品丙酮，需要对丙酮和过氧化氢进行分离；而蒽醌法具有电耗低、工作液可循环使用、设备安全、无副产品生成等优点。因此，蒽醌法成为全球过氧化氢厂商最主要的生产方法[14-17]。

蒽醌法生产工艺一般分为氢化、氧化、萃取、后处理 4 个主要步骤[18]。其中氢化是整个工艺的核心，氢化效率的提高会直接使产能和经济效益提高。解决氢化过程中氢化液降解和降解物在催化剂表面堆积两大问题，有利于实现现行双氧水生产工艺的扩大再生产。国内现行的双氧水生产工艺大多以固定床为主，而固定床受制于重力影响，导致液体流经床层的速度慢、催化剂液膜较厚，这不利于气-液-固三相充分接触反应。由蒽醌加氢动力学可知，蒽醌（EAQ）和四氢蒽醌（H4EAQ）的氢化反应对蒽醌浓度均为 0 级反应，对氢气分压均为 1 级反应。蒽醌氢化过程中有明显的内扩散和外扩散阻力，在存在搅拌的情况下，外扩散阻力随搅拌速度的增加而逐渐减小，而外扩散阻力的减小有利于工作液充分反应，加快氢化速率从而提

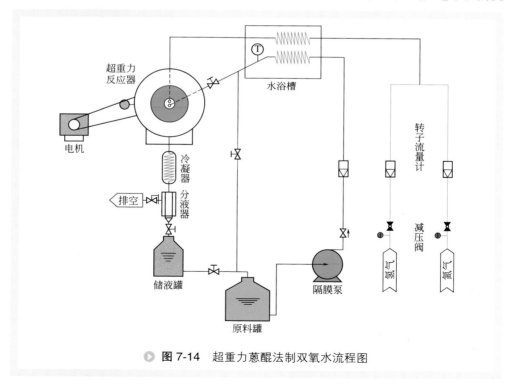

▶ 图 7-14　超重力蒽醌法制双氧水流程图

高氢化效率（氢效）。因此吕昀祖等 [19] 考虑通过外场强化的方式来加强反应体系中的传质过程，以提高实际生产的时空收率。他们自主设计并搭建了一套超重力反应装置，研究了超重力技术在蒽醌法生产双氧水上的应用，实验装置如图 7-14 所示。

分别考察了超重力单程加氢操作和循环加氢操作下的氢效以及时空收率。单程加氢时不开启工作液连续反应循环系统，一次走样后即采集样品进行分析。循环加氢操作时开启工作液连续反应循环系统，经多次循环后采集样品进行分析。结果如图 7-15～图 7-20 所示。

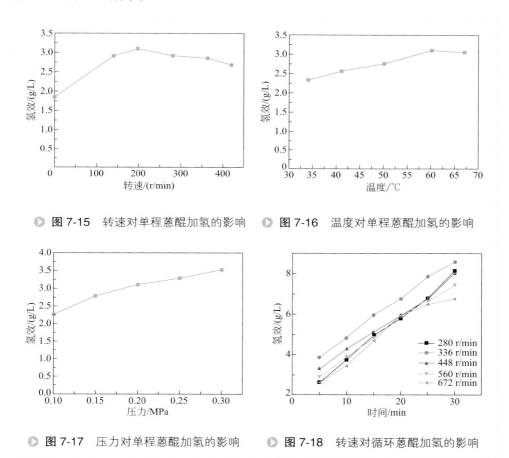

▶ **图 7-15**　转速对单程蒽醌加氢的影响　　▶ **图 7-16**　温度对单程蒽醌加氢的影响

▶ **图 7-17**　压力对单程蒽醌加氢的影响　　▶ **图 7-18**　转速对循环蒽醌加氢的影响

结果表明，适当的转速可以明显提高生产效率。当转速在 350～400 r/min 时生产效率最优。当反应器静止时（此时可看成是固定床反应器），氢效为 1.85 g/L，随转速提高，蒽醌的氢效也随之增大，并在 390 r/min 时达到最大，继续提高转速，氢效有降低趋势。这是因为随着转速增大，超重力旋转填料层内催化剂表面的液膜厚度和液滴都大大减小，增加了气液间的接触面积，减小了氢气向工作液和催化剂孔道内传质的阻力，提高了氢气的传质速率。同时旋转使得工作液液滴获得了周向

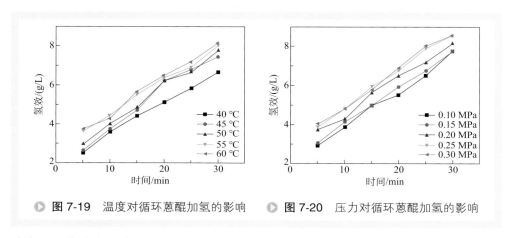

图 7-19　温度对循环蒽醌加氢的影响　　图 7-20　压力对循环蒽醌加氢的影响

速度，工作液实际流通路径更为复杂，有助于工作液在催化剂层的分散，促使氢效提高。在转速增大到 560 r/min 以上时，蒽醌氢效开始降低，可能是转速过高导致工作液周向速度过快，使工作液停留时间太短所致。

压力和温度对超重力反应体系的影响和在固定床上类似，即氢效随压力和温度的升高而增大。升高温度可使物质分子获得更大的动能，很大程度上增加了氢气分子、蒽醌分子与催化剂活性中心三者之间相互碰撞的机会，从而加快了反应速率，提高了催化剂活性，氢化效率因此提高。但是随着反应温度的继续上升，副反应的速率也增大，加氢选择性开始降低，不利于目标产物的生成，使得氢化效率反而降低。反应动力学的研究结果表明，2-乙基蒽醌及 2-乙基四氢蒽醌的氢化反应对氢气分压均为一级，提高氢气压力，氢化反应速度也会相应提高。同时随着氢气压力的增大，其在蒽醌工作液中的溶解度也进一步增加，可以增大氢气分子同催化剂活性中心的接触概率，从而提高氢化效率。但由于超重力场的存在，会使得液滴在反应器内的反应时间大大减少，所以当压力大于 0.25 MPa、温度高于 55 ℃后，氢效便没有明显的提高。当转速达到 336 r/min 时，其氢效达到最大，继续增大转速后，氢效有明显降低的趋势。

当温度达到 55 ℃后，氢效便没有明显地提高。这可能由于在反应开始阶段，体系温度的提高使活化分子增多，大大增加了有效碰撞的概率。但同时由于离心力作用，液体在反应器中的停留时间变短，部分活化分子不能及时与氢气、催化剂同时接触就流出反应体系。压力的增加使更多的氢气分子可以在反应器中参与反应，因而氢效随压力的增大而提高。图 7-21 给出了不同循环时间的氢化液的氢化效率与时空收率的对比，从结果来看，虽然循环加氢的氢化效率高于单程加氢，但其时空收率却明显下降，连续的单程加氢较循环加氢是更为合适的操作方式。

表 7-1 给出了超重力生产工艺与固定床生产工艺的对比，从表中可以看到，超重力反应器的氢效和时空收率比固定床高出很多。与传统固定床相比，超重力技术在

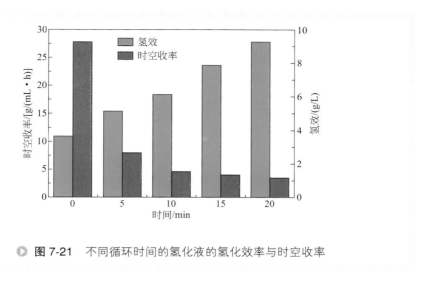

图 7-21 不同循环时间的氢化液的氢化效率与时空收率

双氧水生产上具有生产效率高、设备体积小等优点，展现出良好的应用前景。

表 7-1 超重力生产工艺与固定床生产工艺的对比

参数	固定床	超重力
反应过程	单程加氢	单程加氢
催化剂装填量 /mL	60	5800
轴 / 径向高度 /mm	132	70
温度 / ℃	60	60
压力 /MPa	0.2	0.2
工作液流量 / (mL/min)	4.2 ～ 13	870
转速 / (r/min)	—	390
氢效 / (g/L)	1.8	3.1
时空收率 / [gH_2O_2/(L 催化剂·h)]	12.7 ～ 16.5	27.9

第四节 **超重力催化氧化脱硫**

废碱液是石油化工中产生的一种常见废液，这些废碱液中含有大量的游离NaOH、高浓度硫化物、酚类、环烷酸等的钠盐及中性油类等 [20,21]。上述污染物如果直接排放，会对水体产生严重污染，因此要求在排放前就地进行处理，使处理后的废碱液达到排放标准或者可以进一步进行生物处理。处理乙烯废碱液的技术很多，目前被广泛采用的是湿式氧化法，但是传统湿式氧化法存在处理时间长、传质传热效率低、温度和压力要求高、设备成本和操作成本高等缺点。为解决这些问题，研究人员主要从两方面着手：一是通过加入催化剂来提高反应速率，降低反应活化能，降低湿式氧化脱硫过程的温度和压力，以降低操作成本[22]；二是采用过程强化设备来强化传质过程。如将旋转填充床引入湿式氧化法处理废碱液，并与添加催化剂的方法相结合，发挥超重力反应器极大强化传质过程的优势，可以进一步提高氧化效果，降低反应温度和操作压力，显著降低操作成本[23]。

一、废碱液催化氧化脱硫的原理

络合铁催化剂脱除硫离子的基本原理如下。

① 络合铁和 HS^- 反应生成硫

$$2Fe^{3+}(络合铁)+ HS^- \longrightarrow 2Fe^{2+}(络合铁)+S\downarrow + H^+ \qquad (7\text{-}3)$$

② 在空气的作用下，Fe^{2+} 氧化成 Fe^{3+}，催化剂得到再生

$$4Fe^{2+}(络合铁)+O_2+2H_2O \longrightarrow 4Fe^{3+}(络合铁)+ 4OH^- \qquad (7\text{-}4)$$

总反应式为

$$2HS^- + O_2 \longrightarrow 2S\downarrow +2OH^- \qquad (7\text{-}5)$$

888 催化剂脱除硫离子的基本原理如下

$$2NaHS+ O_2 \longrightarrow 2NaOH+2S\downarrow \qquad (7\text{-}6)$$

$$NaHS+(x-1)S+NaHCO_3 \longrightarrow Na_2S_x+CO_2+H_2O \qquad (7\text{-}7)$$

NaHS 的氧化反应是液相氧化还原反应，生成沉淀物硫黄，而 NaHS 在 888 催化作用下与硫黄反应生成 Na_2S_x，令沉积的硫黄松动，起到清塔作用，这就是以 888 为催化剂时，不仅不产生堵塔，或原来采用其他催化剂时频繁堵塔，而改用 888 后原沉积在塔内的硫能够迅速获得清除的原因。超重力湿式氧化法实验流程如图 7-22 所示。

二、各种因素对脱硫效果的影响

1. 空气流量

图 7-23 给出了空气流量对催化氧化 S^{2-} 脱除效果的影响。

从图中可以看到，随着空气流量的增大，废碱液的硫离子脱除率增加，其中加入络合铁催化剂的废碱液在空气流量大于 $10\ m^3/h$ 时，脱硫率增加趋势减缓，而加

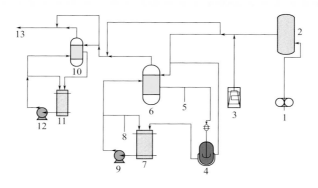

▶ 图7-22　超重力湿式氧化法实验流程图

1—空气压缩机；2—空气缓冲罐；3—蒸汽发生器；4—液体缓冲罐；5—出液取样口；
6,10—超重力机；7,11—储液桶；8—进液取样口；9,12—循环泵；13—气体出口

入888催化剂的废碱液在空气流量大于15 m³/h时，硫离子脱除率增加趋势减缓。空气流量越大，反应速率越大，而且空气流量增加时，液相传质速率也增加。此外，催化剂的加入改变了脱硫机理，由于反应后硫的最终价态降低，所以相同量的硫离子反应的耗氧量降低，因此空气的过量值也降低，与不加催化剂条件下相比更早出现脱硫率增加趋势减缓的现象。

2. 液体流量

图7-24给出了液体流量对脱硫效果的影响。从图中可以看到，随着液体流量的增加，硫离子脱除率增加，然后在液体流量大于200 L/h后趋于稳定。随着流量的增加，原料桶内液体完全循环一次所用的时间减少，相同时间内循环次数增加，增

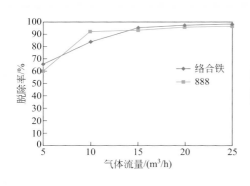

▶ 图7-23　空气流量对催化氧化 S²⁻ 脱除效果的影响

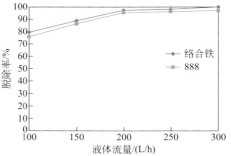

▶ 图7-24　液体流量对催化氧化 S²⁻ 脱除效果的影响

加了总的停留时间。然而，随着流量的增加，填料表面液膜变厚，从液膜内的流速分布看，必然是远离填料表面的流速快，大流量比小流量多出的部分是远离填料表面的部分，从而使平均停留时间减小，但是前者的正影响大于后者的负影响。在液体流量大于 200 L/h 后两者作用相互抵消，因此，硫离子的脱除率先增加，然后趋于稳定。

3. 转速

图 7-25 给出了超重力反应器转速对脱硫效果的影响。

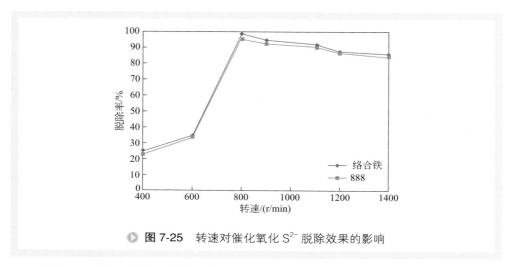

▶ **图 7-25**　转速对催化氧化 S^{2-} 脱除效果的影响

从图 7-25 可以看到，使用两种催化剂的硫离子脱除率都是先增大后减小。对于催化剂湿式氧化，超重力反应器转速在 800～1400 r/min 之间时，硫离子脱除率。一方面，转速增加，液相传质系数增大，从而利于废液中硫离子的脱除。另一方面，转速增加，平均停留时间，从而降低废液中硫离子脱除的效果。因此，转速大于 800 r/min 时，随着超重力机转速的增大，废液中硫离子的脱除率减小。并且在相同条件下，络合铁催化剂催化效果更好，硫离子脱除率能达到 99% 以上。

4. 反应温度和时间

图 7-26 和图 7-27 分别给出了反应温度和反应时间对脱除率的影响。

从图 7-26 和图 7-27 可以看出，随着反应温度的增加和时间的延长，废水硫离子脱除率不断提高。对比反应时间为 1 h 和 1.5 h 的两条曲线，可以看出反应时间为 1.5 h 的效果优于反应时间为 1 h 的效果。从而可得反应温度和反应时间对湿式氧化处理炼油碱渣废水的影响均为正相关关系，同时随着温度的升高，两曲线提高的幅度也不断增加。在相同温度下，加入络合铁催化剂时，脱硫率最高，888 催化剂略低，没加催化剂时脱硫率最低。

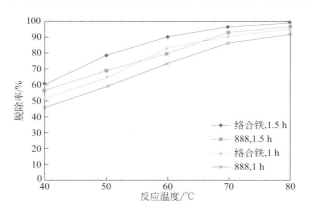

▶ **图 7-26** 反应温度对催化氧化 S^{2-} 脱除效果的影响

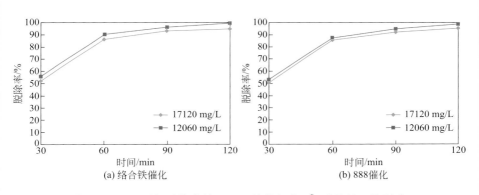

▶ **图 7-27** 时间对络合铁和 888 催化氧化 S^{2-} 脱除效果的影响

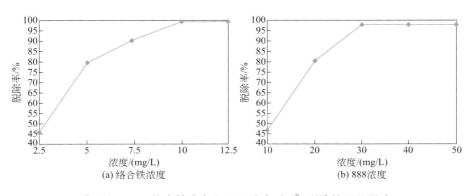

▶ **图 7-28** 络合铁浓度和 888 浓度对 S^{2-} 脱除效果的影响

5. 催化剂浓度

图 7-28 给出了络合铁浓度和 888 浓度对脱硫效果的影响。可以看到，硫离子脱

除率开始都是随着催化剂浓度增大而增大，其中络合铁溶液浓度在大于 10 mg/L 后硫离子脱除率不再明显增大，而 888 催化剂浓度在大于 30 mg/L 后硫离子脱除率不再明显增大。络合铁催化氧化和 888 催化氧化体系的硫离子脱除率都可以达到 99% 以上，在相同条件下，络合铁催化氧化的效果略优于 888 催化氧化。络合铁的硫沫容易析出处理，888 体系硫沫较细，较难处理，而不加催化剂时不会产生硫沫。综合考虑，使用络合铁催化剂具有更好的工业应用前景。

第五节　超重力生化反应

　　生物质能与传统化石能源相比具有可再生性、低污染性、分布广泛和储量丰富的特点 [24-27]。生物质通过植物的光合作用可以再生，与风能、太阳能等同属可再生能源，资源丰富，可保证能源的永续利用。

　　与传统化学工业相比，生物化工有某些突出特点：①主要以再生资源为原料；②反应条件温和，多为常温、常压、能耗低、选择性好、效率高的生产过程；③环境污染较少；④投资较小；⑤能生产目前不能生产的或用化学法生产较困难的性能优异的产品 [28]。由于这些优点，生物化工已经成为化工领域中重点发展的行业。

一、内循环超重力机

　　生物发酵是气 - 液 - 固三相反应，属于慢反应过程。反应器必须有足够的液相体积，才能使固状的菌体细胞在液相中生长。对于好氧性发酵，要求气 - 液相接触充分，保证足够的供氧量，才能有利于菌体的生长。因此要求反应器具有良好的混合性能，较大的气 - 液相界面和液相传质效率。同时，为避免杂菌污染，必须减少培养液与外界接触的机会，因此生物发酵通常采用内循环方式。

　　结合超重力反应器和内循环反应器的特点，北化超重力团队开发了内循环超重力生化反应器，如图 7-29 所示。

　　内循环超重力生化反应器的工作原理是罐内的物料通过提升器的自吸式作用使转子中心形成负压，

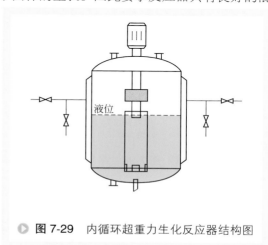

▶ 图 7-29　内循环超重力生化反应器结构图

使物料提升至旋转床的空腔内，在转子转动产生的离心力的作用下通过填料层被甩出，沿反应器的壁面流回到反应釜内，再通过提升器的作用，进一步混合、循环。此设备可强化多相反应物的混合、传质及传热等过程，抑制死区的出现，进而提高生产效率。又因为混合或反应在反应器内部进行，减少了与外界接触的机会，可以避免杂菌对发酵过程的不利影响。在内循环超重力发酵釜中，气体流量、转速、液体的表观黏度和表面张力对体系的氧传递过程影响很大，转速和气体流量的提高可以使传质系数增加。对于一定的操作条件，随着表观黏度和表面张力的增加，传质系数有所减小。其中，因非牛顿流体具有独特的流变特性，旋转填充床对非牛顿流体体系的传质影响更为显著，具有促进作用。与传统的发酵设备相比，超重力用于有黏性的假塑性液体的传质过程时具有非常显著的优势[29]。

二、旋转填充床强化胞外多糖 A 发酵性能研究

克雷伯氏菌 H-112 发酵生产胞外多糖 A 属于高黏性多糖好氧发酵过程，需要利用氧来参与菌体的生长和代谢产物的合成。常用的发酵设备一般为搅拌式的发酵罐，随着克雷伯氏菌 H-112 胞外多糖 A 发酵的不断进行，发酵液黏度逐渐增加，呈假塑性流体的性质，由于高黏性传质和混合受限，导致产量低、质量差、发酵周期长。因此，北化超重力团队开发的新型定 - 转子式旋转填充床发酵罐可望实现高黏性多糖微生物发酵过程传质和混合的强化。

实验研究了 pH 值、转速和气体流量在定 - 转子式旋转填充床发酵罐中对克雷伯氏菌 H-112 胞外多糖 A 发酵过程的影响，通过比较胞外多糖 A 的产量、发酵液黏度和菌体量三个参数情况，确定较适宜的工艺条件。

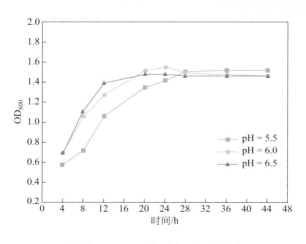

▶ **图 7-30** pH 值对菌体量的影响

1. pH值

图 7-30 给出了不同 pH 值下反应时间对菌体量的影响。从图中可以看到，当 pH 值为 5.5 时，菌体生长速度缓慢，进入稳定期的时间较长，需要 28 h 左右；当 pH 值为 6.0 和 6.5 时，菌体生长繁殖速度较快，经过 20 h 进入稳定期，时间相对较短，并且菌体量相对较多，说明 pH 值为 6.0～6.5 有利于菌体的生长和繁殖。

图 7-31 给出了不同 pH 值下胞外多糖 A 产量随时间的变化情况。可以看到，当 pH 值为 5.5 时，胞外多糖 A 的积累缓慢，产量较低，当 pH 值为 6.0 和 6.5 时，发酵前期产量相差不大，当发酵进行到中后期时，pH 值为 6.0 时产量较高，能达到 5 g 左右，说明 pH 值为 6.0 时有利于产物的合成，经过约 60 h 发酵结束。

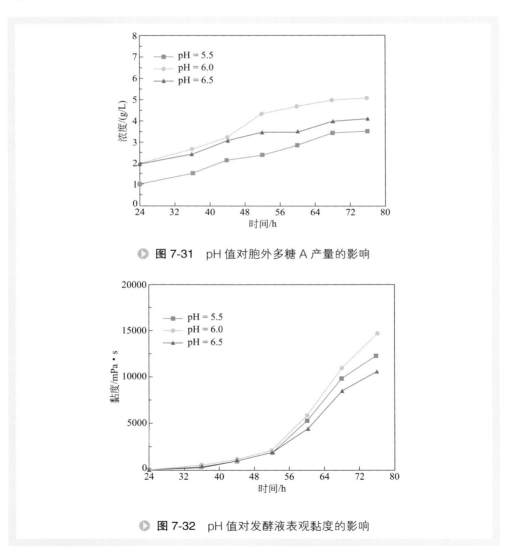

▶ **图 7-31**　pH 值对胞外多糖 A 产量的影响

▶ **图 7-32**　pH 值对发酵液表观黏度的影响

图 7-32 给出了不同 pH 值下发酵液表观黏度随时间的变化情况。可以看到，随着发酵时间的增加，发酵液的黏度不断增大。当 pH 值为 6.0 时，表观黏度最高，达到 1400 mPa·s 左右。这是由于在此条件下胞外多糖 A 积累的较多，并且不同 pH 值条件下，菌种代谢情况的差异导致了结构和分子量都有所变化的胞外多糖 A 的产生，因此黏度也会有很大差别，其中在酸性条件下，发酵液表观黏度会更高。

2. 气体流量

图 7-33 给出了不同气体流量下菌体量、EPS-A 产量和发酵液表观黏度随时间的变化情况。从图中可以看到，在胞外多糖 A 发酵过程中，随着气体流量的增大，菌体浓度有所增大，尤其是在发酵中期，较低的气体流量能够让菌体缓慢增长，较高的气体流量可以提高菌体的增长速度，但是差距不大，影响效果较转速小。当气体

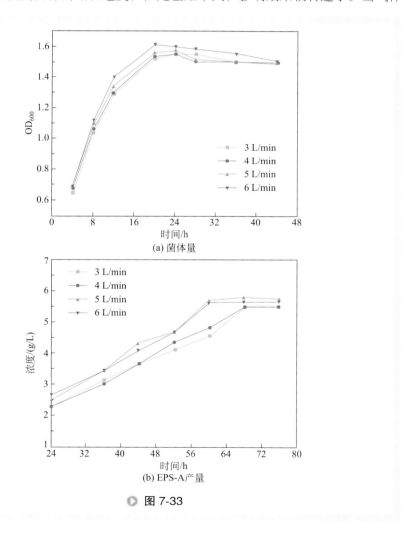

(a) 菌体量

(b) EPS-A 产量

▶ 图 7-33

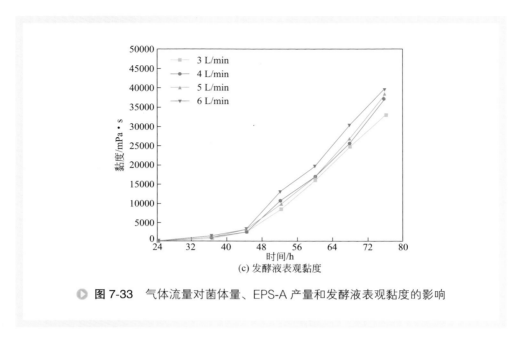

(c) 发酵液表观黏度

> **图 7-33** 气体流量对菌体量、EPS-A 产量和发酵液表观黏度的影响

流量为 3 ~ 4 L/min 时，产量和黏度相对较低，当气体流量增至 5 ~ 6 L/min 时，产量和黏度相对较高，这是因为高气体流量下，溶解氧的水平相对较高，不断刺激胞外荚膜的再生，有利于胞外多糖 A 的积累，提高其品质，产量能达到 6 g/L，黏度能达到 8000 mPa·s。考虑到经济成本问题，在气体流量为 5 L/min 发酵生产胞外多糖 A。

3. 转速

图 7-34 给出了不同转速下菌体量、胞外多糖 A 产量、发酵液表观黏度与胞外多糖 A 发酵溶氧随时间的变化情况。从图中可以看到，当转速为 700 r/min、500~700 r/min 和 500~800 r/min 时对菌体量的影响不大，当转速为 500~900 r/min 时，发酵前 12 h，菌体的生长情况同其他转速时一样，之后菌体量的浓度有所降低，这是由于高转速对菌体产生一定的破坏性，使菌体量有所下降。变转速运行方式发酵生产胞外多糖 A 的产量和表观黏度优于恒转速（700 r/min）的，这是由于发酵前期，恒转速（700 r/min）较变转速高，强烈的混合影响菌体的生长代谢以及产物的合成。对于变转速运行方式，由于前期转速一致，产生的胞外多糖 A 的情况相同，当转速提升至 800 r/min 时，产量和黏度最高，转速提升至 900 r/min 时，对胞外多糖 A 产生一定的破坏作用，并且影响其分子结构，导致黏度有所下降。当恒转速（700 r/min）操作时，溶氧浓度大于 20%，几乎不受溶解氧的限制，当转速为 500~700 r/min、500~800 r/min 和 500~900 r/min 时，溶氧分别保持在 10%以上、20%以上、30%以上，后期由于黏度非常高，溶氧电极测出数值有误差。

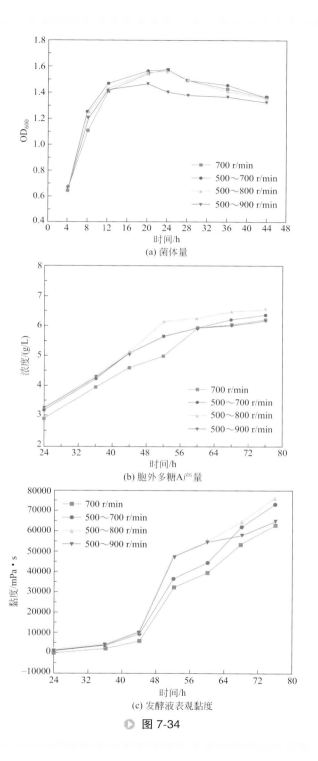

(a) 菌体量

(b) 胞外多糖A产量

(c) 发酵液表观黏度

▶ 图 7-34

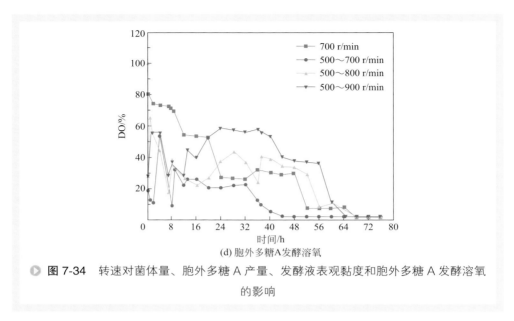

(d) 胞外多糖A发酵溶氧

▶ **图 7-34** 转速对菌体量、胞外多糖 A 产量、发酵液表观黏度和胞外多糖 A 发酵溶氧的影响

4. 超重力生化反应器与传统搅拌式生化反应器的比较

图 7-35 给出了超重力生化反应器和传统搅拌式生化反应器在较优条件下的胞外多糖 A 发酵过程的对比情况，图 7-36 给出了超重力反应器和传统搅拌式反应器在较优条件下的糖转化率的对比情况。从图中可以看到，在克雷伯氏菌 H-112 发酵生产胞外多糖 A 的过程中，发酵前期主要是菌体的生长和繁殖，中后期主要是胞外多糖 A 的合成。在两种类型的发酵罐中，随着发酵的进行，菌体量不断积累，在发酵 20 h 之内，超重力环境下的菌体生长与繁殖情况要优于搅拌体系中的情况，并且后者在 28 h 左右进入稳定期，前者 20 h 进入稳定期，时间缩短了 8 h 左右，进入稳定期之后，超重力环境下的菌体量有所降低，这是由于转子的高速旋转对菌体造成一定损坏，而搅拌式发酵罐在 44 h 之内对菌体几乎没有造成伤害。由于前期主要是菌体的生长，生成的产物很少，发酵 24 h 后对胞外多糖 A 的产量进行监测，超重力环境下胞外多糖 A 的产量明显高于搅拌式发酵产量，并且发酵周期在 60~68 h 左右，而在搅拌式发酵罐中，76 h 之内，胞外多糖 A 的产量不断增加，发酵周期≥76 h。在定 - 转子式旋转填充床生化反应器和搅拌式生化反应器中蔗糖的转化率分别为 20% 左右和 14% 左右，说明在超重力发酵罐中进行高黏度发酵，糖的利用明显提高。经上述分析，无论是菌体量还是产量，新型定 - 转子发酵罐的发酵效果都高于搅拌式发酵罐的发酵效果。在搅拌式发酵罐中，发酵前期溶解氧含量低，混合效果差，导致菌体生长速率慢，菌体量低，由于从菌体的生长到产物合成需要有适应期，之后溶解氧含量开始回升，但是由于前期菌体生长相对较慢，再加上混合效果差，从而导致产物合成和黏度受影响。而在超重力发酵罐中，由于转子的结构和合

适的转速调控，几乎不受溶解氧的限制，混合充分，传质效果高，菌体生长良好，产量和品质高。

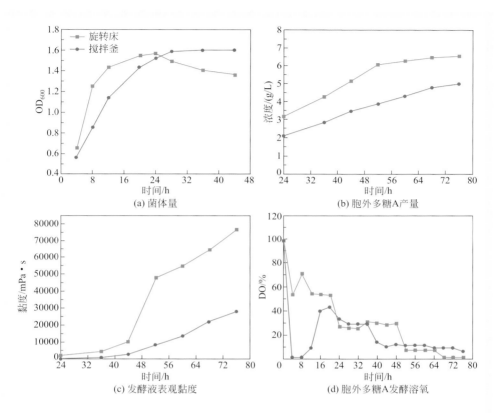

(a) 菌体量

(b) 胞外多糖A产量

(c) 发酵液表观黏度

(d) 胞外多糖A发酵溶氧

● **图 7-35** 超重力生化反应器和传统搅拌式生化反应器在较优条件下的胞外多糖 A 发酵过程的对比

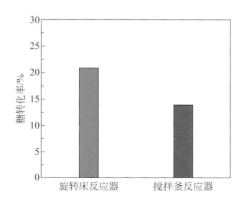

● **图 7-36** 超重力反应器和传统搅拌式反应器在较优条件下的糖转化率的对比

参考文献

[1] 王玉红, 郭锴, 陈建峰, 等. 超重力技术及其应用[J]. 金属矿山, 1999, 4: 25-29.

[2] 陈建峰, 邹海魁, 刘润静, 等. 超重力反应沉淀法合成纳米材料及其应用[J]. 现代化工, 2001, 21: 9-12.

[3] 盖群英, 张永春, 周锦霞, 等. 有机醇胺溶液吸收二氧化碳的研究[J]. 现代化工, 2007, S2: 395-397.

[4] 王亚楠. RSR 内有机相强化 KHCO$_3$/K$_2$CO$_3$ 溶液吸收二氧化碳的研究[D]. 北京: 北京化工大学, 2017.

[5] 林海霞, 宋云华, 初广文, 等. 定 - 转子反应器气液传质特性实验研究[J]. 高校化学工程学报, 2007, 5: 882-886.

[6] 初广文, 宋云华, 陈建铭, 等. 定 - 转子反应器制备纳米碳酸钙[J]. 化工进展, 2005, 5: 545-548.

[7] 钱伯章. 国外动态: 汽油柴油吸附法脱硫工艺将得到推广[J]. 炼油技术与工程, 2002, 11: 57.

[8] 李冬. 流化床褐煤热解提质协同硫 / 汞联合脱除的实验研究[D]. 武汉: 华中科技大学, 2014.

[9] 陈大保. 流化床 H-198 催化剂丁烯氧化脱氢制丁二烯研究进展[J]. 化工工程师, 1989, 1: 24-27.

[10] Dhiman S K, Verma V, Rao D P, et al. Process intensification in a trickle-bed reactor: Experimental studies[J]. AIChE, 2005, 51: 3186-3192.

[11] 赵树斌. 滴流床反应器中 α- 甲基苯乙烯催化加氢反应规律探讨[J]. 石油化工, 1985, 1: 17-23.

[12] 苏国英, 王承学, 刘永. 在 Pd/γ-Al$_2$O$_3$ 催化剂上 α- 甲基苯乙烯加氢宏观动力学的研究[J]. 天然气化工: C1 化学与化工, 2009, 34: 52-55.

[13] Munjal S, Duduković M P, Ramachandran P. Mass-transfer in rotating packed beds- II. Experimental results and comparison with theory and gravity flow[J]. Chemical Engineering Science, 1989, 44: 2257-2268.

[14] 胡长诚. 双氧水生产工艺技术[J]. 黎明化工, 1989, 4: 1-6.

[15] 蔡宏国, 卫吉翠. 双氧水生产工艺综述[J]. 化学工程与装备, 1992, 3: 22-24.

[16] 李伟. 年产 15 万吨双氧水生产工艺技术改造[D]. 武汉: 武汉工程大学, 2017.

[17] 梁新华. 异丙醇法生产过氧化氢与环己酮氨氧化的集成过程研究[D]. 天津: 天津大学, 2003.

[18] 胡元旭. SIS 系统在蒽醌法固定床双氧水装置上的应用[J]. 大氮肥, 2016, 39: 138-141.

[19] 吕昀祖, 周红军, 徐泉. 超重力技术在蒽醌法制备双氧水上应用的初步探索[J]. 石油科学

通报 , 2016, 03: 503-511.

[20] 唐晓东 , 杨世琁 . 含有机硫废碱液的综合利用[J]. 化工环保 , 1999, 5: 294-297.

[21] 孙连阁 . 乙烯废碱液中硫化物和有机物处理及相关机理研究[D]. 大庆 : 大庆石油学院 , 2003.

[22] 吴小平 , 盛在行 , 罗德春 , 等 . 废碱液综合处理工艺[J]. 石油化工安全环保技术 , 2013, 6: 49-52.

[23] 胡霞国 . 超重力技术应用于乙烯废碱液处理的探索性研究[D]. 北京 : 北京化工大学 , 2010.

[24] 乔英云 , 史伟伟 , 国金义 , 等 . 生物质能合理高效规模化利用和转化技术的选择[J]. 中外能源 , 2019, 24: 14-19.

[25] 王久臣 , 戴林 , 田宜水 , 等 . 中国生物质能产业发展现状及趋势分析[J]. 农业工程学报 , 2007, 23: 276-282.

[26] 龚雅弦 . 发展生物质能产业的影响因素研究[D]. 上海 : 上海交通大学 , 2008.

[27] 袁振宏 , 罗文 , 吕鹏梅 , 等 . 生物质能产业现状及发展前景[J]. 化工进展 , 2009, 28: 1687-1692.

[28] 苟万晓 . 生物化工产业发展概述[J]. 河南化工 , 2019, 36: 14-16.

[29] 翟雁霞 . 内循环超重力反应釜传质性能及发酵研究[D]. 北京 : 北京化工大学 , 1998.

第八章

超重力反应结晶及工业应用

纳米科学技术（简称纳米科技）是 20 世纪 80 年代末期诞生并正在崛起的新科技，其基本含义是在纳米尺寸（$10^{-9}\sim10^{-7}$ m）范围内认识和改造自然，通过直接操作和排列原子、分子创造新物质。纳米材料技术是纳米科技领域富有活力、研究内涵十分丰富的分支学科。在发展初期，纳米材料是指纳米颗粒及其构成的纳米薄膜和固体。其中，纳米颗粒指的是粒子尺寸为 1~100 nm 的超微粒子，它也是纳米技术中的基础原材料，其本身的结构和特性决定了纳米固体材料的许多新特性。广义上，纳米材料是指在三维空间内至少有一维处于纳米尺度范围或由它们作为基本单元构成的材料。

纳米材料的制备方法按物态可分为固相法、液相法和气相法三种。其中，液相法是研究最为广泛的制备方法。液相法制备按原理又可分为物理法和化学法。物理法主要包括超临界法、溶剂蒸发法和溶剂 - 反溶剂法等。化学法应用更为广泛，主要包括反应沉淀法、醇盐水解法、溶胶 - 凝胶法、水热合成法、非水乳液法、微乳液法等。其中，反应沉淀法也称反应结晶法，是最简单易行的制备纳米材料的方法。

采用反应结晶法制备粒度分布窄、晶型可控的纳米颗粒时，分子混合对粒度分布和颗粒形貌有重要影响。混合包括发生在大尺度上的宏观混合过程和发生在分子尺度上的分子混合过程。通过宏观混合，各组分可达到反应器尺度上的宏观浓度分布均匀化，通过分子混合则使局部小区域内各组分浓度分布达到分子尺度上的均匀化，对晶粒的成核、分子混合起到十分重要的作用。对于晶体生长，分子混合的影响较小，只要考虑容器尺度的宏观混合即可，宏观混合均匀则晶核在生长环境中长大成尺寸分布均匀和形状一致的晶粒。因此，反应结晶法制备高品质纳米材料反应器的设计和选型原则是：①反应成核和晶体生长区分开；②反应成核区置于高度强化的分子混合区；③晶体生长区置于完全宏观混合区；④反应成核区宏观流动设计为平推流、无返混。鉴于前述所揭示的超重力环境下流体的分子混合、宏观混合特征，可以预测到：超重力反应器可以满足作为反应成核区的要求，是制备纳米颗粒材料的理想反应器。由此，北化超重力团队在国际上率先提出了超重力反应结晶（沉淀）法（简称超重力法）制备纳米材料的新思想，并进行了实验研究，1995 年申请了第一个发明专利（ZL 95105343.4），2000 年在国际化工三大 Top 期刊 Industrial & Engineering Chemistry Research（2000, 39, 948-954）上发表了第一篇关于超重力法制备纳米颗粒材料的文章，由此开创了超重力反应结晶法制备纳米材料的平台技术，拉开了相关研究的序幕。

第一节 　超重力反应结晶制备纳米材料的基本原理

　　超重力反应结晶制备纳米材料的实质就是在超重力反应器中，利用超重力环境，通过沉淀反应生成纳米颗粒。下面以最常采用的液相法为例分析纳米粒子的形成过程。

一、液相法纳米粒子形成过程分析[1-4]

　　纳米粒子的形成过程也是一个晶体生长的过程，是一个相变过程。对于溶液中的晶体生长，这个过程可以分为成核和长大两个阶段。对于以制备纳米颗粒为目的的沉淀反应体系，化学反应极为迅速，在局部反应区内可形成很高的过饱和度，成核过程多为均相成核机理所控制。对于均匀成核过程，相变的驱动力为自由能变化

$$\Delta G = -\frac{4}{3}\pi r^3 \frac{\Delta g}{V} + 4\pi r^2 \sigma \qquad (8\text{-}1)$$

式中　ΔG——Gibbs 自由能变化，kJ/mol；

　　　　r——球形新相的半径，m；

　　　　Δg——生长新相引起的自由能变化，kJ/mol；

　　　　V——形成新相的体积，m³；

　　　　σ——固 - 液界面自由能，kJ/m²。

　　由 Gibbs-Thomson 关系式，临界晶核大小为

$$r_c = \frac{2V\sigma}{RT\ln S} \qquad (8\text{-}2)$$

成核过程可以看作是激活过程，成核所需的活化能为

$$E_c = \Delta G_{max} \propto \frac{1}{(\ln S)^2} \qquad (8\text{-}3)$$

式中　ΔG_{max}——与临界晶核尺寸相应的体系自由能变化，kJ/mol；

S —— 过饱和度，无量纲；

E_c —— 成核活化能，kJ/mol；

R —— 气体常数，kJ/(mol·K)；

T —— 温度，K；

r_c —— 临界晶核半径，m。

提高溶液的过饱和度 S，可以大大降低 ΔG_{max}，使 r_c 减小，因此，溶液的过饱和度是纳米粒子成核的必要条件。

根据均匀成核理论，成核速率 J 可以表示为

$$J = \Omega\exp\left(\frac{-\Delta G}{RT}\right) \tag{8-4}$$

$$\Delta G = \frac{16M^2\pi\sigma^3}{3(RT\rho\ln S)^2} \tag{8-5}$$

式（8-4）可以写成

$$J = \Omega\exp\left[\frac{-16M^2\pi\sigma^3}{3R^3T^3(\rho\ln S)^2}\right] \tag{8-6}$$

式中　J——成核速率，#/(m³·s)；

Ω——与晶体捕捉原子概率有关的比例常数，无量纲；

ΔG——成核能垒，kJ/mol；

R——气体常数，kJ/(mol·K)；

T——热力学温度，K；

M——生成晶体的分子量；

σ——固 - 液界面自由能，kJ/m²；

ρ——晶体的密度，kg/m³；

S——过饱和度，无量纲。

可见，成核速率 J 对过饱和度 S 非常敏感，当过饱和度超过某一程度（临界过饱和度），成核速率迅速增大至极限。因此，相对高的过饱和度是溶液中粒子快速均匀成核的先决条件。

对于扩散控制过程，化学反应近于瞬时，故表观反应速率取决于扩散速率。微观混合即是分子尺度上的混合，其混合水平取决于微元变形速率和分子扩散速率。只有通过强化微观混合才能使反应物组分达到较充分的分子接触，进而强化宏观化学反应。

另外，浓度分布的不均匀性与晶体生长时间的差异均可导致最终产品晶粒的大小不一，形成宽的粒度分布。

综上分析，为获得粒度分布均匀而平均粒径小的颗粒产品，必须尽可能满足以

下条件：①高浓度；②浓度分布处处均一；③所有颗粒有同样的晶体生长时间。若能完全满足这三个条件，则可制得大小均一的纳米级颗粒。

二、超重力法制备纳米材料的基本原理[4,5]

据估算，一般水性介质中，成核特征时间 t_N（即成核诱导期）约为 1 ms 级。根据分子混合理论，分子混合特征时间 t_m 可用下式计算得到

$$t_m = k_m(v/\varepsilon)^{1/2} \qquad\qquad (8\text{-}7)$$

式中　k_m —— 常数，随反应器的不同而改变；

　　　v —— 运动黏度，在水溶液中其值为 1×10^{-6} m²/s；

　　　ε —— 单位质量的能量耗散速率，W/kg。

根据式（8-7），在传统搅拌槽式反应器中，ε 为 0.1～10 W/kg，因此可估算得到，t_m = 5～50 ms，可见 $t_m > t_N$。这说明在该传统反应器中，成核过程是在非均匀的微观环境中进行的，分子混合状态严重影响成核过程，这就是目前传统反应结晶法制备颗粒过程中粒度分布不均和批次重现性差的理论根源。在超重力条件下，超重力装置内的分子混合得到了极大的强化，估算得 t_m = 0.4～0.04 ms 或更小（视操作条件而定），因此，$t_m < t_N$，这可使成核过程在微观均匀的环境中进行，从而使成核过程可控，粒度分布窄化，表明利用超重力反应器通过反应结晶沉淀来合成纳米颗粒在理论上是完全可行的。

正是基于超重力法制备纳米材料所具有的突出特点和独特优势，北化超重力团队以超重力技术为基础，在国际上率先提出了超重力法合成纳米材料的新方法，并在国家"863"计划等的资助下，探索了气-液-固相超重力法、气-液相超重力法及液-液相超重力法等合成金属、氧化物、氢氧化物等不同无机纳米粉体材料的新工艺，相继开发出从实验室小试到工业化的合成技术，不仅在超重力法合成纳米材料的理论研究方面取得了突破性进展，而且还将这一技术成功放大到工业化生产规模，并形成了产业规模。

第二节　气-液-固相超重力反应结晶制备纳米粉体

气-液-固相超重力法制备技术是利用气、液、固三相反应物在旋转填充床中进行反应来制备纳米粉体材料的一种技术。这一技术已成功应用于纳米碳酸钙粉体的制备[2-14]。

一、超重力法制备纳米碳酸钙的原理与工艺

碳酸钙（$CaCO_3$）作为一种重要的无机化工产品，广泛应用于油墨、涂料、橡胶、塑料、造纸、纺织品、密封胶、胶黏剂、日用品、化妆品、医药、食品、饲料等行业。微米级的碳酸钙主要用作填充剂，仅起增量和降低成本的作用。近年来，由于微细化及表面处理技术的发展，纳米级碳酸钙添加到橡胶和塑料中具有明显的补强作用，而且，该产品的应用领域仍在不断扩大，并向专业化和精细化发展，因此，对不同形态的纳米碳酸钙制备技术的研究，已成为各国竞相开发的热点。

国内外普遍采用间歇操作碳化法制备轻质超细碳酸钙，存在粒度分布宽且难以控制、不同批次产品质量重复性差、碳化反应时间较长等缺点。要解决这些问题，必须从根本上强化反应器内的传递过程和分子混合过程，并使碳酸钙成核过程与生长过程分别在两个反应器中进行，即将反应成核区置于高度强化的分子混合区，晶体生长区置于宏观全混流区。与传统的碳化法所采用的工艺相比，超重力法确保了结晶过程满足较高的产物过饱和度、产物浓度空间分布均匀、所有晶核有相同的生长时间等要求。北化超重力团队利用超重力技术成功地合成出平均粒度为 $15 \sim 40$ nm 的纳米碳酸钙粉体，产品技术指标和技术水平均处于国际领先。利用 $Ca(OH)_2$ 悬浮液和 CO_2 气体在超重力反应器（旋转填充床）中进行碳化反应制备纳米 $CaCO_3$ 的实验流程如图 8-1 所示。

循环釜 1 中的 $Ca(OH)_2$ 悬浮液经循环泵 2、液体转子流量计 4 进入超重力反应器，并通过液体分布器 5 喷向转子填料层 6 的内层。来自钢瓶的 CO_2 气体经气体转子流量计 9 进入超重力反应器转子的外缘。$Ca(OH)_2$ 悬浮液在离心力的作用下，在填料层内与 CO_2 气体逆流接触并进行反应生成 $CaCO_3$，产物流回循环釜。整个碳化反应期间，CO_2 气体连续通入反应器，$Ca(OH)_2$ 悬浮液则是一次性加入循环釜，并通过泵不断在超重力反应器和循环釜之间进行循环，此间，通过 pH 计测量悬浮液的 pH 值。当 pH＝7 时，停止通入 CO_2 气体，反应结束。

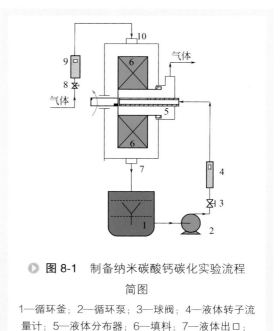

> **图 8-1** 制备纳米碳酸钙碳化实验流程简图

1—循环釜；2—循环泵；3—球阀；4—液体转子流量计；5—液体分布器；6—填料；7—液体出口；8—球阀；9—气体转子流量计；10—气体进口

二、超重力法制备纳米碳酸钙过程特性研究

利用 $Ca(OH)_2$ 悬浮液与 CO_2 气体碳化反应制备纳米 $CaCO_3$ 时，其化学反应方程式可以表示为

$$Ca(OH)_2(s) + H_2O(l) + CO_2(g) \Longrightarrow CaCO_3(s) + 2H_2O(l) + 71.8\,kJ/mol \quad （8-8）$$

根据水溶液的电离理论，该碳化反应按下列步骤进行

$$CO_2(g) + H_2O(l) \Longrightarrow H_2CO_3(l) \Longrightarrow H^+(l) + HCO_3^-(l) \Longrightarrow 2H^+(l) + CO_3^{2-}(l) \quad （8-9）$$

$$Ca(OH)_2(s) \Longrightarrow Ca(OH)_2(aq) \Longrightarrow Ca^{2+}(l) + 2OH^-(l) \quad （8-10）$$

$$Ca^{2+}(l) + 2HCO_3^-(l) \Longrightarrow Ca(HCO_3)_2(l) \Longrightarrow CaCO_3(s) + 2H^+(l) + CO_3^{2-}(l) \quad （8-11）$$

$$Ca^{2+}(l) + CO_3^{2-}(l) \Longrightarrow CaCO_3(s) \quad （8-12）$$

$$H^+(l) + OH^-(l) \Longrightarrow H_2O(l) \quad （8-13）$$

从式（8-11）和式（8-12）可知，Ca^{2+} 同 HCO_3^-、CO_3^{2-} 结合生成难溶的 $CaCO_3$，液相中 Ca^{2+} 的减少，使固相 $Ca(OH)_2$ 不断溶解进入液相中，并解离成 Ca^{2+} 和 OH^-。如此继续下去，直到悬浮液中的 $Ca(OH)_2$ 全部转变成 $CaCO_3$ 为止。

从上述过程可知，碳化反应在气-液-固多相体系中进行，主要包括相间传质、碳化反应和结晶三个步骤。它涉及 CO_2 气体的吸收、$Ca(OH)_2$ 固体的溶解及 $CaCO_3$ 粒子的成核、生长和凝并等过程。由于化学反应本身速率很快，因此，CO_2 气体的吸收与固体 $Ca(OH)_2$ 的溶解过程就成为碳化过程的控制步骤。在碳化反应前期，过程速率主要由 CO_2 的吸收速率决定；在碳化反应后期，过程速率主要由固体 $Ca(OH)_2$ 的溶解速率决定。因此，强化碳化反应过程中 CO_2 的吸收和/或固体 $Ca(OH)_2$ 的溶解过程，均能提高过程总的宏观速率，从而缩短碳化反应时间。

用 pH 计及电导率仪跟踪碳化反应全过程，所得 pH 值及电导率随碳化反应时间的变化曲线如图 8-2 所示。结果表明，通入 CO_2 气体后，在碳化时间 $t_R < t_1$ 时（约占总碳化时间的 70%～80%，为 $CaCO_3$ 成核阶段），溶液中的 pH 值与电导率基本维持不变。在该时间段内，碳化速率恒定，反应主要发生在气液界面的液膜中，液相主体中 $Ca(OH)_2$ 浓度维持恒定，速率控制步骤为 CO_2 吸收传质过程。该过程的物理模型如图 8-3（a）所示。在 $t_1 < t_R < t_2$ 时间段（约占总碳化时间的 20%～30%，为 $CaCO_3$ 生长阶段），溶液中固体 $Ca(OH)_2$ 含量已经大大降低，使其溶解速率迅速减小，溶解的 $Ca(OH)_2$ 已不足以提供碳化反应所消耗的 Ca^{2+} 和 OH^-，使得溶液的 pH

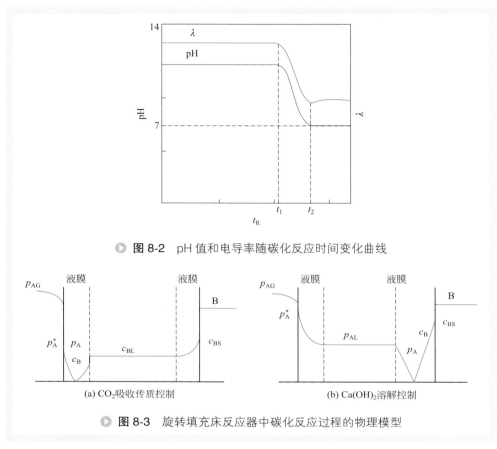

● 图 8-2 pH 值和电导率随碳化反应时间变化曲线

(a) CO₂吸收传质控制

(b) Ca(OH)₂溶解控制

● 图 8-3 旋转填充床反应器中碳化反应过程的物理模型

值与电导率迅速减小。此时，反应过程由 $Ca(OH)_2$ 的溶解控制，反应面移至颗粒附近的液膜中，其物理模型见图 8-3（b）。当 $t_R = t_2$ 时，反应系统的 pH=7，碳化反应结束，停止通入 CO_2 气体，此时，所对应的时间为 $Ca(OH)_2$ 碳化反应时间。

三、操作参数的影响

1. 超重力加速度对碳化过程的影响

（1）超重力加速度对碳化反应时间的影响

图 8-4 是碳化时间 t_R 随超重力加速度 g_r 的变化曲线。从图中可知，随着 g_r 的增加，t_R 总体上呈减小趋势，尤其是当 g_r 取值较小时，t_R 的减小趋势非常明显。而当 g_r 增大到一定值后，t_R 的减小明显变缓。

$Ca(OH)_2$ 与 CO_2 气体的多相反应发生在相界面上，反应速率同反应物移向界面和产物离开界面的扩散过程紧密相关。超重力反应器为涡流扩散过程的强化提供了

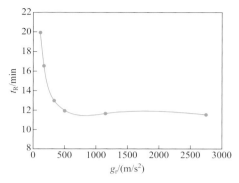
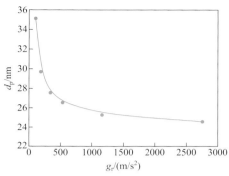

▶ **图 8-4** 超重力加速度对 t_R 的影响　▶ **图 8-5** 超重力加速度对产物平均粒度的
影响

条件，使整个反应的宏观速率明显提高。但是，当超重力加速度 g_r 增大到一定值后，液体微滴化作用增强的幅度减小，致使 CO_2 的吸收和固体 $Ca(OH)_2$ 溶解的强化程度也减缓，这导致 t_R 随着 g_r 的变化也趋缓。

（2）超重力加速度 g_r 对产物平均粒度及其分布的影响

图 8-5 是产物 $CaCO_3$ 的平均粒度 d_p 随 g_r 的变化曲线。从图中可知，d_p 随 g_r 的增加而减小。这是因为，g_r 增加，过程宏观速率增加，使反应体系 $CaCO_3$ 过饱和度增加，成核晶粒数目增加，晶粒减小。同时，产物过饱和度空间分布均匀，晶核生长时间变短，产物粒度分布也变窄（见图 8-6）。

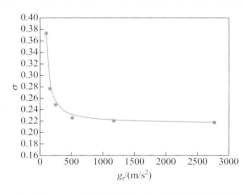
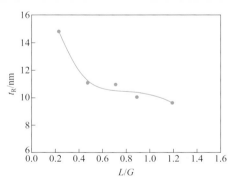

▶ **图 8-6** 超重力加速度对产物分布的影响　▶ **图 8-7** 液气比对碳化时间的影响

2. 液气比对碳化过程的影响

（1）液气比 L/G 对碳化时间的影响

图 8-7 为碳化时间随 L/G 的变化曲线。从图中看出，随着 L/G 的增加，碳化时

间呈减小趋势。

（2）液气比 L/G 对产物粒度及其分布的影响

增加循环液体体积流量有利于超重力反应器中填料层内液相的均匀分布，增加局部反应区内产物的过饱和度，使成核、生长速率加快，成核数量增加，产物平均粒度变小，粒度分布变窄，如图 8-8 和图 8-9 所示。

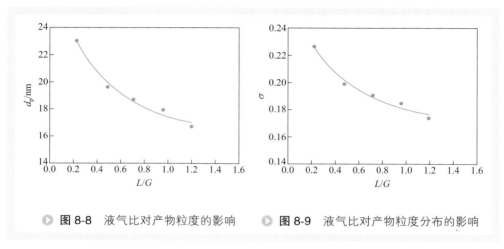

▶ **图 8-8** 液气比对产物粒度的影响　　▶ **图 8-9** 液气比对产物粒度分布的影响

四、纳米碳酸钙的形貌控制

粒子的形貌是决定其应用性能的一个重要参数，应用体系不同，要求的 $CaCO_3$ 的形状不同。通过对超重力水平、反应温度、反应物浓度、气液流量比等工艺参数的调节和加入晶型控制剂等方法对颗粒形状及其粒度分布进行控制，已合成出几种不同形状的纳米碳酸钙。如图 8-10 所示。

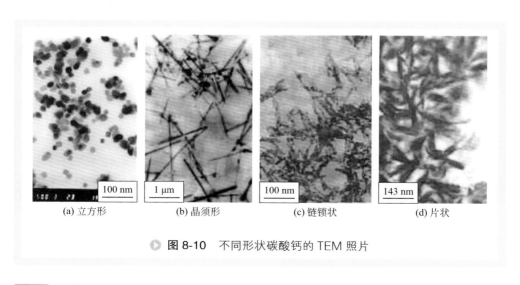

(a) 立方形　　　　(b) 晶须形　　　　(c) 链锁状　　　　(d) 片状

▶ **图 8-10** 不同形状碳酸钙的 TEM 照片

五、不同纳米碳酸钙制备方法的比较

图8-11比较了采用超重力法和普通碳化法制备的纳米碳酸钙的形貌和粒度分布。

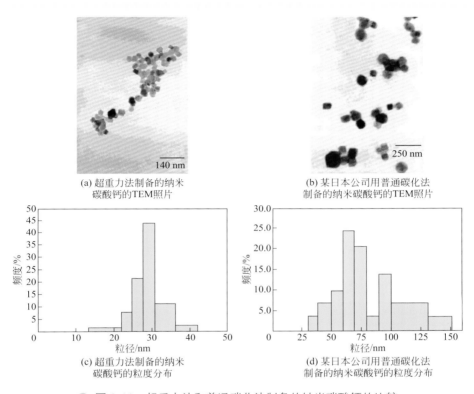

(a) 超重力法制备的纳米
碳酸钙的TEM照片

(b) 某日本公司用普通碳化法
制备的纳米碳酸钙的TEM照片

(c) 超重力法制备的纳米
碳酸钙的粒度分布

(d) 某日本公司用普通碳化法
制备的纳米碳酸钙的粒度分布

▶ **图8-11** 超重力法和普通碳化法制备的纳米碳酸钙的比较

从图8-11可以看出，用超重力法制备的纳米碳酸钙的粒度分布范围为15～40 nm，分布较窄且呈正态分布，而某日本公司用普通碳化法制备的纳米碳酸钙的粒度分布范围为30～150 nm，分布较宽且不均匀。

第三节　气-液相超重力反应结晶制备纳米粉体

气-液相超重力法制备技术是利用气液两相反应物在旋转填充床中进行反应制备纳米粉体材料的一种技术。气-液相超重力法制备技术特别适合于受传质限制的快速反应过程。目前，利用这一技术成功制备的纳米粉体包括纳米氢氧化铝、纳米二氧化硅、纳米氧化锌、纳米硫化锌、纳米二氧化钛等[15-28]。以下以纳米氢氧化铝为例进行介绍。

一、超重力法制备纳米氢氧化铝的原理与工艺[15-20]

纳米氢氧化铝具有粒径小、比表面积大等特点，可用作增强剂、橡胶补强剂、高效阻燃剂、高性能催化剂、生物陶瓷以及制备超细氧化铝等，受到了人们的广泛关注。

传统的氢氧化铝制备都是从铝酸钠溶液中沉淀出氢氧化铝产品。沉淀的方法有晶种分解法和碳分分解法。目前，工业上这两种生产工艺都非常成熟，但只能生产冶金级氢氧化铝，粒度为几十微米到几百微米。如经过不同改良的拜耳法（晶种分解法）可以制备出粒度为几微米的氢氧化铝产品。理论分析表明，在纳米颗粒的制备过程中，保证粒子的高速成核是得到纳米粒子的前提条件，而晶种分解法实际上是一个结晶生长过程，也是一个低速成核的过程，因而不可能得到超细粒子。碳分分解法是向铝酸钠溶液中通入 CO_2 气体，通过中和反应沉淀出氢氧化铝产品。对于反应沉淀过程，如果有足够的过饱和度，则可以满足粒子高源速率成核的条件。因此，碳分分解法有可能得到纳米氢氧化铝颗粒。

碳分分解法制备氢氧化铝是把 CO_2 气体通入铝酸钠溶液中，通过复分解反应沉淀出氢氧化铝结晶的过程。其反应步骤可以表示如下。

液相扩散控制过程

$$CO_2(g) = CO_2(aq) \tag{8-14}$$

瞬间化学反应吸收（pH = 12～14）

$$CO_2(aq) + OH^-(aq) = HCO_3^-(aq) \tag{8-15}$$

瞬间质子转移反应

$$HCO_3^-(aq) + OH^-(aq) = CO_3^{2-}(aq) + H_2O(aq) \tag{8-16}$$

快速沉淀反应

$$AlO_2^-(aq) + 2H_2O(aq) = Al(OH)_3(s) + OH^-(aq) \tag{8-17}$$

从以上反应步骤可以看出，碳分分解的反应速率主要是由第一步 CO_2 由气相主体进入液相主体这一扩散过程的速率所决定的。因此，碳分分解过程是由动力学控制，而不是扩散控制的过程。

理论分析结果表明，液相法制备纳米氢氧化铝的生产工艺应该尽可能满足以下条件：①采用碳分分解法的工艺；②超细粒子成核区和生长区分开；③成核区应达到高度分子混合；④生长区要实现宏观混合均匀。在上述条件中，如何实现高度分子混合是液相反应结晶法制备纳米氢氧化铝生产工艺的关键。采用超重力反应－水热耦合的方法制备纳米氢氧化铝可以很好地满足上述工艺条件的要求。其第一步是在旋转填充床内制备出超细氢氧化铝的前驱体氢氧化铝凝胶，第二步则是把氢氧化铝凝胶进行水热处理，得到最终的纳米氢氧化铝产品。

二、铝酸钠溶液的碳分分解过程分析

1. 旋转填充床中的碳分分解过程

图 8-12 是旋转填充床中 pH 变化的典型实验曲线。在旋转填充床内的碳分分解过程中，pH 值的变化可以分为三个阶段。Ⅰ段从反应开始到 C 点（诱导期），pH 值下降很快，但并没有氢氧化铝析出，表现为反应料液中没有白色浑浊物出现。这是由于在反应初期，铝酸钠溶液中的 OH^- 浓度很高，使得由于 CO_2 的中和而产生的氢氧化铝的晶核重新与 OH^- 反应而溶解。C 点是反应料液中刚出现白色浑浊时对应的点。Ⅱ段从 C 点到 D 点，是氢氧化铝剧烈析出期。C 点诱导期结束，氢氧化铝开始析出，当反应进行了一段时间后，pH 值下降到一定程度，使得反应产生的晶核远远多于由于铝酸钠溶液中的 OH^- 存在而消亡的氢氧化铝晶核，溶液处于过度过饱和，晶核很快凝并成长为氢氧化铝沉淀而剧烈析出。氢氧化铝的析出非常迅速，因而这一区间经历的时间很短。D 点是结合 pH 值微分曲线来确定的（见图 8-13）。Ⅲ段从 D 点到反应结束，是碳分分解的末期。在这一区间内，低浓度的铝酸钠溶液继续被中和分解析出氢氧化铝沉淀，但在低浓度下，由于扩散到液相中的 CO_2 大大过量，液相中的 CO_2 浓度可以看成是一常数，反应转变为动力学控制的、相对于 OH^-

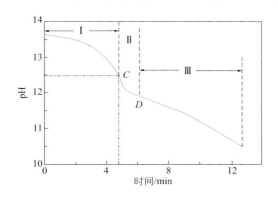

◐ **图 8-12** 碳分分解过程 pH 值的变化规律

Ⅰ碳分分解诱导期；Ⅱ铝酸钠溶液剧烈分解期；Ⅲ碳分分解末期

的拟一级反应，故 pH 值呈直线下降。实际上，在Ⅲ区内，虽然有氢氧化铝新相析出，但更主要的是析出的氢氧化铝凝胶老化的过程。

2. 碳分分解反应过程的动力学

图 8-13 为旋转填充床中碳分分解过程 pH 值的变化率与时间的典型曲线图。对应于图 8-13，从开始到 C 点是诱导期，从 C 点到 D 点是铝酸钠溶液的剧烈分解期，从 D 点到反应终点是碳分分解反应的末期。

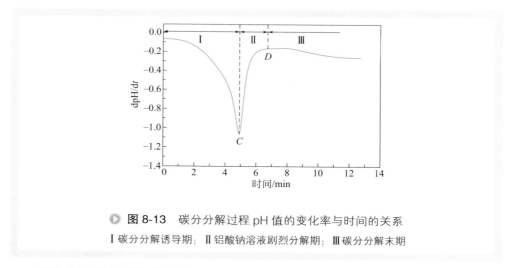

> **图 8-13** 碳分分解过程 pH 值的变化率与时间的关系
Ⅰ碳分分解诱导期；Ⅱ铝酸钠溶液剧烈分解期；Ⅲ碳分分解末期

碳分分解反应可以看成是如下反应控制的不可逆二级反应。
反应方程式为

$$CO_2(aq)+2OH^- \longrightarrow CO_3^{2-}+H_2O \qquad (8-18)$$

其反应速率可以表示为

$$r_r=k_r[OH^-][CO_2] \qquad (8-19)$$

式中 k_r —— 反应速率常数，$m^3/(mol \cdot s)$。

则

$$-\frac{1}{2}\frac{d[OH^-]}{dt}=-\frac{d[CO_2]}{dt}=k_r[OH^-][CO_2] \qquad (8-20)$$

式（8-20）表示式（8-19）的 OH^- 和 CO_2 的消耗速率，$[CO_2]$ 为在铝酸钠溶液中溶解的 CO_2 浓度。

随着碳分分解反应的进行，溶液中的 OH^- 一方面由于被 CO_2 中和而消耗，另一方面由于 $Al(OH)_3$ 析出生成 OH^- 而增加，则 OH^- 的总反应速率为

$$-\frac{d[OH^-]}{dt}=2k[OH^-][CO_2]-r_2 \qquad (8-21)$$

式中 r_2——伴随着 $Al(OH)_3$ 析出生成 OH^- 的速率，即如下反应的速率。

$$AlO_2^- + 2H_2O \longrightarrow Al(OH)_3 + OH^- \tag{8-22}$$

由于体系中的水大量过量，故可以认为在整个过程中，水的浓度变化不大，因此，可以假定反应（8-22）为一级反应，则有

$$r_2 = k_p[AlO_2^-] \tag{8-23}$$

式中 k_p——反应速率常数，s^{-1}。

溶液的 pH 值与 $[OH^-]$ 有如下关系

$$pH = 14 + \lg[OH^-] \tag{8-24}$$

将上式两边对 t 求导得

$$\frac{dpH}{dt} = \frac{1}{\ln 10} \frac{1}{[OH^-]} \frac{d[OH^-]}{dt} \tag{8-25}$$

将式（8-21）与式（8-23）代入式（8-25），得

$$\frac{dpH}{dt} = -\frac{2k_r}{\ln 10}[CO_2] + \frac{k_p}{\ln 10} \frac{[AlO_2^-]}{[OH^-]} \tag{8-26}$$

溶液中的 $[CO_2]$ 的变化来自两方面的贡献：一方面 CO_2 气体从气相通过气液界面扩散到液相中而增加；另一方面由于中和铝酸钠溶液中的 OH^- 被消耗，所以，溶液中 $[CO_2]$ 的积累速率可以用下式来表示

$$\frac{d[CO_2]}{dt} = r_D - r_r \tag{8-27}$$

式中 r_D——CO_2 从气相扩散到液相中的速率，$mol/(m^3 \cdot s)$；

r_r——中和反应消耗的速率，$mol/(m^3 \cdot s)$。

由于采用了纯的 CO_2 气体，因而不存在气相主体扩散，所以，r_D 即为 CO_2 在液相中的扩散速率。根据表面更新理论，r_D 可以表示为

$$r_D = k_L(c_A^* - c_{AL}) \tag{8-28}$$

式中 k_L——表面更新理论的液相传质系数，$k_L = \sqrt{D_A s}$；

D_A——$CO_2(l)$ 在液相中的扩散系数；

s——表面更新分率，它是系统流体力学状况对传质系数影响的表征，对于带有反应的吸收过程，系统的流体力学状况包括气液的流动状况、气液的接触方式等因素；

c_A^*——气液界面 CO_2 的平衡浓度；

c_{AL}——CO_2 气体在液相主体中的浓度。

综合以上分析，可以得到气 - 液反应沉淀体系的基本方程

$$\frac{dpH}{dt} = -\frac{2k_r}{\ln 10}[CO_2] + \frac{k_p}{\ln 10} \frac{[AlO_2^-]}{[OH^-]} \tag{8-29}$$

$$\frac{d[CO_2]}{dt} = r_D - r_r \qquad (8-30)$$

$$r_D = k_L(c_A^* - c_{AL}) \qquad (8-31)$$

$$r_r = k_r[OH^-][CO_2] \qquad (8-32)$$

$$k_L = \sqrt{D_A s} \qquad (8-33)$$

从式（8-30）中可以看出，当 $r_D > r_r$ 时，溶液中积累的 CO_2 浓度就会增加，直到达到溶液中 CO_2 的平衡浓度为止；当 $r_D < r_r$ 时，溶液中积累的 CO_2 浓度就会逐渐减小直到为零。

根据以上分析，可以解释图 8-13 中呈现的实验结果。反应开始时，$[OH^-]$ 很大，r_D 小于 r_r，溶液中积累的 $[CO_2]$ 很小，且由于 $[AlO_2^-]$ 很大，因而起始时 dpH/dt 的绝对值较小。随着反应的进行，$[OH^-]$ 越来越小，r_r 越来越小，r_D 可能很快超过 r_r。由式（8-28）可知，溶液中的 $[CO_2]$ 越来越高，所以 I 区曲线很快下降；当反应进行到 C 点时，铝酸钠溶液中的 $Al(OH)_3$ 晶核处于过度过饱和，很快凝并生长析出氢氧化铝沉淀。由于 CO_2 浓度较高，OH^- 消失速率很快，使溶液中 OH^- 浓度下降很快，式（8-27）右边的第二项的影响越来越显著，dpH/dt 的绝对值减小，所以 II 区曲线迅速回升；最后，铝酸钠溶液分解接近完全，式（8-27）右边的第二项近似为 0，此时，溶液中的 OH^- 离子浓度很小，吸收反应进行得很慢，可以近似为物理吸收，因而该范围内液相中 $[CO_2]$ 约为该浓度的溶液中 CO_2 的平衡浓度，III 区曲线近似为一条水平的直线。

3. 超重力反应-水热耦合法制备纳米氢氧化铝

水热处理即是把凝胶重新分散到去离子水中，在某一恒定温度下，伴随剧烈搅拌加热处理一定时间，以使凝胶发生转变。关于这种凝胶水热转变的机理可以这样来解释：在水热的条件下，丝钠铝石凝胶重新分解，它的分解可能经历如下过程

$$Na_2O \cdot Al_2O_3 \cdot 2CO_2 \cdot nH_2O \xrightarrow{\text{水热}} 2Al(OH)CO_3 + 2NaOH + (n-2)H_2O \qquad (8-34)$$

$$2Al(OH)CO_3 + (x-1)H_2O \xrightarrow{\text{水热}} Al_2O_3 \cdot xH_2O + 2CO_2 \qquad (8-35)$$

丝钠铝石在水热的条件下，先分解成碱式碳酸铝，碱式碳酸铝在水热的条件下继续分解释放出 CO_2，得到薄水铝石 $Al_2O_3 \cdot xH_2O$（$1 < x < 2$）。化学式 $Al_2O_3 \cdot xH_2O$ 中的 xH_2O 并不是结晶水，而是化合水。由于丝钠铝石凝胶是在超重力条件下得到的，它具有超细结构，因而水热处理得到氢氧化铝的超细粉体。图 8-14 是所制备的纳米氢氧化铝的 XRD 谱图和 TEM 照片。XRD 分析中出现的吸收峰经鉴定与一水硬铝石的特征峰一致，但衍射峰宽得多，体现出拟薄水铝石的特征。据此，可以判断所得产物是拟薄水铝石。由 TEM 照片可知，产物为纤维状，粒径为 1～5 nm，长度为 100～300 nm。

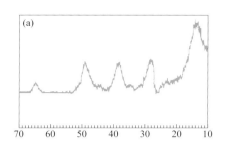
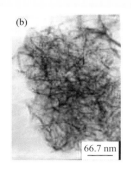

66.7 nm

▶ 图 8-14　超重力反应 - 水热耦合法制备的纳米氢氧化铝的 XRD 谱图（a）
和 TEM 照片（b）

第四节 液-液相超重力反应结晶制备纳米粉体

　　液 - 液相超重力法制备技术是利用两种液相反应物料在旋转填充床中进行反应制备纳米粉体材料的一种技术，无需气 - 液或液 - 固传质过程，效率更高，是被广为研究和采用的超重力法制备纳米粉体的路线。液 - 液相超重力法制备技术特别适合于中快速反应过程。目前，利用这一技术可成功实现金属（如银、铜、镍和零价铁等）、金属氧化物（如四氧化三铁、氧化锆、氧化锌、氧化铜等）、金属氢氧化物（如氢氧化镁、双金属氢氧化物插层材料等）、其他组分（如羟基磷灰石、钛酸钡等纳米粉体），以及纳米复合材料等的制备。

一、液-液相超重力法制备纳米金属[29-32]

1. 纳米银

　　金属银具有优异的光学、化学、电学、催化和抗菌等性能。纳米银由于独特的性能被广为关注，是国内外研究的热点。纳米银的制备方法主要包括化学还原法、微乳液法、光还原法、射线辐照法、金属蒸气合成等。化学还原法由于过程简单，被广为采用。此过程反应快，混合对颗粒粒径和分布影响大。旋转填充床反应器可以发挥良好作用。

　　Chee 等 [29] 在旋转填充床中，利用含淀粉的硝酸银溶液和含葡萄糖的氢氧化钠溶液反应绿色制备纳米银，考察了反应物浓度、流速、转速等对颗粒粒径和分布的影响规律（见图 8-15），得到了较优的工艺条件，制备出了 20～25 nm 的纳米银颗粒。图 8-16 是所得产品的 TEM 照片和 XRD 图。

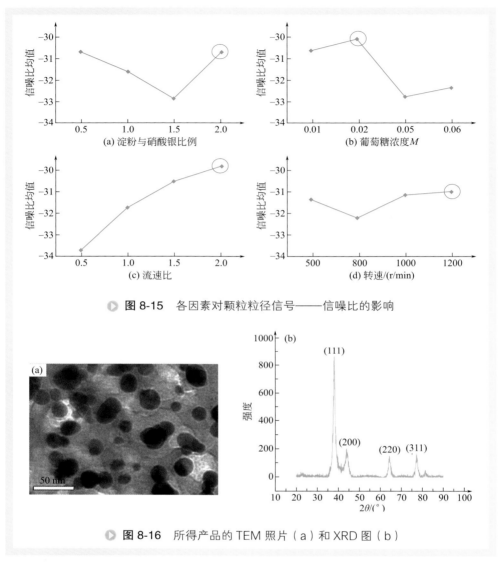

图 8-15　各因素对颗粒粒径信号——信噪比的影响

图 8-16　所得产品的 TEM 照片（a）和 XRD 图（b）

2.　纳米零价铁[30-32]

纳米零价铁具有价格低廉、比表面积大、还原性强、吸附性和反应活性优异等优点，可通过不同机制降解各类环境污染物（如重金属、无机阴离子、放射性元素、卤代有机化合物、硝基芳香化合物、环境内分泌干扰物等），被视为一种有着广阔应用前景的新材料，是目前国内外研究的热点。纳米零价铁的典型制备方法有物理法、化学液相还原法、热分解法、碳热法、多元醇法等。化学液相还原法是最常用的方法。

Chia-Chang Lin 等[30]基于叶片填料型旋转填充床反应器（见图 8-17），以 $FeCl_2$

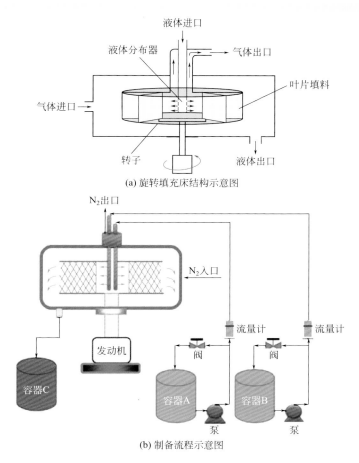

液体进口

液体分布器

气体出口

叶片填料

气体进口

转子

液体出口

(a) 旋转填充床结构示意图

N₂出口

N₂入口

流量计

流量计

阀

阀

发动机

容器C

容器A

容器B

泵

泵

(b) 制备流程示意图

▶ **图 8-17** 叶片填料型旋转填充床结构示意图和制备流程示意图

为铁源，NaBH₄ 为还原剂，在氮气保护下，制备得到了 30～80 nm 的纳米零价铁，但所得颗粒团聚严重，呈链状，如图 8-18 所示。研究者进一步将所得纳米零价铁应用于活性红的降解，表现出优良的降解性能，5 min 内可实现 92% 的降解率。

焦纬洲等[31]采用撞击流-旋转填充床反应器，以 FeSO₄ 为铁源，NaBH₄ 为还原剂，制备出了粒径为 10～20 nm 的纳米零价铁，较传统搅拌釜所得颗粒（80～100 nm）小得多，如图 8-19 所示。进一步将所得产品用于硝基苯的还原，超重力法所得产品在不同 pH 条件下，脱除硝基苯的性能更优。为了方便应用，焦纬洲等开发了一条基于此反应器的同时实现纳米零价铁制备和硝基苯脱除的新工艺，即分别将含有硝基苯的铁盐和 NaBH₄ 溶液打入撞击流-旋转填充床反应器，瞬间形成的纳米零价铁在超重力场中强化硝基苯的脱除。研究表明，随着转速的提高，纳米零价铁的颗粒粒径从 20～40 nm 减小到 10～20 nm；相比于传统的先制备（釜式法和超重力法）后

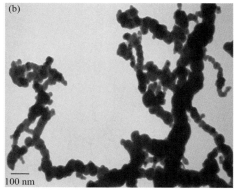

🔵 图 8-18　纳米零价铁的 SEM（a）和 TEM（b）照片

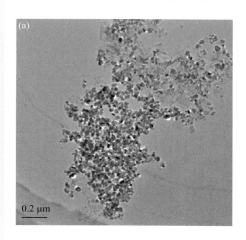
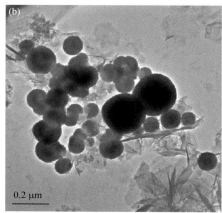

🔵 图 8-19　撞击流 - 旋转填充床反应器（a）和传统搅拌釜（b）制得的纳米零价铁

脱除工艺，此方法的纳米零价铁用量可以分别减少 49.6% 和 37%[32]。

二、液 - 液相超重力法制备纳米金属氧化物[33-44]

1. 纳米四氧化三铁

四氧化三铁是一种重要的尖晶石类铁氧体，是应用最为广泛的软磁性材料之一，常用作记录材料、颜料、磁流体材料、催化剂、磁性高分子微球和电子材料等，其在生物技术领域和医学领域也有很好的应用前景。与普通的四氧化三铁相比，纳米四氧化三铁表现出常规四氧化三铁所不具备的一些特性，如超顺磁性、小尺寸效应和量子隧道效应等。纳米四氧化三铁的制备方法包括直流电弧等离子体法、热分解方法、沉淀法、水热法、电化学法、微乳液法、溶胶 - 凝胶法、有机物模板法、回流法等。

Chia-Chang Lin 等[33-35] 利用旋转填充床反应器，以 $FeCl_2$ 和 $FeCl_3$ 为铁源，NaOH 为沉淀剂，在 1800 r/min 的转速、500 mL/min 的进料流量、60 ℃和氮气保护下，通过共沉淀，制备得到了平均粒径为 6.4 nm 的纳米四氧化三铁（见图 8-20），其饱和磁化强度为 50 emu/g（1 emu/g 可折合成 5.18 emu/m^3＝5180 A/m，四氧化三铁的实密度按 5.18 g/cm^3 计，下同），比表面积为 173 m^2/g，每天的产量可以达到 17 kg。进一步将其与双氧水结合，应用于罗丹明 B 和亚甲基蓝两种染料的脱色。结果表明，纳米四氧化三铁可以活化双氧水，联合使用的性能优于单独使用双氧水的性能，且可在 120 min 内，实现罗丹明 B（98%）和亚甲基蓝（80%）的脱色。此外，Chia-Chang Lin 等[36] 还将所得的纳米四氧化三铁应用于活性红 2 的吸附，在 10 min 内可实现 95% 的脱除，最大的吸附能力达到 97.8 mg/g，吸附过程符合 Langmuir 吸附模型。

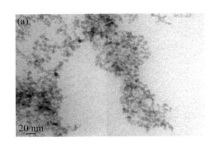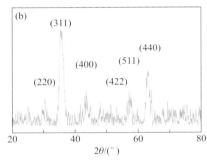

▶ 图 8-20　纳米四氧化三铁的 TEM 照片（a）和 XRD 谱图（b）

Fan 等[37,38] 采用撞击流 - 旋转填充床反应器，同样以 $FeCl_2$ 和 $FeCl_3$ 为铁源，NaOH 为沉淀剂，制备出了平均粒径为 8.9 nm 的纳米四氧化三铁，其饱和磁化强度为 60.5 emu/g（见图 8-21）。进一步将其应用于改性电极并用于重金属离子的脱除，结果表明，其展现出了对 Pb(Ⅱ) 良好的电化学响应性能，但对 Cu(Ⅱ)、Hg(Ⅱ)、Cd(Ⅱ) 等离子响应弱。

2. 纳米氧化铜

氧化铜是潜在的 p 型半导体材料，具有狭窄的禁带宽度（1.2 eV）。氧化铜具有优异的光学、电学、物理和磁性能。纳米氧化铜可潜在应用于纳米流体、太阳能电池板、气体传感器、催化剂等领域。纳米氧化铜的制备方法主要包括：水热法、液相沉淀法、溶胶 - 凝胶法、火焰喷雾热解法、溶液燃烧法等。液相沉淀法由于其方便、低能耗、产量高等优点受到工业界的广泛关注。

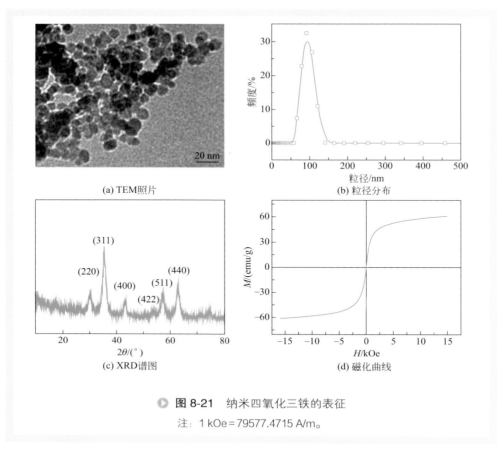

(a) TEM照片

(b) 粒径分布

(c) XRD谱图

(d) 磁化曲线

▶ 图 8-21 纳米四氧化三铁的表征

注：1 kOe＝79577.4715 A/m。

Chia-Chang Lin 等[39] 采用的工艺分两步：首先是硫酸铜溶液和碳酸钠溶液反应生成碱式碳酸铜前驱体，然后煅烧前驱体得到纳米氧化铜。前一步是一个快速液相沉淀过程，在叶片型填料的旋转填充床反应器中进行（见图 8-22），具体的反应方程式如式（8-36）所示。第二步是将前驱体在 500 ℃煅烧 1 h，反应过程见式（8-37），所得纳米氧化铜平均粒径为 27.5 nm，团聚比较严重，如图 8-23 所示。

$$2CuSO_4+2Na_2CO_3+H_2O \Longrightarrow Cu_2(OH)_2CO_3 \downarrow +2Na_2SO_4+CO_2 \qquad （8-36）$$

$$Cu_2(OH)_2CO_3 \Longrightarrow 2CuO+CO_2+H_2O \qquad （8-37）$$

3. 纳米氧化锌

Chia-Chang Lin 等[40] 采用叶片型填料的旋转填充床反应器，用超重力法先沉淀液相生成前驱体，随后在 400 ℃煅烧 1 h，制备得到纳米氧化锌。所得纳米氧化锌的平均粒径为 43 nm，颗粒形貌由小颗粒和短棒状颗粒组成，团聚较为严重（见图 8-24）。

> 图 8-22　叶片型填料的旋转填充床反应器实物图

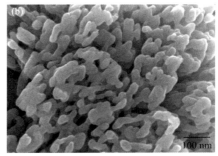

> 图 8-23　纳米氧化铜的 TEM（a）和 SEM（b）照片

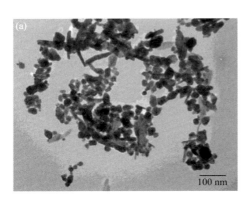

> 图 8-24　纳米氧化锌的 TEM（a）和 SEM（b）照片

4. 纳米氧化钆

氧化钆（Gd_2O_3）具有高的化学和热稳定性、较低的声子能量，与稀土元素匹配良好，广泛作为主体应用于上转换发光过程。

冷静柠等[41]先采用超重力液相反应沉淀过程，后采用煅烧处理工艺，制备得到了掺杂 Yb^{3+}/Er^{3+} 的纳米 Gd_2O_3。研究发现，随着超重力水平从 70 提高到 436，颗粒平均粒径先减小后增加，在超重力水平为 279 时，平均粒径最小，为 69 nm，且明显小于传统搅拌釜所得产品（350 nm）（见图 8-25）。进一步将其与聚氨酯 PU 复合，所得复合膜透明，且具有明显的荧光效应。

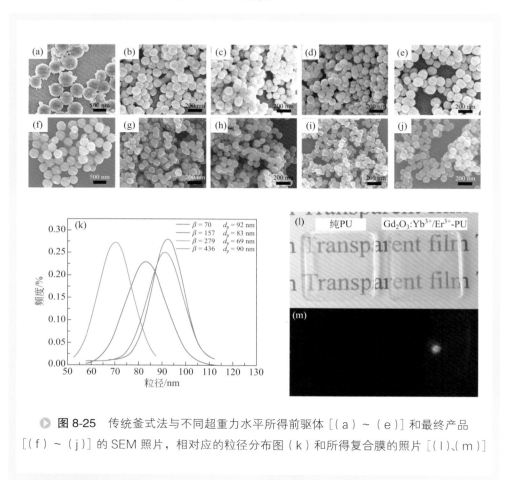

● **图 8-25**　传统釜式法与不同超重力水平所得前驱体 [（a）~（e）] 和最终产品 [（f）~（j）] 的 SEM 照片，相对应的粒径分布图（k）和所得复合膜的照片 [（l）、（m）]

　　此外，李振昊和何清玉等[42,43]采用液-液相超重力法分别制备得到了纳米二氧化硅和纳米二氧化锡粉体。纳米二氧化硅的制备是以水玻璃和硫酸为原料；与传统搅拌槽相比，超重力法的反应时间可大大缩短（缩短至 10 min 以内），所得到的纳米二氧化硅产品具有粒径小（<20 nm）、粒度均匀、比表面积大（180~380 m^2/g 之间可调）、孔径分布较窄等特点。纳米二氧化锡的制备是以四氯化锡和氨水为原料，采用超重力-水热法制备。所得纳米氧化锡粉体结晶性良好、比表面积大（90~170 m^2/g），颗粒平均粒径约为 6 nm，具有良好的分散性。

三、液-液相超重力法制备纳米金属氢氧化物^[44-48]

1. 纳米氢氧化镁

纳米氢氧化镁作为一种常见的纳米材料，可广泛应用于阻燃、催化、废水处理、酸性气体脱除等领域。当其作为阻燃剂使用时，可以显著降低填充量，减少因氢氧化镁填充量过高而引起的材料力学性能下降的影响，从而有效解决材料阻燃性能与力学性能之间的矛盾。因此，为了更好地提高阻燃效果，颗粒的超细化无疑是未来氢氧化镁阻燃剂发展的主要方向之一。纳米氢氧化镁的制备方法主要有沉淀法和水热法等。

北化超重力团队最早采用液-液相超重力法制备得到了 70 nm 六角片状的纳米氢氧化镁粉体，并通过硬脂酸锌的改性，实现了其在 PVC 中的良好分散和阻燃^[44,45]，这为纳米氢氧化镁阻燃剂的应用提供了基础。

Shen 等^[46] 采用撞击流 - 旋转填充床反应器，以氯化镁为镁源，氢氧化钠为沉淀剂，制备纳米氢氧化镁粉体。实验考察了氯化镁浓度、转速、液体流量、温度、反应物浓度比等对颗粒粒径和分布的影响。研究发现，流速和转速对颗粒制备影响大，随着流量和转速的增加，颗粒粒径显著减小。当转速为 800 r/min 时，随着流量从 20 L/h 提高到 60 L/h，颗粒粒径从 104 nm 减小到 58 nm；当流量为 40 L/h 时，随着转速从 400 r/min 增加到 1200 r/min，颗粒粒径从 199 nm 减小到 62 nm（见图8-26）。进一步，为了实现纳米氢氧化镁在疏水性聚合物中的良好应用，以油酸为改性剂，通过超重力法原位改性，制备得到了疏水性纳米氢氧化镁^[47]。由于油酸的添加，所得纳米氢氧化镁的颗粒粒径进一步减小到 30 nm，分散性也明显改善，接触角为 110°。

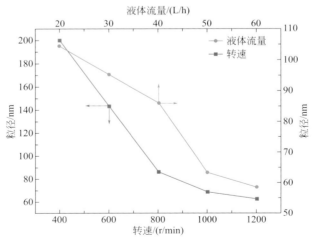

▶ **图 8-26** 液体流量和转速对颗粒粒径的影响

2. 纳米层状双金属氢氧化物

层状双金属氢氧化物（LDHs）是由 2 种或 2 种以上金属元素组成的具有水滑石层状晶体结构的氢氧化物，又称类水滑石。LDHs 的化学式为：$[M_{1-x}^{I}M_{x}^{II}(OH)_2]^{x+}$ $(A^{n-})_{x/n} \cdot mH_2O$，其中，$M^{I} = Mg^{2+}$、$Ni^{2+}$、$Fe^{2+}$、$Co^{2+}$、$Mn^{2+}$ 等，$M^{II} = Al^{3+}$、Fe^{3+}、Ti^{4+} 等，A^{n-} 为层间阴离子。LDHs 的主体层板带结构正电荷，层间具有可交换的阴离子。这种独特的晶体结构和层间离子的可交换性使其在催化剂、阻燃剂、生物材料、光学材料和磁性材料等方面具有广泛的应用前景，已成为备受关注的新型无机层状材料家族。共沉淀法是制备纳米 LDHs 最常用的方法。

李亚玲等[48]基于前述的定 - 转子反应器，以硝酸镍和硝酸钴为原料，氢氧化钠为沉淀剂，通过调节镍 / 钴比，制备不同组成的镍钴双金属氢氧化物。研究发现，不同的镍 / 钴比对颗粒形貌和尺寸影响巨大。当镍 / 钴比为 2:1 或 1:1 时，片状颗粒小于 100 nm，其上有很多小洞，这将增加电解液和电极的接触面积；当镍 / 钴比为 1:2 时，所得颗粒为片状，粒径约为 100 nm（见图 8-27）。电池性能研究表明，当镍 / 钴比为 2:1 时，材料的充放电性能较优。

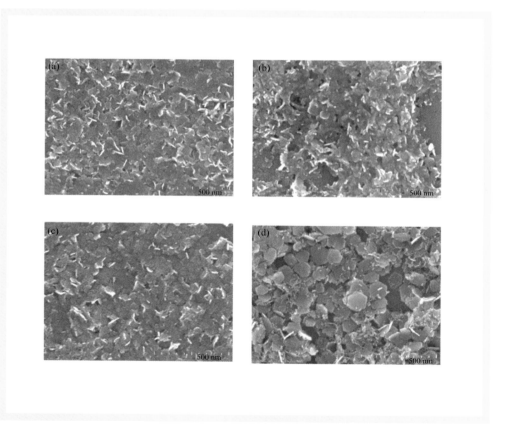

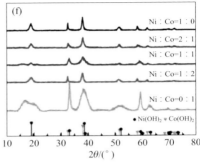

● 图 8-27　不同镍 / 钴比所得 LDHs 的 SEM 照片和 XRD 谱图
[1 : 0 (a)、2 : 1 (b)、1 : 1 (c)、1 : 2 (d)、0 : 1 (e)]

四、液 - 液相超重力法制备其他组分纳米材料[49-60]

1. 纳米羟基磷灰石

羟基磷灰石（hydroxyapatite, HAp）具有良好的生物活性和相容性，因此，在生物医学及环境保护等领域实现了广泛的应用。目前，HAp 的主要研究领域包括骨组织工程、药物、蛋白和基因载体、生物成像、重金属脱除等。为了提高 HAp 的应用价值，制备具有不同形貌和分散性良好的纳米 HAp 成为生物材料领域的研究热点。纳米羟基磷灰石的制备主要包括液相沉淀法、水热法、溶胶 - 凝胶法、微乳液法、喷雾干燥法和火焰喷涂法等。液相沉淀法仍是最常采用的方法。

杨庆等[49] 采用超重力反应沉淀结合水热法制备纳米羟基磷灰石。以 $Ca(NO_3)_2 \cdot 4H_2O$ 和 $(NH_4)_2HPO_4$ 为原料，用氨水调节 pH 至 $9 \sim 10$，以 $n_{Ca}/n_P = 1.67$ 进行反应沉淀，然后在 220 ℃水热晶化 4 h 得到最终 HAp 产品。反应方程式为

$$10Ca(NO_3)_2 \cdot 4H_2O + 6(NH_4)_2HPO_4 + 8NH_3 \cdot H_2O \longrightarrow Ca_{10}(PO_4)_6(OH)_2 \downarrow + 20NH_4NO_3 + 46H_2O$$

（8-38）

研究发现，所得 HAp 为短棒状，平均粒径随转速的增大而快速减小，长径比也变短（见图 8-28）；而随着反应物总流量、反应物流量比和反应物浓度的增长，平均粒径先减小后增大。通过调变工艺参数，HAp 的颗粒粒径可以在 $55 \sim 110$ nm 范围内调控。

彭晗等[50] 则以 $Ca(NO_3)_2 \cdot 4H_2O$ 和 Na_3PO_4 为原料，在旋转填充床反应器中反应沉淀后，在室温下陈化 12 h 得到 HAp 产品。此过程免去了高能耗的水热过程，得到的产品颗粒更小，晶型相对较弱。所得颗粒为棒状，宽 $1.4 \sim 14.2$ nm，长 $4.0 \sim 36.9$ nm，明显小于传统釜式法产品（宽 $4.2 \sim 20.6$ nm，长 $10.9 \sim 91.6$ nm）（见

图 8-29）。进一步将所得纳米 HAp 应用于骨水泥和复合明胶的制备，所得产品性能优良。

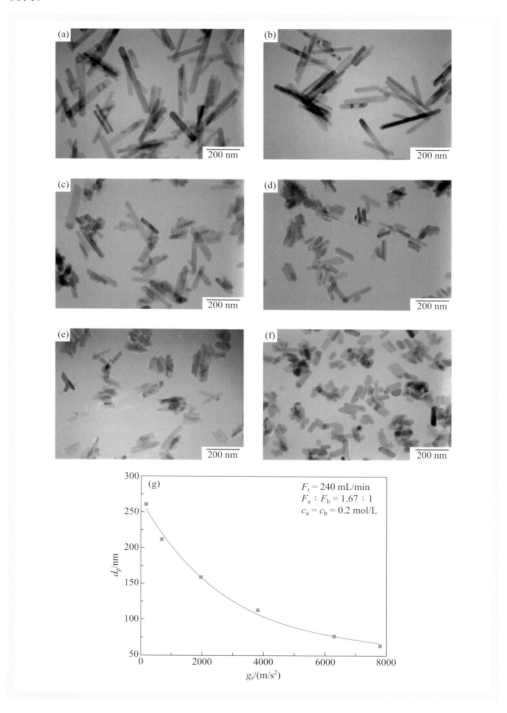

超重力反应工程

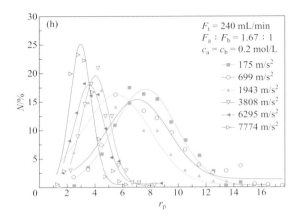

● **图 8-28** 不同超重力加速度下所得 HAp 的 TEM 照片 [175 m/s²(a)、699 m/s²(b)、1943 m/s²(c)、3808 m/s²(d)、6295 m/s²(e)、7774 m/s²(f)] 和相对应的粒径及长径比变化 [(g)、(h)]

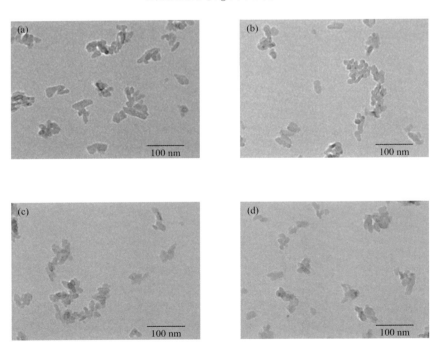

● 图 8-29

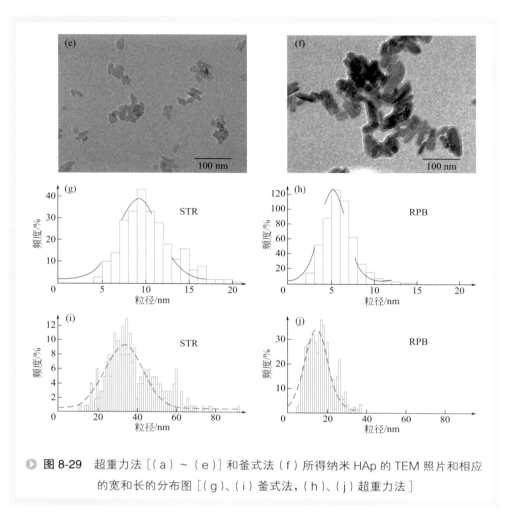

🔵 **图 8-29** 超重力法 [（a）～（e）] 和釜式法（f）所得纳米 HAp 的 TEM 照片和相应的宽和长的分布图 [（g）、（i）釜式法，（h）、（j）超重力法]

为了获得不同长径比的纳米 HAp，吕博杨等[51]以氨水和尿素作为 pH 调节剂及形貌控制剂，采用超重力结合水热过程制备长径比可控的纳米棒状 HAp 粉体。重点考察了水热温度、进料浓度、氨水与尿素比、旋转填充床转速等因素对产物长径比的影响规律，得到了较佳的工艺条件：水热温度为 200 ℃，进料浓度为 0.2 mol/L，转速为 2500 r/min，氨水与尿素比在 0∶4～4∶0 间调变。与釜式法相比，超重力法产物的长径比可以调控的范围为 2.2～39，较釜式法的调控范围（3.4～22）更宽，颗粒尺寸更小，且反应时间从釜式法的 20 min 缩短到超重力法的 1 s（见图 8-30）。

2. 纳米钛酸钡

钛酸钡及其相关化合物作为一种最重要的铁电材料，其粉体材料及其掺杂固溶体在电子陶瓷工业中都有广泛的应用。钛酸钡纳米粉体的制备方法主要有固相法、溶胶-凝胶法、沉淀法和水热法等。

　　沈志刚等[52-55]以氯化钡和四氯化钛为原料，氢氧化钠为沉淀剂，采用超重力反应沉淀法制备纳米钛酸钡。通过反应温度、旋转填充床转速、煅烧温度等的影响规律研究明确了较优的工艺条件。研究表明，超重力法所得纳米钛酸钡为类球形颗粒，其粒径为60 nm，明显小于釜式法产品（115 nm）（见图8-31）。进一步将Zr^{4+}和

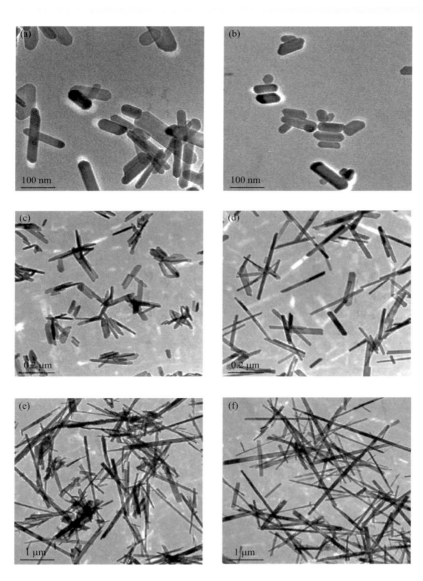

▶ 图8-30

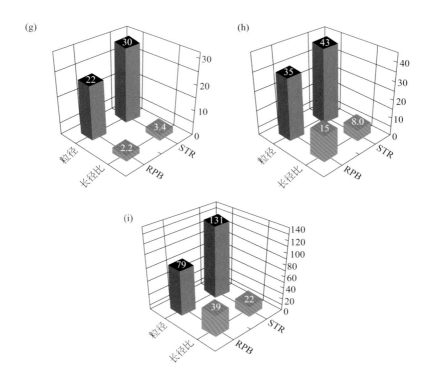

▶ **图 8-30** 三种不同氨水与尿素比下 RPB 所得

HAp 纳米颗粒〔(b)、(d)、(f)〕与 STR 产物〔(a)、(c)、(e)〕对比

TEM 照片及粒径分布统计〔(g)、(h)、(i)〕

注：(a)、(b)、(g)比例为4∶0;
(c)、(d)、(h)比例为2∶2;
(e)、(f)、(i)比例为0∶4。

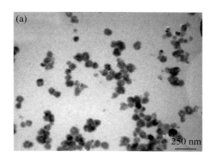
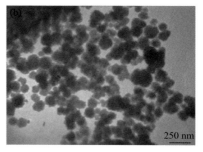

▶ **图 8-31** 超重力法（a）和釜式法（b）所得纳米钛酸钡

Sr^{2+}离子引入，得到了组成可精确调控的 Ba$_{1-x}$Sr$_x$Ti$_{1-y}$Zr$_y$O$_3$（ 0 ≤ x ≤ 1, 0 ≤ y ≤ 0.5 ）型纳米钙钛矿材料。所得 SrTiO$_3$、Ba$_{0.8}$Sr$_{0.2}$TiO$_3$、BaTi$_{0.8}$Zr$_{0.2}$O$_3$ 和 Ba$_{0.9}$Sr$_{0.1}$Ti$_{0.9}$Zr$_{0.1}$O$_3$ 的颗粒尺寸分别为 38 nm、69 nm、118 nm 和 92 nm（ 见图 8-32 ）。

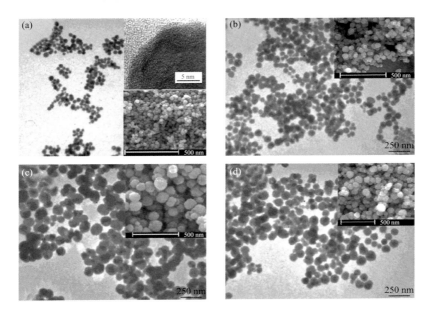

▶ **图 8-32** 所得 SrTiO$_3$（ a ）、Ba$_{0.8}$Sr$_{0.2}$TiO$_3$（ b ）、BaTi$_{0.8}$Zr$_{0.2}$O$_3$（ c ）和 Ba$_{0.9}$Sr$_{0.1}$Ti$_{0.9}$Zr$_{0.1}$O$_3$（ d ）的 TEM 照片和 SEM 照片

3. 纳米碳酸锶

碳酸锶主要用于彩色显像管（吸收阴极射线管产生的 X 射线，改进玻璃的折射指数及熔融玻璃的流动性）、磁性材料（铁酸锶磁石比起铁酸钡磁石具有高矫顽场强、磁学性能优越的特点，特别适用于音响设备的小型化）及高档陶瓷（在陶瓷中，加入碳酸锶作配料可以减少皮下气孔，扩大烧结范围，增加热膨胀系数）。

刘骥等[56-58]以硝酸锶和碳酸钠为原料，利用超重力反应器，采用液 - 液相法制备碳酸锶纳米粉体。整个过程在室温下进行，具有操作简单，易于工业化的特点。所得纳米碳酸锶的平均粒径为 30 nm，产品粒度分布较窄（ 见图 8-33 ）。

周慧慧等[59]采用重力反应沉淀法合成了 Er^{3+} 掺杂的 NaYF$_4$ 上转换发光剂，研究了不同煅烧温度对材料结构、形貌和发光的影响。结果表明，NaYF$_4$:Er^{3+} 为立方相和六方相混合的晶体，经 400 ℃ 煅烧后，材料由棒状变成均匀的颗粒状和很少的片状，粒径约为 65 nm。分别用 650 nm 的红光和 808 nm 的近红外光激发，观察到了紫色、蓝色、绿色上转换发光。

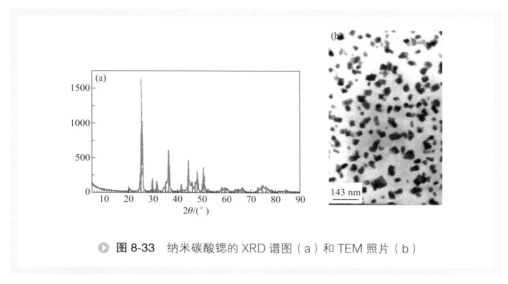

图 8-33　纳米碳酸锶的 XRD 谱图（a）和 TEM 照片（b）

此外，黄新武等[60]还分别以硝酸锂（LiNO₃）和硝酸锰（Mn(NO₃)₂）为锂源和锰源，碳酸铵为沉淀剂，在新型超重力设备——螺旋通道型旋转床中进行共沉淀反应制备了尖晶石锰酸锂（LiMn₂O₄）前驱体，然后，在微波马弗炉中 750 ℃煅烧2 h，得到纳米尖晶石 LiMn₂O₄。结果表明，采用超重力反应共沉淀法可以获得结晶度高、粒径均匀、平均粒径约为 60 nm 的纳米尖晶石 LiMn₂O₄ 粉体，且随着超重力水平的增大，产品的粒径有逐渐减小的趋势。

五、液-液相超重力法制备纳米复合材料[61-63]

1. ZrO₂-Al₂O₃ 纳米复合粉体

氧化铝陶瓷的硬度高并且原料易于获得，价格低廉，但是，氧化铝陶瓷的韧性以及强度却不能满足要求，这就造成了氧化铝陶瓷的脆性，在工业、生活以及医疗等领域应用时总容易造成陶瓷材料无先兆的突然破坏。氧化锆陶瓷由于存在晶型的转变而拥有较高的韧性和强度，但氧化锆陶瓷的硬度却比较小，而且材料加工成本高。除此之外，氧化铝陶瓷与氧化锆陶瓷都具有耐高温和较高的生物相容性等特性，因此，如果将两种氧化物进行复合，不会因为一种氧化物应用上的缺陷影响另一种氧化物的应用范围。ZrO₂-Al₂O₃ 纳米复合陶瓷就是以氧化锆为增韧相增韧基底氧化铝，充分利用氧化铝陶瓷和氧化锆陶瓷的优点，相互弥补对方的缺点，充分发挥陶瓷的高硬度、高韧性和价格合适等特点。

ZrO₂-Al₂O₃ 纳米复合粉体的制备方法大致分为固相法、气相法和液相法。液相法最常采用，可分为沉淀法（共沉淀法、非共沉淀法和均匀沉淀法）、溶胶-凝胶法、水热合成法和微乳液法等。

韩翔龙等[61]首先以 $ZrOCl_2$、$Y(NO_3)_3$ 和 $AlNH_4(SO_4)_2$ 为反应物，以 NH_4HCO_3 为沉淀剂，采用超重力共沉淀法得到前驱体，再高温煅烧得到 ZrO_2-Al_2O_3 纳米复合粉体。XRD 分析结果表明，超重力法制备的粉体的晶型和传统釜式法制备的粉体的峰的位置相同，而且大小相近，由此可以推出，超重力反应器与釜式反应器制备的前驱体沉淀物组成相同，在煅烧过程中结晶温度也相似，其最终得到的粉体的晶型都是四方相氧化锆、α 相氧化铝和 γ 相氧化铝。因此，可以得出结论，不同反应器对于最终 Al_2O_3-ZrO_2 纳米复合粉体的晶型与结晶度影响不大。此外，所得纳米复合粉体的颗粒平均粒径为 41 nm，小于传统釜式共沉淀法产品（55 nm），分散性也有所改善（见图 8-34）。烧结后的性能研究表明，超重力反应器得到的陶瓷在 1550 ℃ 下的烧结性能更优，晶粒间没有气孔，氧化锆和氧化铝分布比较均匀，而由传统釜式法得到的陶瓷晶粒间仍有气孔存在。

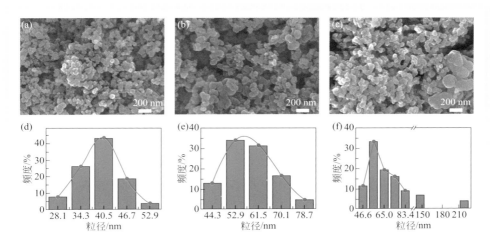

▶ 图 8-34　超重力法［（a）、（d）］和传统釜式正向共沉淀 NCCR［（b）、（e）］与反向共沉淀 RCCR［（c）、（f）］法所得产品的 SEM 照片和粒径分布图

2. 氧化石墨烯基纳米复合材料

具有独特结构的石墨烯既可以作为各类无机纳米颗粒的理想载体，还可以作为聚合物的增强材料。因此，衍生出了大量性能高、应用前景广阔的碳基无机纳米复合材料和碳基聚合物复合材料。目前，制备碳基纳米复合材料仍面临许多亟待解决的问题，如制备工艺复杂、不易实现规模化生产等。因此，人们一直致力于寻求一种易于实现工业化的技术来实现碳基纳米复合材料的规模化制备。

韩兴威等[62]提出采用超重力原位反应结晶法制备氢氧化镁/氧化石墨烯（MGO）复合材料（见图 8-35）。研究发现，随着转速的提高，负载的纳米氢氧化镁颗粒尺寸明显减小，所得 MGO 复合材料中的氢氧化镁粒径约为 50～60 nm，且在

GO表面分布均匀，比表面积高达589.6 m²/g，高于文献报道的值。进一步将此复合材料用于吸附水溶液中的甲基蓝（MB），在1 min内对MB的脱除率高达97.9%，并可以在2 min内完全脱除MB，表现出强吸附性能，且循环吸附稳定性好（见图8-36）。

Fan等[63]也在原先撞击流-旋转填充床反应器制备纳米四氧化三铁的工艺基础上，引入壳聚糖，开展了超重力法原位反应沉淀制备纳米磁性壳聚糖的研究。所

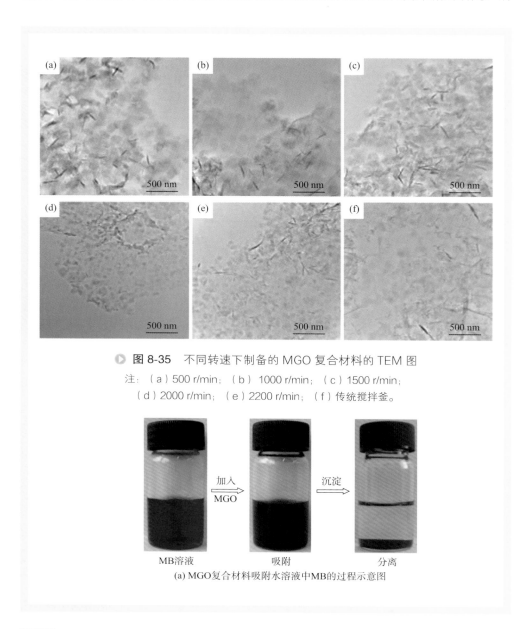

▶ **图8-35** 不同转速下制备的MGO复合材料的TEM图

注：（a）500 r/min；（b）1000 r/min；（c）1500 r/min；
（d）2000 r/min；（e）2200 r/min；（f）传统搅拌釜。

加入MGO　　沉淀

MB溶液　　吸附　　分离

(a) MGO复合材料吸附水溶液中MB的过程示意图

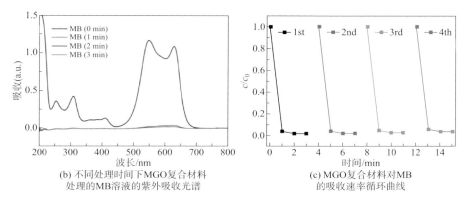

(b) 不同处理时间下MGO复合材料
处理的MB溶液的紫外吸收光谱

(c) MGO复合材料对MB
的吸收速率循环曲线

▶ **图 8-36** MGO 复合材料吸附水溶液中的 MB 结果表征

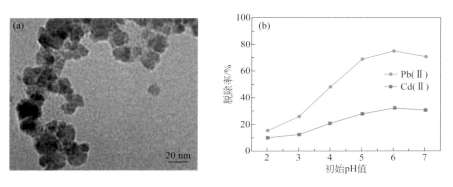

▶ **图 8-37** 纳米磁性壳聚糖的 TEM 照片（a）和 Pb(Ⅱ)与 Cd(Ⅱ)脱除曲线（b）

得复合颗粒平均粒径为 18 nm，饱和磁化强度为 33.5 emu/g。由于壳聚糖具有强的金属络合能力，研究者进一步将此复合材料应用于重金属离子 Pb(Ⅱ) 和 Cd(Ⅱ) 的吸附脱除。研究表明，此材料对 Pb(Ⅱ) 和 Cd(Ⅱ) 的最大吸附量可达 79.24 mg/g 和 36.42 mg/g，且循环利用性能好（见图 8-37）。

超重力液 - 液相反应结晶技术除了可以制备上述纳米粉体和纳米复合材料，还可以用于制备 $ZnO\text{-}SnO_2$ 复合光催化剂、介孔氧化铝、α- 半水硫酸钙和 $V_2O_5{:}Fe^{3+}$ 微结构等微米尺度的功能材料[64-68]。

第五节 超重力法规模化生产纳米粉体

超重力法制备纳米粉体材料具备一系列突出的优点：①增加了均相成核的可控

性；②组成达到分子、原子尺度的均一化；③适合制备低成本、高性能的纳米颗粒；④工程放大较容易；⑤生产能力大（可提高4～20倍），生产效率高；⑥适应性强，可生产多种品种的纳米粉体。因此，该技术非常适用于纳米材料的规模化生产，现已成功地实现了部分纳米材料的工业生产。

一、超重力法规模化生产纳米碳酸钙

利用超重力法制备纳米碳酸钙的技术已在山西新泰恒信纳米材料有限公司（10000 t/a）等公司建立了商业化生产线。下面以具有代表性的山西新泰恒信纳米材料有限公司的生产线为例，介绍超重力法制备纳米碳酸钙的工业生产过程。

采用超重力法生产纳米碳酸钙的工艺流程如图8-38所示。整个工艺主要包括如下化学反应

$$CaCO_3 \rightleftharpoons CaO + CO_2 \tag{8-39}$$

$$CaO + H_2O \rightleftharpoons Ca(OH)_2 \tag{8-40}$$

$$Ca(OH)_2 + CO_2 \rightleftharpoons CaCO_3 + H_2O \tag{8-41}$$

▶ **图 8-38 超重力法制备纳米碳酸钙的生产工艺流程图**
1—石灰石和焦炭；2—空气；3—机械立窑；4—消化反应器；
5—超重力反应器；6—改性罐；7—板框压滤机；8—桨叶干燥机；
9—微粉干燥机；10—纳米碳酸钙产品

石灰石和焦炭从上部进入机械立窑中，空气则通过鼓风机从机械立窑的下部进入。石灰石经机械立窑煅烧后变成石灰，进入消化反应器中进行消化。从消化反应器出来的石灰乳经过精制和调和后进入超重力反应器中。空气进入机械立窑中与石灰石反应形成富含二氧化碳的窑气，脱除烟尘、二氧化硫和焦油后，送入超重力反

应器中与石灰乳进行碳化反应制备纳米碳酸钙。当浆料的 pH 值达到 7 左右时为碳化反应的终点，生产过程中通过检测浆料的电导率变化来判明这一终点。纳米碳酸钙悬浮液随后进入改性罐中。在改性罐中加入改性剂并乳化，然后在一定的温度下保温一段时间，得到改性纳米碳酸钙。改性纳米碳酸钙经泵送入板框压滤机脱水，再经过桨叶干燥机、微粉干燥机干燥后，最后经包装机装袋成为商品纳米碳酸钙入库保存。

工业放大实验表明，与传统工艺技术相比，超重力法合成纳米碳酸钙具有特殊优越性，如表 8-1 所示。

表 8-1　超重力技术与传统技术的优缺点比较

	传统技术	超重力技术
反应器型式	搅拌釜式或塔式 鼓泡反应器	旋转填充床
分子混合时间 /ms	5～50	0.01～0.1
传质速率	1	10～100
产品粒度	不加晶体生长抑制剂时，>100 nm 加晶体生长抑制剂时，<100 nm， 形貌不易控	不加晶体生长抑制剂，15～30 nm 形貌可控
批反应时间 /min	60～75	15～25
反应器体积 /m³	30～50，3 个	约 4
工程放大效应	大	无负效应

二、超重力法制备纳米氢氧化镁

北化超重力团队与企业合作建立了 1000 t/a 超重力法生产氢氧化镁工业装置（见图 8-39）。首先采用超重力技术制备出超微细且粒度分布窄的氢氧化镁胶状沉淀，并通过调变工艺参数，实现了氢氧化镁阻燃剂粉体粒度的可控制备，之后经过水热处理、表面改性等后处理过程，制备得到 $Mg(OH)_2$ 阻燃剂。

图 8-39　1000 t/a 超重力法生产氢氧化镁工业装置

第六节　超重力反应结晶萃取相转移制备纳米分散体及其应用

　　如前所述，纳米粉体材料在实际应用中通常会遇到团聚问题，如何解决其团聚问题，充分发挥纳米效应是一个科学挑战。2006 年 11 月，Balazs 和 Russell 等在 Science 上综述了有机无机纳米复合材料的发展现状、机遇和挑战[69,70]。他们指出，缺乏低成本纳米级分散的纳米颗粒宏量制备技术，缺乏全面的结构 - 性能相关性研究和数据库等，成为制约有机无机纳米复合材料规模化制备和应用的瓶颈问题。特别地，对于纳米粒子在有机光学材料中的应用，其典型特征要求是纳米粒子小于 40 nm[71]，这个特征值与有机、无机分散相的折射率差值密切相关，差值越小，散射强度越低，则粒子尺寸可大些，但折射率完全匹配的无机、有机相材料极少，因此需要通过减小纳米粒子的尺寸来提高纳米复合材料的透明性，但纳米粒子尺寸越小，越容易聚集，分散成为挑战问题。虽然采用表面处理、制备纳米母料等方法可以明显改善无机纳米粉体材料在有机基体中的分散性，但团聚问题并没有得到彻底解决，尤其是二次分散粒径基本上不能完全小于 40 nm，从而很难满足光学材料对可见光透过率的要求。

　　为此，北化超重力团队通过研究有机相中无机纳米颗粒分散过程科学与工程基础，进行了纳米分散体的功能导向表面主动设计与规模稳定化工程制备的新方法和新技术研究，提出了超重力反应结晶/萃取相转移法（二步法）和超重力原位萃取相转移法（一步法）制备纳米颗粒透明分散体新方法，解决了纳米颗粒在有机基体中的分散难题，成功开发了高固含量（固含量均超过 30% ～ 50%，甚至可为全固体的分散体）、高透明、高稳定（可稳定储存半年至一年以上）、分散介质极性可调控的纳米金属、纳米氧化物、纳米氢氧化物等液相分散体及其宏量制备技术，并将纳米分散体转相或复合于有机体系中，成功开发了高透明纳米复合新材料和新产品，部分产品已实现了商业化应用[72]。

一、超重力反应原位萃取相转移法制备纳米分散体

1. 技术路线

原位萃取相转移法是指表面活性剂与制备纳米材料的原料同时进入体系中，在水油相界面处，改性剂包覆生成的颗粒直接进入油相的方法。该方法适用于改性剂对反应不会产生影响的纳米颗粒制备过程。以制备纳米碳酸钙的油相分散为例，超重力反应原位萃取相转移技术制备纳米分散体的原理如图8-40所示。在油和水两种完全不互溶的体系中，形成油包水的微乳液，反应在水相中进行，生成的碳酸钙颗粒马上被油相中的表面活性剂包覆，转移至油相体系中，去除水后（即油水分离后），形成纳米碳酸钙的油相分散体。此工艺实现了纳米颗粒制备和改性过程的同步进行，因而被称为一步法。

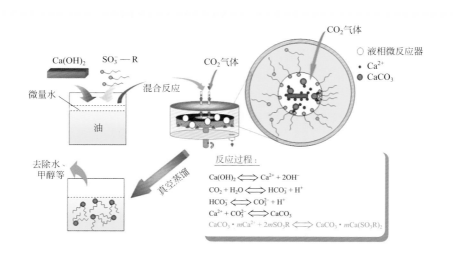

> **图 8-40** 超重力反应原位萃取相转移技术制备纳米分散体原理图
> （以纳米碳酸钙油相分散体为例）

2. 透明纳米碳酸钙油相分散体

当纳米碳酸钙作为油品清洁剂应用时，就对碳酸钙颗粒尺寸、分散性和稳定性提出了更高的要求。润滑油清洁剂中的碱性组分纳米 $CaCO_3$ 能够有效中和内燃机燃

油后产生的无机酸和有机酸，防止其对发动机金属表面的腐蚀，同时，由于相对大的比表面积，纳米$CaCO_3$可吸附在烟灰、油泥等固体颗粒上并对其包裹进而胶溶于润滑油基础油中，再经过后处理作用，起到清净、增溶的作用。碱值是鉴别润滑油清洁剂性能的关键参数，碱值的高低主要取决于清洁剂中碱性组分的含量。

目前，国内外关于纳米$CaCO_3$粉体的制备工艺已经相当成熟，但关于纳米$CaCO_3$透明分散体的制备研究相对较少。高质量的润滑油添加剂用纳米$CaCO_3$分散体通常要求具有较高的固含量、颗粒粒径小（20 nm 以下）且分布窄，以及良好的光安定性和化学稳定性。传统的高碱值润滑油纳米$CaCO_3$添加剂的制备主要包括中和反应和碳化反应。但是，现有的工业生产大多采用传统搅拌釜，存在产品浑浊、颗粒粒径大、产率低、能耗高等问题。为此，研究者在原超重力反应沉淀法制备碳酸钙纳米粉体的基础上，通过结合原位改性和微乳液技术，创新提出采用超重力反应原位萃取相转移法制备透明纳米$CaCO_3$分散体[73,74]。

图 8-41 为不同超重力水平下所得纳米分散体中纳米$CaCO_3$颗粒的 TEM 照片和相对应的粒径分布对比。由图可知，所得纳米$CaCO_3$基本呈单分散。超重力水平对$CaCO_3$的粒径大小和分散性有明显影响。随着超重力水平的增加，$CaCO_3$颗粒的粒径逐渐减小，粒径分布也越来越窄；当超重力水平增加到 134（2500 r/min）时，碳酸钙平均粒径可减小至 5.5 nm。原因是较高的超重力水平可以增强剪切力，通过填料的流体可以破碎成更细小的液滴，从而大大强化混合和传质过程，形成更加均一的成核和反应环境，有利于生成粒径小和分布窄的颗粒。

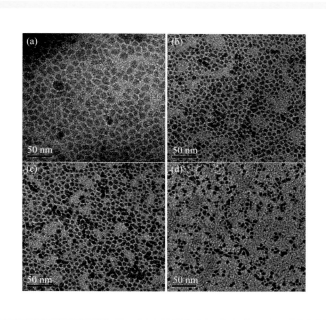

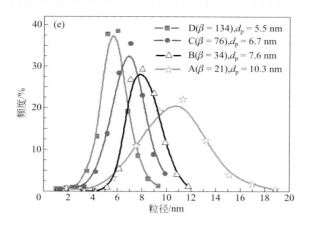

● 图 8-41　不同超重力水平下所得纳米分散体中纳米 CaCO₃ 颗粒的 TEM 照片
[（a）~（d）]和相对应的粒径分布对比（e）

注：气体流量为90 mL/min，液体流量为1100 mL/min。

图 8-42 是超重力水平对碱值、钙含量和残渣量的影响。随着超重力水平的增加，碱值和钙含量迅速增加，当超重力水平为 76 时，碱值和钙含量分别达到 401 mg KOH/g 和 15.35%（折算成分散体中的固含量约为 38.5%）；进一步增加超重力水平，碱值和钙含量变化很小，略有下降。相应地，残渣量从 6.7% 减小到了 2.6%。这主要是因为超重力水平引起的混合和传质过程的强化明显改善了反应效率，特别是碳化反应过程，Ca(OH)₂ 残渣量因此而明显下降，几乎都转变成了 CaCO₃，这就促进了固含量和碱值的增加。

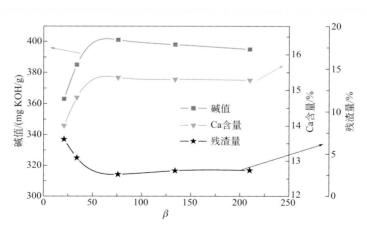

● 图 8-42　超重力水平对碱值、钙含量和残渣量的影响

注：气液比为0.082，液体流量为1100 mL/min。

图 8-43 和图 8-44 分别为不同气液比下所得纳米分散体中纳米 CaCO₃ 颗粒的 TEM 照片，以及不同气液比对碱值、碳化时间和残渣量的影响。由图可知，气液比的变化对颗粒粒径影响不大，但当气液比为 0.082 时，所得产品的分散性相对较好；当气液比为 0.109 时，分散体有较高的黏度和较差的流动性。此外，随着气液比从 0.027 提高到 0.082，碱值仅有一个微小的增加，即从 398 mg KOH/g 提高

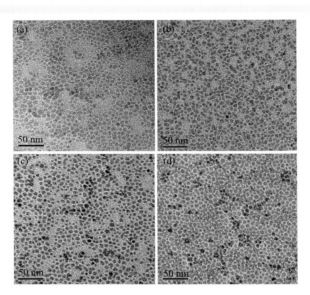

▶ **图 8-43** 不同气液比下所得纳米分散体中纳米 CaCO₃ 颗粒的 TEM 照片

　　注：（a）为 0.027；（b）为 0.055；（c）为 0.082；（d）为 0.109。

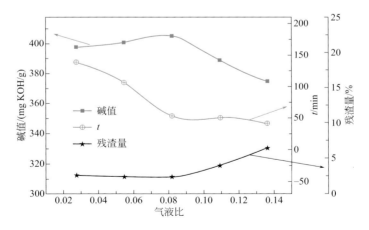

▶ **图 8-44** 不同气液比对碱值、碳化时间和残渣量的影响

　　注：超重力水平为 76，液体流量为 1100 mL/min，气体流量分别为 30 mL/min（a）、60 mL/min（b）、90 mL/min（c）、120 mL/min（d）。

到 405 mg KOH/g，此时，碳化时间从 138 min 迅速缩短到 53 min，残渣量控制在 2.5% 的较低水平。进一步增加气液比到 0.136，碱值快速下降，残渣量明显增加到了 6.5%，碳化时间缩短微小。可能的原因是较高的气体流量导致气液接触时间缩短，CO_2 很难被充分吸收，不利于碳化反应。

3. 超重力法与传统方法制备透明纳米分散体的比较

（1）纳米碳酸钙分散体

图 8-45 是传统搅拌釜和超重力反应器所得的纳米 $CaCO_3$ 颗粒的 TEM 照片与粒径分布图。从图中可看出，两个反应器所得产品的颗粒形貌没有明显区别，搅拌釜反应器所得样品分布较宽，颗粒的平均粒径为 9.4 nm，其碱值为 397 mg KOH/g；而超重力反应器所得样品的平均粒径为 5.8 nm，碱值为 405 mg KOH/g。而且，碳化时间从 120 min 大幅缩短到 53 min，生产效率提高了 56%。这主要是由于超重力反应器极大地强化了分子混合和传质过程，效率较传统搅拌釜提高了 1~2 个数量级。

图 8-46 是采用超重力反应原位萃取相转移法与传统釜式法制备的纳米分散体的

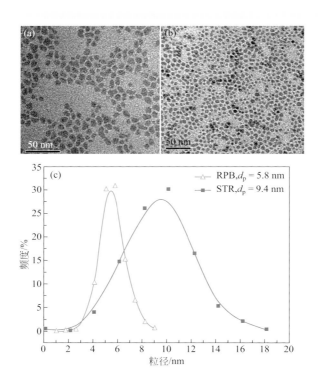

图 8-45 传统搅拌釜和超重力反应器所得的纳米 $CaCO_3$ 颗粒的 TEM 照片 [（a）、（b）] 与粒径分布图（c）

实物照片。超重力法制备的纳米分散体是均匀透亮的，而釜式法制备的纳米分散体略有透明度，分散体整体泛白色，进一步说明了釜式法制备的纳米颗粒粒径较大，且在液相介质中发生了团聚，造成了可见光的散射，从而使分散体的透明度明显变差。

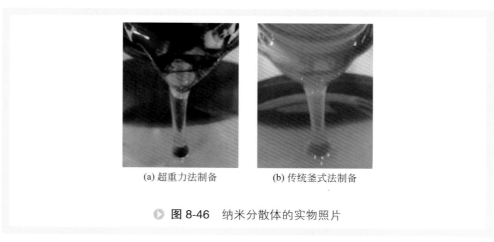

(a) 超重力法制备   (b) 传统釜式法制备

▶ **图 8-46**　纳米分散体的实物照片

（2）纳米银分散体

分别采用传统釜式法和超重力法制备纳米银颗粒（Ag-NPs-S、Ag-NPs-R）分散体，二者的紫外吸收光谱如图 8-47 所示。

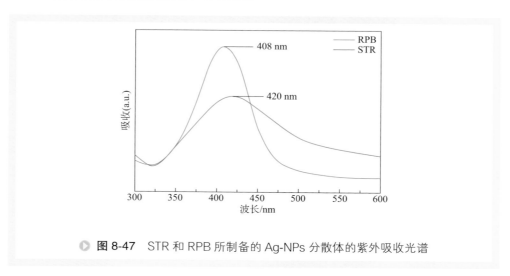

▶ **图 8-47**　STR 和 RPB 所制备的 Ag-NPs 分散体的紫外吸收光谱

从图 8-47 可以看到，超重力法所制备的分散体中 Ag-NPs-R 的特征吸收峰位于 408 nm，而釜式法所制备的分散体中 Ag-NPs-S 的特征峰位于 420 nm 处；这一现象说明，Ag-NPs-R 的尺寸小于 Ag-NPs-S。同时，经过计算，Ag-NPs-R 和 Ag-NPs-S

特征峰的半峰宽分别为 75 nm 和 125 nm,说明 Ag-NPs-R 与 Ag-NPs-S 相比具有单分散性[75]。在图 8-48 所示的粒度分布图中可以明显看出,Ag-NPs-R 的粒度分布很窄,呈现出单分散特性;而 Ag-NPs-S 的粒度分布出现双峰,呈现出明显的多分散状态。上述结果说明采用超重力法更易于得到具有单分散性的 Ag-NPs。

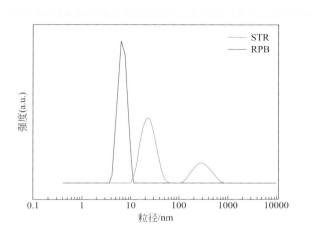

● 图 8-48 STR 和 RPB 所制备的 Ag-NPs 分散体的粒度分布图

从图 8-49(a)所示的 Ag-NPs-R 的 TEM 图中可以看出,平均粒径约为 7 nm 的球形颗粒均匀分布,并且颗粒之间趋向于排布成具有一定形状的阵列,颗粒的粒度分布均匀。而在图 8-49(b)中的 Ag-NPs-S 的粒径明显大于 Ag-NPs-R,平均粒径约为 25 nm,是 Ag-NPs-R 的 3.6 倍,并且 Ag-NPs-S 形貌不规则、粒度分布宽。这说明采用 RPB 法更易于得到粒径小、粒度分布窄的 Ag-NPs。

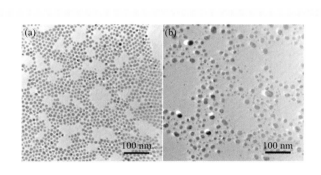

● 图 8-49 RPB(a)和 STR(b)所制备的 Ag-NPs 的 TEM 图

单质银在空气中的化学稳定性极差,极易在空气中被氧化成氧化银(Ag₂O)。Ag-NPs 由于纳米尺寸效应而具有极大的比表面积,极易发生团聚。所以,Ag-NPs 分散体的稳定性对 Ag-NPs 分散体的储存和应用具有极其重要的意义。

　　通过静置-沉淀法对 RPB 和 STR 所制备的分散体的稳定性进行了考察。从图 8-50（a）中可以看出，静置两天后 STR 法所制备的分散体便由透明转变为浑浊，并且在小瓶的底部出现了一层沉淀物；而对于 RPB 所制备的分散体，静置 60 天后依然保持着原本的棕红色澄清透明状态。以上结果直观地说明了 RPB 所制备的分散体的稳定性更好。在这两种分散体的 UV-Vis 吸收光谱[见图 8-50（b）]中可以看出，STR 法所制备的分散体中 Ag-NPs-S 的特征吸收峰在静置两天后强度减弱并发生一定程度的蓝移，这是由于在静置过程中分散体中的尺寸较大的 Ag-NPs-S 在重力的作用下沉积到了小瓶底部，悬浮液中只存在尺寸较小的 Ag-NPs-S。以上结果说明，STR 法所制备的分散体的稳定性较差。而对于 RPB 所制备的分散体而言，静置 60 天后分散体的 UV-Vis 吸收光谱与相应的新鲜分散体的光谱几乎重合，说明 RPB 所制备的分散体的稳定性较好，如图 8-50（c）所示。RPB 所制备的分散体静置前后的粒度分布结果[见图 8-50（d）]也同时说明 RPB 所制备的分散体具有良好的稳定性。静置前后的 TEM 图[见图 8-50（e）、（f）]更加直观地验证了上述分析结果的正确性。从图可以看出，无论是在静置前还是静置后，RPB 所制备的分散体中的

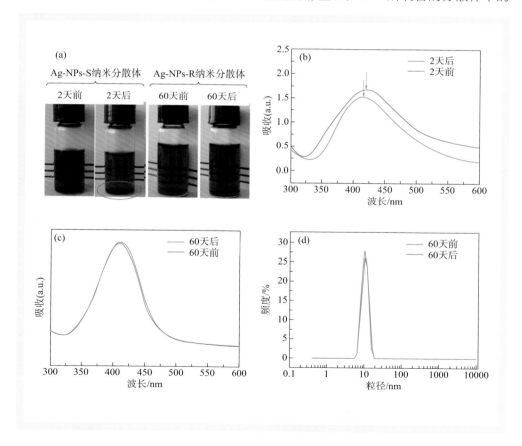

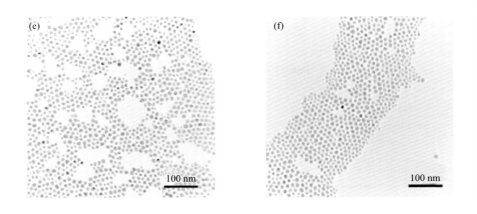

> **图 8-50** （a）STR 和 RPB 所制备的分散体的实物照片；
> （b）STR 所制备的分散体 2 天前后的紫外吸收光谱；
> （c）RPB 所制备的分散体 60 天前后的紫外吸收光谱；
> （d）RPB 所制备的分散体 60 天前后的粒度分布图；
> （e）、（f）RPB 所制备的分散体 60 天前后的 TEM 图

Ag-NPs-R 都呈现出良好的单分散特性，并未在静置过程中发生团聚。

二、超重力反应结晶/萃取相转移法制备纳米分散体

1. 技术路线

反应结晶/萃取相转移法制备纳米分散体的过程分为两步：第一步是以极性较强的溶剂为分散介质，在旋转填充床中快速生成纳米颗粒；第二步是将生成的纳米颗粒放入加有改性剂的液相中，颗粒经表面改性后直接萃取转相至油中，或离心洗涤后转相至液相介质中形成纳米分散体。在此工艺中，纳米颗粒制备和改性过程分开并相继进行，因而被称为二步法。图 8-51 是超重力反应结晶/萃取相转移技术制备纳米分散体的原理图。

2. 纳米金属氧化物颗粒分散体

北化超重力团队与新加坡纳米材料科技公司合作，制备出了能在不同极性液相介质中稳定存在的单分散纳米金属氧化物分散体，如氧化锌、氧化铈、氧化钛、氧化硅、氧化锡、氧化铁等。制备出的分散体均具有高固含量（纳米颗粒的固含量高于 30%～50%，质量分数）和高透明性的特点，分散体的实物照片如图 8-52 所示。从图中可以看出，纳米颗粒固含量的增加不会对液相分散体的透明度造成明显的影

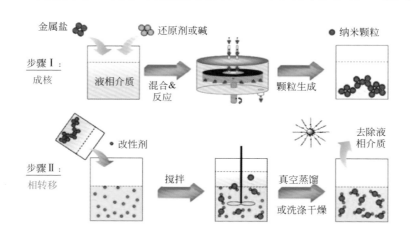

🔵 图 8-51　超重力反应结晶 / 萃取相转移技术制备纳米分散体的原理图

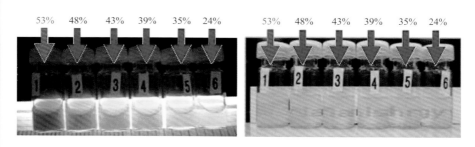

🔵 图 8-52　不同固含量的纳米分散体实物照片

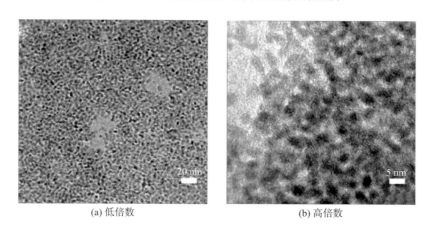

(a) 低倍数　　　　　　　(b) 高倍数

🔵 图 8-53　ZnO 纳米颗粒的 TEM 图片

响。当纳米颗粒的固含量达到53%时，分散体仍具有良好的透明性。说明纳米颗粒在液相中分散性良好，团聚粒径小，不会因为颗粒团聚造成光的散射现象。此外，纳米颗粒液相分散体的稳定性良好，放置1年后，分散体仍为透明状态，无沉淀和分层现象。

图8-53是ZnO纳米颗粒的TEM图片。从图中可以看出，ZnO纳米颗粒的分散性非常好，呈现单分散状态，没有发生团聚。从图8-53（b）中可以看出，单个颗粒表面的晶格条纹清晰可见，说明纳米颗粒的结晶度很好。单个ZnO纳米颗粒的粒径大概约为4～6 nm，这和XRD表征的结果类似。

3. 纳米氢氧化物颗粒分散体

采用超重力反应结晶/萃取相转移法制备出了一系列不同液相介质的氢氧化镁、氢氧化铝等纳米氢氧化物透明分散体[76-79]。图8-54为采用传统釜式法与超重力法制备的液相分散体中$Mg(OH)_2$纳米颗粒的TEM照片。

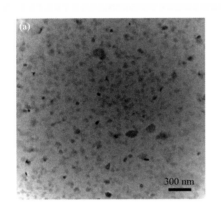

▶ **图 8-54** 搅拌法（a）和超重力法（b）制备的乙醇相 $Mg(OH)_2$ 纳米分散体的 TEM 照片

从图中可以看出，搅拌法制备的$Mg(OH)_2$纳米颗粒呈明显的片状结构，粒径约为60～100 nm，而且局部有粒径较大的颗粒出现；超重力法制备的样品分布更均匀，颗粒粒径较小，约为40～60 nm，并且基本看不到粒径超过100 nm的颗粒。此外，如图8-55所示，与搅拌法相比，超重力法制备的$Mg(OH)_2$颗粒粒度分布曲线峰值向较小粒径区移动，而且粒度分布更窄。以上结果表明，旋转填充床能够显著改善反应的分子混合状态，从而利于制备粒度分布均匀的纳米颗粒。

图8-56为超重力法与搅拌法制得的固含量为1%（质量分数）的乙醇相$Mg(OH)_2$纳米分散体的紫外-可见透射光谱及实物照片。从透射光谱中可以看出，在可见光区域（400～800 nm），超重力法制备的$Mg(OH)_2$纳米分散体透射率较高。例如，在

500 nm处，超重力法产品的透射率为93%，而搅拌法产品的透射率为88%。从实物照片中也可以看出，在Mg(OH)$_2$含量相同的情况下，超重力法制备的Mg(OH)$_2$纳米分散体透明度较好。以上结果主要是由于超重力法制备的颗粒粒径更小且分布更均匀。同时，较小的粒径和较窄的粒度分布有利于制备高固含量的纳米分散体，以乙醇相Mg(OH)$_2$纳米分散体为例，利用搅拌法制备的分散体最高固含量约为8%，而用超重力法制备的纳米分散体最高固含量可达10%。

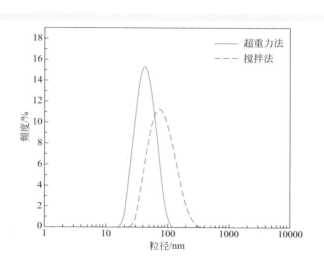

▶ **图 8-55**　超重力法和搅拌法制备的纳米Mg(OH)$_2$颗粒的粒度分布

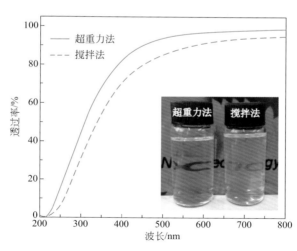

▶ **图 8-56**　超重力法与搅拌法制备的Mg(OH)$_2$分散体的紫外-可见透射光谱及实物照片

三、纳米分散体的应用

利用透明纳米分散体来制备有机无机纳米复合材料，纳米颗粒易在终端制品中保持纳米级分散状态，充分发挥纳米效应。因此，可以用来制备功能性有机无机纳米复合材料及其器件制品。

纳米分散体为液体，因此，目前其主要应用于涂料、润滑油等液相体系中，也可以应用于有机单体的聚合过程，以及热固性树脂中来制备复合材料，还可以通过先制备纳米母料再添加到热塑性树脂中来制备纳米复合材料。纳米颗粒的添加可提高材料的热稳定性、力学性能等，还可以赋予材料新的特性，如光、电、磁等功能。

1. 在玻璃用防晒隔热节能膜中的应用

采用具有紫外线和红外线阻隔功能的纳米颗粒液相分散体制备了一种建筑玻璃节能用高透明纳米复合高分子节能贴膜材料，它是在高透明的聚酯膜上涂覆一层功能性的纳米粒子复合涂层，结构如图 8-57 所示。将具有不同功能的纳米颗粒均匀地、纳米级地分散在有机涂料体系中，在安全保护高分子基膜上涂覆一层或几层纳米复合涂料，实现节能膜材料的紫外线和红外线阻隔作用。这种节能膜材料既保持了玻璃的高透明和高采光性，又能阻隔热量传递，可降低建筑能耗 10% 以上，适用于我国冬季寒冷、夏季炎热气候条件下对建筑玻璃的节能改造工程。

纳米复合膜产品的实物照片和 TEM 照片如图 8-58 所示。由图可知，纳米粒子在复合膜中分散性很好，颗粒粒径小于 30 nm，没有发生明显的团聚现象，从而保

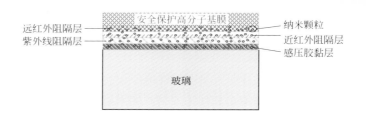

▶ **图 8-57** 节能膜材料的结构示意图

▶ **图 8-58** 纳米复合膜产品的实物照片和 TEM 照片

证所制备的纳米复合膜在具有很高透明度的同时，具有良好的阻隔紫外线以及红外线的功能。

图 8-59 为纳米复合节能膜制品的光学性能的谱图，其中，曲线 a 为未经紫外线辐照的纳米复合膜的光学性能，曲线 b 为经紫外线灯辐照 1000 h 后的光学性能曲线。纳米复合节能膜制品具有强的紫外线阻隔能力，可以完全阻隔波长为 350 nm 以下的紫外线，保护人体或物品不受紫外线的伤害；还具有屏蔽红外线的能力，基本上能阻隔波长 1350 nm 以上的红外线，这样，夏天可以防止室外的近红外线进入室内，降低空调的能耗，冬天可以防止室内的远红外线辐射到室外，在膜内形成温度墙，减少热导损失量，降低采暖的能耗。同时，该膜还具有高的可见光透过率，550 nm 处的可见光透过率达到了 86%，可以节约室内的采光用电。将该膜应用于建筑或汽车、交通玻璃上，可显著提高建筑和汽车等的节能效果。

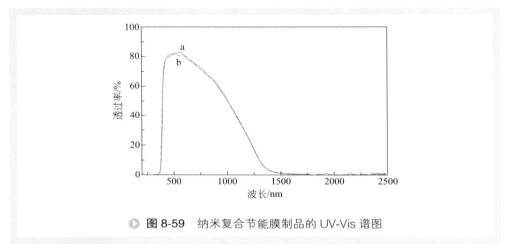

▶ **图 8-59** 纳米复合节能膜制品的 UV-Vis 谱图

纳米复合膜的耐光老化性能是其重要的性能参数之一，会影响到纳米复合膜贴于玻璃表面后贴膜玻璃的使用寿命和使用效果。如果耐光老化性能不佳，贴膜玻璃容易褪色、变色、产生气泡、甚至脱落。对比曲线 a 和 b 可以看出，纳米复合膜材料的抗光老化性能非常好，辐照 1000 h 后膜的光学性能曲线几乎没有变化，而辐射 1000 h 的能量相当于 10 年左右的太阳光中紫外线的辐射能量之和，说明纳米复合膜的使用寿命在 10 年以上。

2. 在光学材料中的应用

在光学材料方面，由于光学应用领域的不断发展，传统的光学材料已经不能满足人们对材料和器件微型化、多功能化、集成化等方面的要求，研究和制备高性能和功能性的新型光学材料受到了人们的广泛关注。通过将无机纳米颗粒可控、均匀地以纳米级状态分散于透明聚合物基体中，制成光学级高透明有机无机纳米复合材料，可在不影响甚至改善材料透明度的情况下提高复合材料的强度、硬度、热稳定性、热导率以及材料的紫外线阻隔、折射率等光学性能，可以广泛地应用于光学镜片、液晶显示器、光电封装、太阳能电池、光学数据存储等领域。

光学级纳米复合材料是对纳米颗粒在有机基体中分散度要求最高的材料，任何由于纳米颗粒团聚而造成的光的散射，都会降低材料的透明度。因此，如何使无机纳米粒子纳米级分散在透明聚合物基体中，并与聚合物基体体系不发生相分离，制备出光学级纳米复合材料，吸引了人们广泛的兴趣。北化超重力团队[80-86]采用溶液共混法、本体聚合法等工艺创制出高透明纳米复合膜材料，研究了复合膜材料的光学性能、热稳定性等。

图 8-60 为采用原位聚合法制备的高透明、高固含量的 ZnO/PBMA 纳米杂化膜材料的 TEM 照片，ZnO 纳米颗粒的固含量达到了 60%（质量分数）。杂化膜材料中 ZnO 纳米颗粒呈现单分散状态，颗粒二次分散粒径为 4～6 nm。纳米杂化材料的实

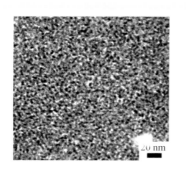

▷ 图 8-60　纳米杂化膜材料的 TEM 照片　▷ 图 8-61　纳米杂化材料的实物照片

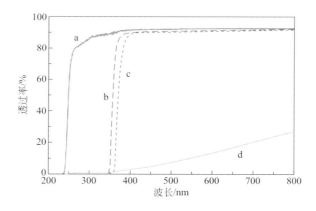

▷ 图 8-62　原位聚合制备的纳米杂化材料 a～c 和采用溶液共混法制备的纳米复合材料 d 的紫外可见光透过率曲线

物照片如图 8-61 所示，从图中可以看出，纳米颗粒的添加基本不影响杂化膜材料的透明度。图 8-62 是材料的紫外 - 可见光透过率曲线，其中，曲线 a 为没有添加纳米颗粒的膜材料，曲线 b 为添加了 5% ZnO 的膜材料，曲线 c 为添加了 60% ZnO 的膜材料。可以看出，纳米颗粒的添加量对材料的可见光透过率基本没有影响，但阻隔100% 紫外线的波段从 240 nm 处提高到 360 nm，说明纳米颗粒在基体中达到了高度的纳米级分散，在发挥阻隔紫外线功能的同时，对可见光无散射作用。曲线 d 为采用溶液共混法制备纳米复合膜材料，颗粒添加量为 30%，由图可知，纳米颗粒的添加严重地影响了材料的可见光透过率，说明采用溶液共混法制备膜材料，颗粒在基体中分散非常不均匀。

3. 在导电材料中的应用[87]

以银纳米颗粒（Ag-NPs）分散体为原料，采用旋涂与热处理结合的方法制备了透明导电薄膜，讨论了分散体的浓度对透明导电薄膜的光学和电学性能的影响，对比了超重力法与传统搅拌法制备的 Ag-NPs 分散体的薄膜导电性能。

图 8-63（a）所示为导电薄膜的 SEM 图。从图上可以看出 Ag-NPs 薄膜表面有连续的网络结构，正是这些连续的网络赋予 Ag-NPs 薄膜以有效的电子传输通道，使 Ag-NPs 薄膜具有优异的导电性。图 8-63（b）为 Ag-NPs 薄膜的表面 AFM 图。通过 AFM 图可以推测 Ag-NPs 薄膜表面的导电网络是由相邻的 Ag-NPs 在热处理过程中彼此连接所形成的。从图 8-63（c）所示的截面 SEM 分析结果中可以知道，薄膜的厚度约为 50 nm。

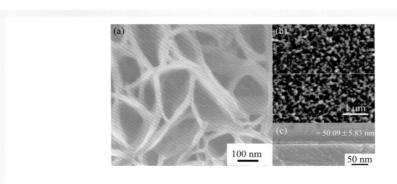

▶ **图 8-63** 透明导电薄膜的 SEM 图 [（a）、（c）] 和 AFM 图（b）

图 8-64 所示为不同浓度的 Ag-NPs 分散体所制备的薄膜的 UV-Vis 透过光谱。从图中可以明显地看出，随着分散体浓度的升高，所得到的透明导电薄膜的可见光透过率逐渐降低。当分散体的浓度为 30%（质量分数）时，对应的薄膜材料的可见光透过率几乎为零，因此，在图中不再显示。从图 8-65 可以看出，薄膜的可见光透过率和薄膜电阻随分散体浓度同步变化，均随着分散体浓度的升高而降低，当 T550

分别为 91% 和 85% 时，相应的膜的薄膜电阻为 98.1 Ω/ □和 12.7 Ω/ □。

除了上述应用以外，纳米分散体还可以广泛应用于电子、柔性可穿戴电子器件、3D 打印制造、有机无机杂化太阳能电池、医药、航天航空、建筑等领域。由于通过纳米分散体把纳米颗粒添加到有机基体中，纳米颗粒在基体中的分散性良好，在添加少量纳米颗粒的情况下，可以赋予材料新的功能且不会影响基体本身的性能。与纳米粉体材料相比，纳米分散体具备更好的分散性能。因此，它已经逐渐替代纳米粉体材料成为第二代新型纳米材料，并在有机无机复合材料体系中展现出更广阔的应用前景。

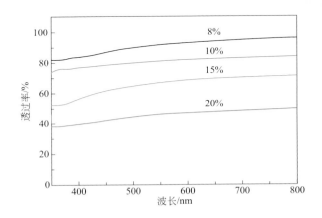

▶ **图 8-64** 薄膜的 UV-Vis 透过光谱

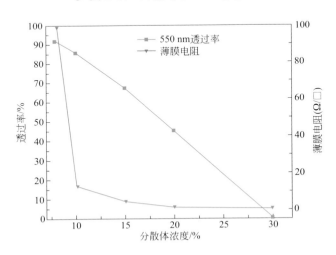

▶ **图 8-65** 薄膜电阻及薄膜在 550 nm 处的可见光透过率

参考文献

[1] 周有英 . 无机盐工艺学[M]. 北京 : 化学工业出版社 , 1995.

[2] 王玉红 . 超重力反应结晶法合成纳米碳酸钙过程及中试放大研究[D]. 北京 : 北京化工大学 , 1998.

[3] Chen J F, Zheng C, Chen G T. Interaction of macro- and micromixing on particle size distribution in reactive precipitation[J]. Chem Eng Sci, 1996, 51: 1957-1966.

[4] Chen J F, Wang Y H, Guo F, et al. Synthesis of nanoparticles with novel technology: High-gravity reactive precipitation[J]. Ind Eng Chem Res, 2000, 39: 948-954.

[5] 陈建峰 , 邹海魁 , 刘润静 , 等 . 超重力反应沉淀法合成纳米材料及其应用[J]. 现代化工 , 2001, 21: 9-12.

[6] 陈建峰 , 王玉红 , 贾志谦 , 等 . 超重力场中合成立方形纳米 $CaCO_3$ 颗粒与表征[J]. 化学物理学报 , 1997, 10: 457-460.

[7] 王玉红 , 陈建峰 , 贾志谦 , 等 . 旋转填充床新型反应器中合成纳米 $CaCO_3$ 过程特性研究[J]. 化学反应工程与工艺 , 1997, 13: 141-146.

[8] 陈建峰 , 王玉红 , 郭锴 , 等 . 超重力反应结晶法制备纳米立方形 $CaCO_3$ 颗粒Ⅰ - 实验研究[J]. 金属学报 , 1999, 35: 179-182.

[9] 王玉红 , 陈建峰 , 郑冲 . 超重力反应结晶法制备纳米立方形 $CaCO_3$ 颗粒Ⅱ - 模型化研究[J]. 金属学报 , 1999, 35: 183-186.

[10] 陈建峰 . 超重力技术及应用 : 新一代反应与分离技术[M]. 北京 : 化学工业出版社 , 2003.

[11] Zhang H, Chen J F, Zou H K, et al. Preparation of nano-sized precipitated calcium carbonate for PVC plastisol rheology modification[J]. J Mater Sci Lett, 2002, 21: 1305-1306.

[12] 陈建峰 , 刘润静 , 沈志刚 , 等 . 超重力反应沉淀法制备碳酸钙的过程与形态控制[J]. 过程工程学报 , 2002, 2: 309-313.

[13] 朱万诚 , 王玉红 , 陈建峰 . 超重力法反应结晶合成微细针状碳酸钙研究[J]. 高校化学工程学报 , 2002, 16: 560-564.

[14] Wang M, Zou H K, Shao L, et al. Controlling factors and mechanism of preparing needlelike $CaCO_3$ under high-gravity environment[J]. Powder Technol, 2004, 142: 166-174.

[15] 王星明 . 超重力反应 - 水热耦合法制备超细氢氧化铝的实验研究[D]. 北京 : 北京化工大学 , 1998.

[16] 郭奋 , 梁磊 , 王星明 , 等 . 超重力碳分反应法合成纳米拟薄水铝石[J]. 材料科学与工艺 , 2001, 9: 305-307.

[17] Chen J F, Shao L, Guo F, et al. Synthesis of nano-fibers of aluminum hydroxide in novel rotating packed bed reactor[J]. Chem Eng Sci, 2003, 58: 569-575.

[18] 李振刚 , 王东光 , 郭奋 , 等 . 超重力碳分制备拟薄水铝石的中试研究[J]. 北京化工大学学

报：自然科学版，2005, 32: 29-33.

[19] Wang D G, Guo F, Chen J F, et al. Preparation of nano aluminium trihydroxide by high gravity reactive precipitation[J]. Chem Eng J, 2006, 121: 109-114.

[20] Wang D G, Guo F, Chen J F, et al. A two-step way to synthesize nano inner-modified aluminum trihydroxide[J]. Colloids and Surface A, 2007, 293: 201-209.

[21] 贾宏，郭锴，郭奋，等. 用超重力法制备纳米二氧化硅[J]. 材料研究学报，2001, 15: 120-124.

[22] 陈智涛，王琳，郭锴. 超重力碳化法二氧化硅的干燥及应用研究[J]. 北京化工大学学报，2004, 31: 36-40.

[23] 刘建伟，刘有智，张艳辉. 超重力技术制备纳米氧化锌的工艺研究[J]. 化学工程师，2001, 86: 22-23.

[24] 张新军，毋伟，陈建峰. 超重力法制备纳米氧化锌的影响因素及其机理[J]. 功能材料，2004, 18: 529-533.

[25] 毋伟，张新军，陈建峰，等. 超重力法纳米氧化锌的制备表征及其应用[J]. 北京化工大学学报：自然科学版，2005, 32: 25-28.

[26] Chen J F, Li Y L, Wang Y H, et al. Preparation and characterization of zinc sulfide nanoparticles under high-gravity environment[J]. Mater Res Bull, 2004, 39: 185-194.

[27] Chen J F, Shao L, Zhang C G, et al. Preparation of TiO_2 nanoparticles by a rotating packed bed[J]. Journal of Materials Science Letters, 2003, 22: 437-439.

[28] Sun B C, Wang X M, Chen J M, et al. Synthesis of nano-$CaCO_3$ by simultaneous absorption of CO_2 and NH_3 into $CaCl_2$ solution in a rotating packed bed[J]. Chem Eng J, 2011, 168: 731-736.

[29] Ng C M, Chen P C, Manickam S. Green high-gravitational synthesis of silver nanoparticles using a rotating packed bed reactor (RPBR)[J]. Ind Eng Chem Res, 2012, 51: 5375-5381.

[30] Lin C C, Chen S C. Enhanced reactivity of nanoscale zero-valent iron prepared by a rotating packed bed with blade packings[J]. Adv Powder Technol, 2016, 27: 323-329.

[31] Jiao W Z, Qin Y J, Luo S, et al. Continuous preparation of nanoscale zero-valent iron using impinging stream-rotating packed bed reactor and their application in reduction of nitrobenzene[J]. J Nanopart Res, 2017, 19: 52.

[32] Jiao W Z, Qin Y J, Luo S, et al. Simultaneous formation of nanoscale zero-valent iron and degradation of nitrobenzene in wastewater in an impinging stream-rotating packed bed reactor[J]. Chem Eng J, 2017, 321: 564-571.

[33] Lin C C, Ho J M, Hsieh H L. Feasibility of using a rotating packed bed in preparing Fe_3O_4 nanoparticles[J]. Chem Eng J, 2012, 203: 88-94.

[34] Lin C C, Ho J M. Structural analysis and catalytic activity of Fe_3O_4 nanoparticles prepared by a facile co-precipitation method in a rotating packed bed[J]. Ceram Int, 2014, 40: 10275-

10282.

[35] Lin C C, Ho J M, Wu M S. Continuous preparation of Fe_3O_4 nanoparticles using a rotating packed bed: Dependence of size and magnetic property on temperature[J]. Powder Technol, 2015, 274: 441-445.

[36] Lin C C, Lin Y S, Ho J M. Adsorption of reactive red 2 from aqueous solutions using Fe_3O_4 nanoparticles prepared by co-precipitation in a rotating packed bed[J]. J Alloys Compounds, 2016, 666: 153-158.

[37] Fan H L, Zhou S F, Qi G S, et al. Continuous preparation of Fe_3O_4 nanoparticles using impinging stream-rotating packed bed reactor and magnetic property thereof[J]. J Alloys Compounds, 2016, 662: 497-504.

[38] Fan H L, Zhou S F, Gao J, et al. Continuous preparation of Fe_3O_4 nanoparticles through impinging stream-rotating packed bed reactor and their electrochemistry detection toward heavy metal ions[J]. J Alloys Compounds, 2016, 671: 354-359.

[39] Lin C C, Wu M S. Continuous production of CuO nanoparticles in a rotating packed bed[J]. Ceram Int, 2016, 42: 2133-2139.

[40] Lin C C, Lin C C. Feasibility of using a rotating packed bed with blade packings to produce ZnO nanoparticles[J]. Powder Technol, 2017, 313: 60-67.

[41] Leng J N, Chen J Y, Wang D, et al. Scalable preparation of Gd_2O_3: Yb^{3+}/Er^{3+} upconversion nanophosphors in a high-gravity rotating packed bed reactor for transparent upconversion luminescent films[J]. Ind Eng Chem Res, 2017, 56: 7977-7983.

[42] 李振昊, 乐园, 郭奋, 等. 纳米二氧化锡粉体的超重力 - 水热法制备与表征[J]. 北京化工大学学报, 2007, 34: 354-357.

[43] 何清玉, 郭锴, 赵柄国, 等. 超重力法制备超细二氧化硅及影响因素的研究[J]. 北京化工大学学报, 2006, 33: 16-19.

[44] 宋云华, 陈建铭, 陈建峰. 一种纳米氢氧化镁阻燃材料制备新工艺[P]. CN 1341694A. 2002-03-27.

[45] 宋云华, 陈建铭, 刘立华, 等. 超重力技术制备纳米氢氧化镁阻燃剂的应用研究[J]. 化工矿物与加工, 2004, 5: 19-23.

[46] Shen H Y, Liu Y Z. In situ synthesis of hydrophobic magnesium hydroxide nanoparticles in a novel impinging stream-rotating packed bed reactor[J]. Chin J Chem Eng, 2016, 24: 1306-1312.

[47] Shen H Y, Liu Y Z, Song B. Preparation and characterization of magnesium hydroxide nanoparticles in a novel impinging stream-rotating packed bed reactor[J]. J Chem Eng Jap, 2016, 49: 372-378.

[48] Li Y L, Li L H, Cao M J, et al. Preparation of nickel-cobalt layered double hydroxides for the battery-like electrodes in rotor-stator reactor[J]. Int J Electrochem Sci, 2017, 12: 3432-

3442.

[49] Yang Q, Wang J X, Guo F, et al. Preparation of hydroxyapatite nanoparticles by high-gravity reactive precipitation combined with hydrothermal method[J]. Ind Eng Chem Res, 2010, 49: 9857-9863.

[50] Peng H, Wang J X, Lv S S, et al. Synthesis and characterization of hydroxyapatite nanoparticles prepared by a high-gravity precipitation method[J]. Ceram Int, 2015, 41: 14340-14349.

[51] Lv B Y, Zhao L S, Pu Y, et al. Facile preparation of controllable-aspect-ratio hydroxyapatite nanorods with high-gravity technology for bone tissue engineering[J]. Ind Eng Chem Res, 2017, 56: 2976-2983.

[52] Chen J F, Shen Z G, Liu F T, et al. Preparation and properties of barium titanate nanopowder by conventional and high-gravity reactive precipitation methods[J]. Scrip Mater, 2003, 49: 509-514.

[53] Shen Z G, Chen J F, Yun J. Preparation and characterization of uniform nanosized $BaTiO_3$ crystallites by the high-gravity reactive precipitation method[J]. J Crystal Growth, 2004, 267: 325-335.

[54] Shen Z G, Shao L, Chen J F, et al. Mass production of $Ba_{1-x}Sr_xTi_{1-y}Zr_yO_3$ ($0 \leqslant x \leqslant 1$, $0 \leqslant y \leqslant 0.5$) nanoparticles[J]. Mater Lett, 2005, 59: 2232- 2237.

[55] Shen Z G, Zhang W W, Chen J F, et al. Low temperature one step synthesis of barium titanate: Particle formation mechanism and large-scale synthesis[J]. Chin J Chem Eng, 2006, 14: 642-648.

[56] 刘骥. 旋转填充床内微观混合研究及液 - 液相法制备碳酸锶纳米粉体[D]. 北京 : 北京化工大学 , 1999.

[57] 刘骥，郑冲，周绪美 , 等 . 碳酸锶纳米粉体的制备研究[J]. 无机盐工业 , 1999, 31: 3-4.

[58] 刘骥，向阳，郑冲，等 . 旋转填充床内液 -液法制备碳酸锶纳米粉体[J]. 化工科技 , 1999, 7: 11-14.

[59] 周慧慧，王源升，任小孟，等 . 超重力反应沉淀法制备 $NaYF_4$: Er^{3+} 及上转换发光性能[J]. 化工新型材料 , 2014, 42: 89-91.

[60] 黄新武，周继承，谢芝柏，等 . 超重力反应共沉淀法制纳米尖晶石锰酸锂[J]. 功能材料 , 2013, 44: 2437-2440.

[61] Han X L, Liang Z Z, Wang W, et al. Characterization and synthesis of ZTA nanopowders and ceramics by rotating packed bed (RPB)[J]. Ceram Int, 2015, 41: 3568-3573.

[62] Zeng X F, Han X W, Chen B, et al. Facile synthesis of $Mg(OH)_2$/graphene oxide composite by high-gravity technology for removal of dyes[J]. J Mater Sci, 2018, 53: 2511-2519.

[63] Fan H L, Zhou S F, Jiao W Z, et al. Removal of heavy metal ions by magnetic chitosan nanoparticles prepared continuously via high-gravity reactive precipitation method[J].

Carbohyd Polym, 2017, 174: 1192-1200.

[64] Lin C C, Chiang Y J. Feasibility of using a rotating packed bed in preparing coupled ZnO/SnO$_2$ photocatalysts[J]. J Ind Eng Chem, 2012, 18: 1233-1236.

[65] Lin C C, Chiang Y J. Preparation of coupled ZnO/SnO$_2$ photocatalysts using a rotating packed bed[J]. Chem Eng J, 2012, 181-182: 196-205.

[66] Zhao R H, Li C P, Guo F, et al. Scale-up preparation of organized mesoporous alumina in a rotating packed bed[J]. Ind Eng Chem Res, 2007, 46: 3317-3320.

[67] Zhang Y Q, Wang D, Zhang L L, et al. Facile preparation of α-calcium sulfate hemihydrate with low aspect ratio using high-gravity reactive precipitation combined with salt solution method at atmospheric pressure[J]. Ind Eng Chem Res, 2017, 56: 14053-14059.

[68] Yang X C, Leng J N, Wang D, et al. Synthesis of flower-shaped V$_2$O$_5$: Fe^{3+} microarchitectures in a high-gravity rotating packed bed with enhanced electrochemical performance for lithium ion batteries[J]. Chem Eng Process, 2017, 120: 201-206.

[69] Balazs A C, Emrick T, Russell T P. Nanoparticle polymer composites: Where two small worlds meet[J]. Science, 2006, 314: 1107-1110.

[70] Mackay M E, Tuteja A, Duxbury P M, et al. General strategies for nanoparticle dispersion[J]. Science, 2006, 311: 1740-1743.

[71] Althues H, Henle J, Kaskel S. Functional inorganic nanofillers for transparent polymers[J]. Chem Soc Rev, 2007, 36: 1454-1465.

[72] 曾晓飞, 王洁欣, 沈志刚, 等. 纳米颗粒透明分散体及其高性能有机无机复合材料[J]. 中国科学: 化学, 2013, 43: 629-640.

[73] Pu Y, Kang F, Zeng X F, et al. Synthesis of transparent oil dispersion of monodispersed calcium carbonate nanoparticles with high concentration[J]. AIChE J, 2017, 63: 3663-3669.

[74] Kang F, Wang D, Pu Y, et al. Efficient preparation of monodispersed CaCO$_3$ nanoparticles as overbased oil detergents in a rotating packed bed reactor[J]. Powder Technol, 2018, 325: 405-411.

[75] Medina-Ramirez I, Bashir S, Luo Z P, et al. Green synthesis and characterization of polymer-stabilized silver nanoparticles[J]. Colloids Surf B, 2009, 377: 261-268.

[76] 王淼. 氢氧化镁透明分散体及其聚合物基阻燃材料的制备和性能研究[D]. 北京: 北京化工大学, 2016.

[77] Wang M, Han X W, Liu L, et al. Transparent aqueous Mg(OH)$_2$ nanodispersion for transparent and flexible polymer film with excellent flame-retardant property[J]. Ind Eng Chem Res, 2015, 54: 12805-12812.

[78] Wang M, Zeng X F, Chen J Y, et al. Magnesium hydroxide nanodispersion for polypropylene nanocomposites with high transparency and excellent fire-retardant properties[J]. Polymer Degrad Stabil, 2017, 146: 327-333.

[79] Chen B, Wang J X, Wang D, et al. Synthesis of transparent dispersions of aluminium hydroxide nanoparticles[J]. Nanotechnology, 2018, 29: 305605.

[80] Zeng X F, Kong X R, Ge J L, et al. Effective solution mixing method to fabricate highly transparent and optical functional organic-inorganic nanocomposite film[J]. Ind Eng Chem Res, 2011, 50: 3253-3258.

[81] Liu H T, Zeng X F, Zhao H, et al. Highly transparent and multifunctional polymer nanohybrid film with super-high ZnO content synthesized by a bulk polymerization method[J]. Ind Eng Chem Res, 2012, 51: 6753-6759.

[82] Liu H T, Zeng X F, Kong X R, et al. A simple two-step method to fabricate highly transparent ITO/polymer nanocomposite films[J]. App Surf Sci, 2012, 258: 8564-8569.

[83] 高翠, 曾晓飞, 陈建峰. 多壁碳纳米管的表面改性及其在水性聚氨酯体系中的应用[J]. 化学反应工程与工艺, 2012, 28: 244-250.

[84] 王陶冶, 曾晓飞, 陈建峰. 高透明紫外阻隔聚碳酸酯/ZnO 纳米复合高分子膜的制备与表征[J]. 北京化工大学学报, 2011, 38: 50-55.

[85] Huang X J, Zeng X F, Wang J X, et al. Transparent dispersions of monodispersed ZnO nanoparticles with ultrahigh content and stability for polymer nanocomposite film with excellent optical properties[J]. Ind Eng Chem Res, 2018, 57: 4253-4260.

[86] Han X W, Zeng X F, Wang J X, et al. Transparent flexible ZnO/MWCNTs/PBMA ternary nanocomposite film with enhanced mechanical properties[J]. Science China-Chem, 2016, 59: 1010-1017.

[87] Han X W, Zeng X F, Zhang J, et al. Synthesis of transparent dispersion of monodispersed silver nanoparticles with excellent conductive performance using high-gravity technology[J]. Chem Eng J, 2016, 296: 182-190.

索　引